"お理工さん"の微分積分

西野友年・著
Tomotoshi NISHINO

日本評論社

まえがき

　思春期になったら，怖いもの知らずになって**微分積分**を学ぼう．理学や工学に関心を寄せる青少年少女達は，いろいろな記号が並ぶ方程式に「数学の**きわどく妖しい香り**」を感じ，そして微分積分を学びつつ数学の世界を知って行くのである．最初の一歩は，できれば楽しい方が良い．何事も，チラリと，あるいはズバリと「本物を見る」と，本能的に興味関心が湧くものだ．この本を開いて，楽しい微分積分の学習を目指そう．

　微分積分は，**解析学**と呼ばれる数学の一分野を渡り歩くためのパスポートだ．世界中のどんな街角を歩くにしても，細い道筋を一本だけしか知らなければ，たちまち迷ってしまう．土地勘をつけるには，方角を把握しなければならない．都合が良いことに，ある程度まで微分と積分を学べば「解析学の地図」が自然と浮かんで来るのである．この冊子の前半を読めば，習い始めではあるのだけれども，**解析学の東西南北**が把握できるだろう．

　微分積分の地図の上には，ポツポツと高い建物が建っている．フーリエ変換がその一例だ．その階段を登って周囲を見渡すと，微分積分の少し違った側面が現れる．連立方程式から習い始める**線形代数**との関わりが明らかになるのである．微分積分を「理工学の学習の道具」として使う場合には，この「線形代数との接点」を理解しておくことが大切だ．実用上の観点から，ベクトル解析にも少し手をつけてみよう．

　ところで，数学を教える先生は怖いもの知らずなのである．自分が理解している内容を，そのまま黒板に書いて教えようとしても，背後からは**ため息**しか聞こえて来ない．教える側も**微分積分がわからなかった頃の自分**に戻って，生徒と一緒に考えて行く必要があるのだ．時には教える自分も訳がわからなくなって，黒板の前に棒立ちになってしまう．そんな瞬間には，先生も学生も，息抜きが大切だ．脚注やコラムに，ちょっと講義室では披露できないようなモノを散りばめておいた．「そんなもん，書いてエエんか？」と，冷や汗をかきながら…．

2016年夏　西野友年

目次

まえがき……i

1章 まずは微分の心をつかめ……002
1. グラフの傾きを求めたいんや……002
2. f' 導関数に導かれ……007
3. 2階へ参ります……009
4. 線形性って何やねん……010

2章 指数関数と三角関数を微分しよう……015
1. 指数関数は指折り数える……015
2. 少し e 加減に e を語る……017
3. ニコニコ二項，意外な展開……020
4. 逆関数の微係数は逆数と丸暗記……021
5. 三角関数は黒板に描け……025
6. 数学は根っこから眺めよ……029

3章 微分計算の決まり手あれこれ……031
1. 公式も坂道の一歩から……031
2. 合成した関数の微分……032
3. 逆数と対数の微分はよく似た兄弟……037
4. ライプニッツの発見……041
5. 割り算の微分は検算にすぎない……043
6. 等比数列みたいな数学なぞなぞ……044

4章 明日へ向かってテイラー展開……048
1. タコ壺式に多項式に慣れる……049
2. 各駅停車で小マメに近似する……053
3. 終着駅はテイラー展開……055
4. 多項式で検算した，その次へ……059

5章 麺を並べれば面になる積分の話……064

1. グラフの下に面積あり……065
2. 下手に切っても定積分……069
3. 積分区間をチョッと増やす……074
4. 円の面積はどうなった?……078

6章 微分からね，積分を眺めたの……080

1. 原始関数を定積分から理解する……080
2. 不定積分をどんどこ計算する……083
3. ステップを踏む関数……085
4. 等分割しない方が簡単?!……087
5. 積分変数の置き換え……089
6. 円の面積はどうなった?……092

7章 金の球を立方体から削り出す……097

1. 円の面積ふたたび……097
2. 球の体積……103
3. ついでに表面積……107
4. 碁盤の目に戻る……109
5. 王様のわがまま……113

8章 我臼山ブラブラ歩いて偏微分……115

1. 山はアチコチから眺めよ……115
2. 碁盤の目のごとき山道の傾きは?……119
3. 道を外れて歩む……123
4. 山をぐるりと巡る旅……127
5. やこび庵が出たーみんなと?!……128
6. ぜんぜん微分できるじゃん?!……134
7. 七転びの後……135

9章 微分方程式も好きずき……137

1. 関数方程式は連立方程式……137
2. 微分を含んだ関数方程式……139
3. 変数分離の考え方……142
4. 2次方程式との関わり……147
5. 重根の意地悪……150
6. 何でもかんでも教えた者の末路……152

10章 大波小波でフーリエ級数……156

1. 周期のある関数……156
2. 直交する関数へと直行する……159
3. 波の重ね合わせ……161
4. フーリエ級数展開……162
5. あぶない三角波……165
6. 不思議な関係式……169
7. もっと大波，フーリエ変換……171

11章 夜明けのコーヒーは底が甘い……176

1. 砂糖の拡散……176
2. 拡散方程式の解：ガウス関数……182
3. 拡散方程式とフーリエ変換……186
4. 初期条件と一般解……189

12章 スカンクは ξ 流れ……194

1. あらゆる方向への拡散……194
2. 濃度の変化する方向・しない方向……197
3. 濃度の勾配はグラジエント……201
4. ガスの拡散か？　それとも発散か？……207
5. ラプラシアンと拡散方程式……212

13章 マグカップは渦の学校……216

1. クラゲがクルクルと回る水路……216
2. たすき掛け（?!）の微分で回転チェック……223
3. ローテーションに秘策あり……225
4. ゼロになる公式……229

14章 複素関数の心は虚々実々……234

1. 2次方程式から複素関数へ……234
2. 多項式のタコ壺的（？）計算……237
3. 面で捉えなさい……240
4. 複素関数の導関数……243
5. 散歩しながら積分を知る……245
6. 北極と日付変更線……249

15章 シュレーディンガーの猫，ハイゼンベルクの犬……254

1. バネ振り子をニュートン力学で取り扱うと………254
2. バネ振り子を解析力学で取り扱うと………257
3. バネ振り子を量子力学で取り扱うと………261
4. 固有関数と，その固有値……268

16章 お日さまは，まっすぐに昇るの？……271

1. 曲線を関数で表す……271
2. 最短距離を探す……275
3. 変分という考え方……276
4. 球の表面を歩む……280
5. 宇宙の彼方へ……285

あとがき……286

索引……288

ギリシア文字のアルファベット

大文字	小文字	読み方
(A)	α	アルファ
(B)	β	ベータ
Γ	γ	ガンマ
Δ	δ	デルタ
(E)	ε	イプシロン
(Z)	ζ	ゼータ
(H)	η	イータ
Θ	θ, ϑ	シータ
(I)	ι	イオタ
(K)	κ	カッパ
Λ	λ	ラムダ
(M)	μ	ミュー
(N)	ν	ニュー
Ξ	ξ	クシイ
(O)	o	オミクロン
Π	π	パイ
(P)	ρ	ロー
Σ	σ, ς	シグマ
(T)	τ	タウ
Υ	υ	ユプシロン
Φ	φ, ϕ	ファイ
(X)	χ	カイ
Ψ	ψ, ϕ	プサイ
Ω	ω	オメガ

"お理工さん"の微分積分

1章
まずは微分の心をつかめ

　科学や工学や経済学を目指す人ならば，誰にでも平等に「初めて微分と積分を習うとき」がやって来る．そんなときこそ，ぶ厚い数学の教科書を最初から読む絶好のチャンスなのだ．しかし，厳密すぎる議論(!)を3ページも読むと，思わずパソコンや携帯電話に手がのびる．少し気楽に，まずは微積分を「おおまかに」知って，微積分(＝微分積分)に興味を持つことも大切だろう．その後は知らず知らずのうちに，微分積分が身に付いていくものだ．この入門書は，そういう意図を込めて書くことにしたので，最初からいきなり微分の話に入る．そう，実数の公理や連続性などはスッ飛ばしてしまうのだ．

① グラフの傾きを求めたいんや

　微分や積分が相手にするものは，関数 $f(x)$ だ．いきなり余談に走ると，この $f(x)$ という記号は1734年頃にオイラーが使い始めたと伝わっている．大学の講義で黒板に $f(x)$ と書くと，理系のクラスであっても $f(x) \stackrel{??}{=} (x)f \stackrel{??}{=} f \times x$ とヘンテコな誤解をする人が必ずいる．公理や定義から慎重に話し始める数学の先生も「関数を $(x)f$ とは書かない」ことは説明しないものだ．こんな極端な誤解の例はともかくとして，できる限り具体的に話を進めるために，しばらくの間は単純な2次関数 $f(x) = x^2$ に注目しよう．この関数をグラフに描くと，図のように「下に凸の放物線」になる．おっと，数学の先生方は黒板の前で「石を投げると放物線を描いて落ちる」と口を滑らせてはいけない．石は上に凸な曲線を描いて落ちるし，そもそも石を投げたらお巡りさんに呼び止められる．

　微分の学習は，このグラフを坂道や山道に見立てることから始まる．原点Oを出発して，曲線に沿ってトコトコ登って行くのだ．最初の頃は水平に近かっ

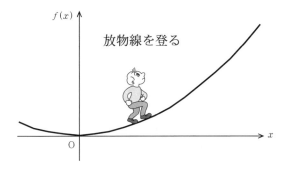

た道も，進めば進むほど急な坂道になっていく．坂道の傾きを表す道路標識はご存知だろうか？　上り勾配を表す「警戒標識 212 の 3」と，下り勾配の「警戒標識 212 の 4」は，水平方向に 100 メートル進んだときに何メートル登る(下る)かを百分率で表すものだ．例えば 10% と書いてあれば，地図上で 100 m 進むと 10 m 登る傾きを表している．ただし，この道路標識は 100 m も続かない，短い坂道にも立っていることがある．標識が立っている場所の「近辺の傾き」を表しているのだ．微分では百分率ではなくて，そのものズバリ

$$\tan\theta = \frac{\text{登った高さ}}{\text{水平方向に進んだ距離}} \qquad (1)$$

を使って傾きを考える．道路標識で 10% の傾きは $\tan\theta = 0.1$ に相当しているわけだ．

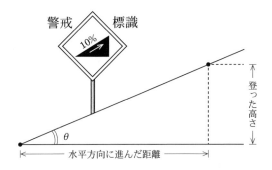

それでは放物線 $f(x) = x^2$ について，次ページの図に記した $x = a$ の辺りの傾きを求めてみよう．まず，あまり大きくない正の数 Δx を適当に選ぶ．この Δx という記号が，微積分で最初に遭遇する**誤解の原因**で，$\Delta x \stackrel{??}{=} \Delta \times x$ と

まずは微分の心をつかめ　003

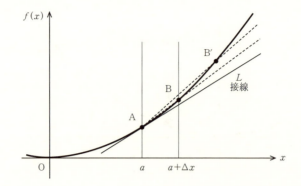

思ってはいけない．Δx は図を見れば明らかなように，x 軸上に刻んだ点 $x=a$ と $x=a+\Delta x$ の間の幅だ．記号 Δ（デルタ）は，その右側に書かれたモノについての「微小な変化」を表すのだ[1]．

つぎに，グラフに描いた「曲線の上」で，$x=a$ である点 A と $x=a+\Delta x$ である点 B に目印を付けよう．点 B の高さは，点 A よりも $\Delta f = f(a+\Delta x) - f(a)$ だけ高い．もう一度念を押すと，Δf は関数 f の微小な変化を表す記号だ．この変化を，$f(x)=x^2$ を使って計算しよう．

$$\Delta f = (a+\Delta x)^2 - a^2 = 2a\Delta x + (\Delta x)^2 \tag{2}$$

ここまで準備しておいて，点 A と点 B を直線で結ぶ．この直線の傾きは，$x=a$ 近辺でのグラフの傾きを近似する，つまり「おおまかに表している」と考えて良いだろう．その値を式(1)のとおり求めてみると，

$$\frac{\Delta f}{\Delta x} = \frac{2a\Delta x + (\Delta x)^2}{\Delta x} = 2a + \Delta x \tag{3}$$

となる．計算結果に Δx が出てくるのは当然で，少し Δx を大きく取って描いた直線 AB′ では，その傾きが直線 AB よりも大きくなる．なお，式(3)左辺の $\frac{\Delta f}{\Delta x}$ を声に出して読むときには「でるたえふ　でるたえっくす」と分子から順に読むのが普通だ．

その逆に Δx をドンドン小さくしていくと，どうだろうか？　数学ではこの操作を『$\Delta x \to 0$ の極限を取る』と呼ぶ．厳密さを忘却の彼方に飛ばして直感的に説明するならば，イキナリ Δx を 0 にするのではなく，じわじわっと(?)無視できるまで小さくしていくのである．すると，直線 AB が，段々と「点 A を通る 1 本の直線 L」へと近づいていくことに注目しよう．この直線 L を，点 A での**グラフの接線**と言う．直感的にも「接している」という感じが明らかだ

ろう[2]．この接線の傾きは，式(3)の計算結果 $2a+\Delta x$ について $\Delta x\to 0$ の極限を取って，次のように求められる．

$$\lim_{\Delta x\to 0}(2a+\Delta x)=2a \qquad (4)$$

> **極限記号：**
> $\lim_{\Delta x\to 0}$ は「その右側に書かれているもの」について $\Delta x\to 0$ の極限を取る記号だ．lim は「りみっと」，あるいは省略して「りむ」と読む．この記号は，L'Huilier が 1786 年にまとめたフランス語の論文に la limite(仏)を省略した lim. として使われたのが初出らしい．その後 Weierstrass が「点」を外して lim とか $\lim_{x=0}$ などと書き始め，20 世紀初頭に今日の形 $\lim_{x\to 0}$ に落ち着いた．数学の専門用語はラテン語で表されることも多いので，極限を表す limes(羅)の省略形が lim であると覚えておいても良いだろう．

Δx をどんどん小さくしてゆき，最後に無視できるまで小さくなったら，$2a+\Delta x$ は $2a$ にほかならない——そう考えると理解し易い．式(4)は $\lim_{\Delta x\to 0} 2a+\Delta x = 2a$ とカッコ抜きで書かれる場合もある．ともかくも，こうして求めた「点 A でのグラフの接線の傾き $2a$」が，求めたかった「点 A での坂道の傾き」なのだ．

微分を初めて習う人の中には，$\lim_{\Delta x\to 0}\dfrac{\Delta f}{\Delta x}$ の分子と分母をバラバラに考えて「それは 0/0 ではないか？」と悩む人が必ずいる．式(3)の分子を見れば明らかなように，Δf を計算すると Δx を含む式になっていて，そもそも分母と分子の極限をバラバラに取ることはできない．それでもまだ悩むならば「Δx は無視できるまで小さくしていくだけで 0 だとは考えない」と納得しても，大丈夫だろうと著者(ダメ先生)は考える．

---

1) 財務を表す帳簿上では，Δ は赤字を意味するらしい．
2) 中学校で習う「円の接線」の自然な一般化になっている．なお，黒板に「接」の字を書くときに，手へんを忘れてはならない．

まずは微分の心をつかめ

垂直の絶壁:
グラフの傾きが無限大になることはあるだろうか？ まず，地面に四角いビルが建っているようなグラフを描いてみよう．ビルの壁が $x=a$ にあって，垂直に切り立っている場合，その傾きは無限大だ．でも，ちょっと待てよ，この壁は関数 $f(x)$ によって表すことはできない．なぜならば，$x=a$ にある壁の「どの部分の高さ」を関数の値 $f(x)$ として考えれば良いか，わからないからである．そうそう，関数 $f(x)$ というものは，x と $f(x)$ の間に「1対1対応」がつくものであった．したがって，垂直の壁を関数 $f(x)$ で表そうとしたこと自体が妙なのである．じゃあ，次の例 $f(x) = -\sqrt{a^2-x^2}$（ただし $-a \leq x \leq a$）はどうだろうか？ これは円の下半分を描いたものだ．（この関数は最後の章でも扱う！）

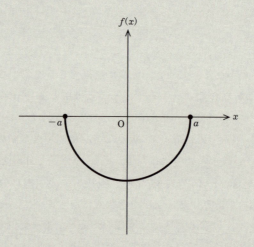

図を見ると，$x=0$ でゼロである傾きは x とともに段々と大きくなり，ついに $x=a$ の場所でグラフの接線は垂直になる．こんなふうに，ある一点でグラフの傾きが無限大になるのは，あり得ることなのだ．おっと，こういう面倒な話を始めるから，みんな数学が嫌いになるのだった．この辺りで本筋に戻ろう．

② f' 導関数に導かれ

ここまで理解できれば，もう**微分の心はつかんだ**と言ってヨイ．関数 $f(x) = x^2$ の $x = a$ での微分——正確に言うなら**微分係数**あるいは微係数——は，接線の傾き $2a$ なのである．より一般的に，任意の場所 x に対して，グラフの接線の傾きが $2x$ であることは明らかだろう．視点を少し変えると，もとの関数 $f(x) = x^2$ から「傾きを表す関数」$g(x) = 2x$ が導かれたとも考えられる．そんな意味で，$g(x) = 2x$ を $f(x) = x^2$ の**導関数**と呼ぶ．ただし「数学の話し言葉」では，$g(x)$ を単に「$f(x)$ の微分」と言い表すことも多い．

> **導関数を表す記号：**
> 関数 $f(x)$ の導関数は，普通は $f'(x)$ と，もとの関数を表す文字にダッシュ記号を付けて表す．たまにニュートンの記号 $\dot{f}(x)$ を使うことや，$f_x(x)$ と書き記すことがある．

また，導関数の計算で極限記号 $\lim_{\Delta x \to 0}$ を何度も書くのは面倒なので，便利な**微分記号**が用意されている．

$$\frac{df}{dx} = \lim_{\Delta x \to 0} \frac{\Delta f}{\Delta x} = \lim_{\Delta x \to 0} \frac{f(x + \Delta x) - f(x)}{\Delta x} \tag{5}$$

つまり $f'(x) = \dfrac{df(x)}{dx}$ とか，さらに省略して $f' = \dfrac{df}{dx}$ と書くのだ．また，$f'(x) = \dfrac{d}{dx} f(x)$ という具合に**微分演算子**（微分作用素とも呼ぶ）$\dfrac{d}{dx}$ を関数 $f(x)$ に「作用させて」導関数 $f'(x)$ を作る書き方もある．なお，$\dfrac{df}{dx}$ は「でぃーえふ でぃーえっくす」，$\dfrac{d}{dx}$ は「でぃー でぃーえっくす」と分子（?）から先に読む習慣がある．

導関数を求める計算には，いろいろな「やり方」がある．例えば $f(x) = x^2$ について，次ページの図のように極限

$$\lim_{\Delta x \to 0} \frac{f(x) - f(x - \Delta x)}{\Delta x} = \lim_{\Delta x \to 0} \frac{x^2 - (x - \Delta x)^2}{\Delta x} \tag{6}$$

を $x = a$ で求めると，答えは $\lim_{\Delta x \to 0}(2x - \Delta x) = 2x$（$x = a$ では $2a$）となって，式(2)-(4)を用いた場合と一致する．調子に乗って

$$\lim_{\Delta x \to 0} \frac{f(x + \Delta x/2) - f(x - \Delta x/2)}{\Delta x} \tag{7}$$

を計算しても，やはり同じ導関数 $f'(x) = 2x$ を得る．（特に式(7)では，$\Delta x \to 0$ の極限を取るまでもなく分数の比が $2x$ になるのである．）いろいろと極限の取り方を変えても，得られる結果が同じである場合に，関数 $f(x)$ は**微分可能**である（可微分である）という．いま考えている放物線 $f(x) = x^2$ は「滑らかな関数」であって，どんなに拡大して眺めてもデコボコしていないことに注目しよう．「数学は科学の女王」とよく言われるけれども，微分という学問が相手にする関数は，お肌がスベスベの女王様なのだ．一方で普通の道路に目を向けると，その表面はデコボコしていて，$\Delta x \to 0$ の極限を取ろうとすると「恐ろしいことになる」のだ．小さなアリにとって，道路は平坦に見えるだろうか？[3)]

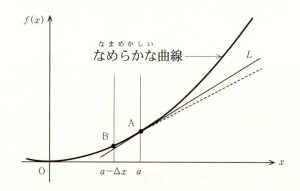

記号や用語の話ばかりでは面白くないので，今度は $n = 2, 3, 4, \cdots$ について $f(x) = x^n$ の導関数を求めてみよう．まず $\Delta f = (x + \Delta x)^n - x^n$ を計算すると

$$nx^{n-1}\Delta x + \frac{n(n-1)}{2}x^{n-2}(\Delta x)^2 + \cdots \tag{8}$$

を得る．「二項係数」を知っている人は，"$\cdots$" で省略した部分の項もすべて書けるだろう．これを Δx で割って，$\Delta x \to 0$ の極限を考えると

$$\lim_{\Delta x \to 0} \frac{\Delta f}{\Delta x} = \lim_{\Delta x \to 0} \left[nx^{n-1} + \frac{n(n-1)}{2} x^{n-2} \Delta x + \cdots \right] \tag{9}$$

となるから，結局『$f'(x) = \frac{dx^n}{dx} = nx^{n-1}$』がわかる．では $f(x) = x^{-n}$ ではどうだろうか？ Δf は

$$\frac{1}{(x+\Delta x)^n} - \frac{1}{x^n} = \frac{x^n - (x+\Delta x)^n}{(x+\Delta x)^n x^n} \tag{10}$$

となって，分子は式(9)の符号をひっくり返したものになる．分母の $(x+\Delta x)^n x^n$ は $\Delta x \to 0$ の極限で x^{2n} になるから，結局のところ

$$\frac{d}{dx} x^{-n} = \frac{-nx^{n-1}}{x^{2n}} = -nx^{-n-1} \tag{11}$$

つまり『$f'(x) = \frac{dx^{-n}}{dx} = -nx^{-n-1}$』を得る．ここまで聞くと $f(x) = x^n$ の微分は n が正でも負でも，分数でも実数でも，さらに複素数であっても $f'(x) = nx^{n-1}$ になるんじゃないか？ と**邪推**（じゃすい）できる．これが正しいかどうかは，また後で確かめることにしよう．

③ 2階へ参ります

関数 $f(x) = x^5$ を微分すると $f'(x) = 5x^4$ だ．では，もう一度微分すると？これは簡単に計算できて

$$\frac{d}{dx} f'(x) = \frac{d}{dx} 5x^4 = 5 \frac{d}{dx} x^4 = 5 \cdot 4x^3 \tag{12}$$

つまり $20x^3$ となる．いまの計算では関数 $f(x)$ の「導関数の導関数」を求めたので，その結果は $f''(x)$ と書き「えふだっしゅだっしゅ」とか「えふつーだっしゅ」と読む．また，$f''(x)$ を次のように

$$\frac{d}{dx}\left[\frac{d}{dx} f(x)\right] = \frac{d}{dx} \frac{d}{dx} f(x) = \frac{d^2}{dx^2} f(x) \tag{13}$$

と，記号 $\frac{d^2}{dx^2}$ で表すこともできる．この記号も「でぃーにじょう でぃーえっくすにじょう」と読む[4]．

---

3) 近代から現代の数学では，凸凹な関数も取り扱います．
4) 式(13)を見ればわかるように dx^2 は $(dx)^2$ と解釈するべきなのだ．決して $d(x^2)$ と早合点しないように注意しよう．

さて $f''(x) = \dfrac{d^2 f(x)}{dx^2}$ は $f(x)$ を2度微分したものなので，$f''(x)$ を $f(x)$ の **2階微分** と呼ぶ．どうして「2度微分」とか「2回微分」と呼ばないのか，気になる人は調べてみると面白いだろう[5]．2階があるなら3階もある．$f'''(x) = \dfrac{d^3 f(x)}{dx^3}$ は3階微分，$f''''(x) = \dfrac{d^4 f(x)}{dx^4}$ は4階微分だ．2階以上の微分は**高階微分**と呼ばれる．では $f(x) = x^5$ の5階微分は？　地道に計算していくと

$$\frac{d^5}{dx^5}x^5 = \frac{d^4}{dx^4}5x^4 = \cdots = 5\cdot 4\cdot 3\cdot 2\cdot 1 = 5! \tag{14}$$

と，**5の階乗**が得られる．あら不思議，「組み合わせの数」などで習った階乗が微分と関係していた．大学で習う数学は，このような「発見」の連続なのだ．さて，次に6階微分を求めるとゼロになる．

$$\frac{d^6}{dx^6}x^5 = \cdots = \frac{d}{dx}5! = 0 \tag{15}$$

一般に，$f(x) = x^n$ は $n \geq 1$ であれば（ただし n は整数）「$n+1$ 階より高階の微分」はゼロになるのであ〜る．一方，$n \leq -1$ であれば何階まで微分してもゼロにはならない．

2階があったら，地下1階・食料品売り場があってもエエじゃないか？！　と思った人はカンが鋭い．その答えは，積分を習う頃に明らかとなるだろう．

④ 線形性って何やねん

微分には，覚えておくと便利な公式がいくつもある[6]．その中でも**線形性**は単純なことなのだけど，これを学ばずに先へと進むと痛い目に遭う．2次関数 $f(x) = ax^2 + bx + c$ の微分を考えよう．誰でも自然に

$$f'(x) = \frac{d}{dx}f(x) = \frac{d}{dx}ax^2 + \frac{d}{dx}bx + \frac{d}{dx}c \tag{16}$$

と**項別に分けて**微分するだろう．真面目に，微分の定義式 $f' = \lim\limits_{\Delta x \to 0} \dfrac{\Delta f}{\Delta x}$ に代入しても，もちろん同じ結果を得る．係数を $\dfrac{d}{dx}$ の前に出して次のように計算を進めるのも，ごく当たり前のことだ．

$$f'(x) = a\frac{d}{dx}x^2 + b\frac{d}{dx}x + c\frac{d}{dx}1 = 2ax + b \tag{17}$$

より一般的に，2つの関数 $g(x)$ と $h(x)$ の線形結合 $f(x) = ag(x) + bh(x)$

を考えてみよう．a や b は適当な定数で，**結合定数**と呼ばれる．$h(x)$ の微分が

$$\frac{d}{dx}h(x) = a\frac{d}{dx}g(x) + b\frac{d}{dx}h(x) \tag{18}$$

つまり $f'(x) = ag'(x) + bh'(x)$ で与えられることを，**微分演算**（または**微分作用**）$\frac{d}{dx}$ の線形性と言う．こんなふうに大袈裟に，わざわざ強調するような公式か？ と思って当たり前なほど自明な公式だ．でも，関数の微分を計算するときに「なくてはならない」公式の一つなので，ありがたく覚えておこう．

　線形，線形と繰り返し聞くと，なんだか話が行列[7]やベクトルが登場する**線形代数**になって来た，と感じる人はカンが良い．高校や，大学の低学年（?）で微分積分を習うときには，「学生を惑わせないように」微分積分と線形代数の関係を，あまり表には出さない．しかし，関係があるものは，いくら隠しても表に出てくるのだ．例えば，いま考えている関数は

$$f(x) = ax^2 + bx + c = (a, b, c)\begin{pmatrix} x^2 \\ x \\ 1 \end{pmatrix} \tag{19}$$

というふうにベクトルの内積で与えられるし，導関数 $f'(x) = 2ax + b$ は二つのベクトルの間に行列を挟んで

$$2ax + b = (a, b, c)\begin{pmatrix} 0 & 2 & 0 \\ 0 & 0 & 1 \\ 0 & 0 & 0 \end{pmatrix}\begin{pmatrix} x^2 \\ x \\ 1 \end{pmatrix} \tag{20}$$

と書くことができる．2階微分 $f''(x)$ を計算するには右列中央の行列を二つ挟めば良いことも，ちょっと考えれば理解できると思う．こんな具合に，線形代数と微分積分は「つかず離れず」互いに深い仲なのである．行列への誘惑については，後から何度も書くことになるだろう．

　線形性の話をしたついでに，一つナゾナゾを出しておこう．$f(x)$ に x をかけた関数 $xf(x) = ax^3 + bx^2 + cx$ を微分すると次のようになる．

$$\frac{d}{dx}[xf(x)] = 3ax^2 + 2bx + c \tag{21}$$

---

5) ビブンを伏せ字にして「2度○○○する」とか「2回○○○する」と書くと，あらぬ誤解を招くからだ——という説もある?! なお，丁寧な文章を書くときにも「$f(x)$ を微分する」であって，決して「$f(x)$ を**お微分する**」とは書かない．

6) 誰もが認める関係が公式，「そうでない関係」は非公式?!

7) 広告で「行列ができる店」と書いてあっても，大抵は行か列しかできていない．行列と書くならば，人々が四角く並んで延々と待ち続けていなければならない．

一方で，$f(x)$ を微分した**後で** x をかけると，

$$x\frac{d}{dx}f(x) = 2ax^2+bx \qquad (22)$$

が得られる．このように「x を掛けてから微分する」のと，「微分してから x を掛ける」のでは計算の結果が異なることに注意しよう．

> **非可換性**：
> 「微分する」操作と「x をかける」操作は順番が大切なのだ．このように，操作の順番を交換すると結果が変わる場合，これらの操作は**非可換**であると言う．例えば線形代数で習うように，異なる行列 A と B をかける操作も非可換だ．

数学を「学問の道具」としてドンドン使う物理学の一分野の**量子力学**では，この非可換性が重要な**不確定性関係**[8]を導くのである．おっと，道草せずに先へと進もう．式(21)から式(22)を差し引くと

$$\frac{d}{dx}[xf(x)] - x\frac{d}{dx}f(x) = ax^2+bx+c \qquad (23)$$

アラ不思議，もとの $f(x)$ が出てきた．どうして，こんなことになってるのだろうか？ 皆さん考えてみてください．

これから先は？ 微分と積分を，これから後の各章で「直感的に，わかり易く」説明してゆきながら，微分方程式など少し難しそうに見える題材にも首を突っ込んでいく．この章のオマケとして，微分の秘密をひとつ伝授しよう．円周率 π を小学校の算数で習ったことを覚えているだろうか？「微」という漢字をよく眺めよう．小さな π が隠れているではないか？!

● **例解演習**

関数 $f(x) = -\mu^2 x^2 + \lambda x^4$ を考える．μ や λ は正(の実数)であるとしよう．$f(x)$ が最も小さくなる x の値と，$f(x)$ の最小値を求めなさい[9]．

(1) 高校一年生(= 思春期?!)の解答

$f(x)$ を x^2 について**平方完了**すると，

$$f(x) = \lambda\left[x^2 - \frac{\mu^2}{2\lambda}\right]^2 - \lambda\left[\frac{\mu^2}{2\lambda}\right]^2 \tag{24}$$

と変形できるので，$x = \pm\dfrac{\mu}{\sqrt{2\lambda}}$ で $f(x) = -\dfrac{\mu^4}{4\lambda}$ となる．

例解

(2) 大学一年生(= R18 指定卒業?!)の解答

$f(x)$ が最小となる点からは，右に向いても左に向いても関数は増加して行く．したがって $f(x)$ が最小となる点では，導関数 $f'(x)$ はゼロになるはずである．$f'(x)$ を求めてみよう．

$$f'(x) = -2\mu^2 x + 4\lambda x^3 = -2x(\mu^2 - 2\lambda x^2) \tag{25}$$

これより $f'(x)$ は $x=0$ と $x = \pm\dfrac{\mu}{\sqrt{2\lambda}}$ でゼロになることがわかる．$f(0) = 0$ で，これは $f\left(\pm\dfrac{\mu}{\sqrt{2\lambda}}\right) = -\dfrac{\mu^4}{4\lambda}$ より大きい．したがって $f(x)$ は $x = \pm\dfrac{\mu}{\sqrt{2\lambda}}$ で最小値 $-\dfrac{\mu^4}{4\lambda}$ を取る．

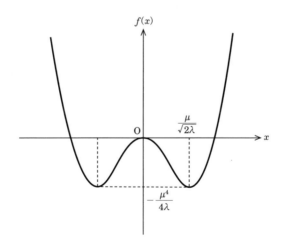

---

8) 不確定性・関係と区切って読む．不確定・性関係ではない．
9) この $f(x) = -\mu^2 x^2 + \lambda x^4$ という関数には見覚えがあるかもしれない．2012 年末(-2013 年初頭)にノーベル賞で話題になった，ヒッグズ粒子を説明する「素粒子理論の標準模型」に，この形の $f(x)$ (を少し拡張したもの)がズバリ出て来るのである．

少し補足しよう．$x=0$ から x を少しだけ（！）大きくしたり小さくしたりすると，$f(x)$ は $f(0)$ よりも小さくなる．つまり，$x=0$ は「ちょっと盛り上がった山の頂上」になっているのである．このような点を $f(x)$ の**極大**と呼ぶ．これは $f(x)$ の最大ではないことに注意しよう．x の絶対値をドンドン大きく取ると，$f(x)$ はいくらでも大きな値を持てるからだ．極大とは逆に「谷底」にあたる**極小**もある．$x=\pm\dfrac{\mu}{\sqrt{2\lambda}}$ が，まさに $f(x)$ の極小である．いまの例では「$f(x)$ の極小」と「$f(x)$ の最小」が一致しているのだ．

講義室より：位置，速度，加速度

「理工系」では，数学とセットで物理も習う．ちょっと講義室をのぞいてみようか．物理には**時刻** t というものが登場する．力学入門編ではまず，**物体**の位置 x が時刻の関数 $x(t)$ であると「有無を言わさず」教えられる．そして，物体の速度は $v(t) = \dfrac{dx(t)}{dt}$ であり加速度は $a(t) = \dfrac{dv(t)}{dt} = \dfrac{d^2x(t)}{dt^2}$ と与えられる，と手短かに説明した先生は，次の瞬間に**ニュートン方程式** $F(t) = ma(t)$ を黒板に書きなぐる．さあ，これから物理を習うんだ！ と思った瞬間，先生は意外にも「学期初めだから，今日はこれまで！」と宣言して，サッサと混雑前の食堂へと走って行くのであった…．（この本では，ずっと後で議論する「振り子の運動」で，この先の話に立ち入る．）

2章

指数関数と三角関数を微分しよう

　前章では，$f(x) = x^n$ の導関数が $f'(x) = nx^{n-1}$ であることなど，微分のイロハを学んだ．世の中，こんな簡単な関数ばかりではない．今度は**指数関数** $f(x) = e^x$ の出番だ．おや，指数関数と口にした途端，講義室から学生が姿を消した．…では困っちゃうので，嫌われ者の**指数と対数**について，少しは思い出しながら微分の話に入ることにしよう．その後は**三角関数**の出番だ．似たような計算が指数・対数・三角関数で3度続かないよう，それぞれの関数ごとにメニューを変えて導関数を求めて行こう．なお，「指数関数と三角関数には絶対付き合いたくないの！」と感じたら，無理して読まずに次の章へと「飛んで行く」のも悪くはないだろう．

① 指数関数は指折り数える

　2の2乗は $2^2 = 2 \cdot 2 = 4$ で，3乗は $2^3 = 2 \cdot 2 \cdot 2 = 8$ で，4乗は $2^4 = 16$ ——というべき乗は中学校で習った[1]．自然数 n と m に対して 2^n と 2^m を考えておいて，これら二つの数の積を取ると

$$2^n \cdot 2^m = 2^{n+m} \quad (\text{一般に } a^n \cdot a^m = a^{n+m}) \tag{26}$$

となる．かけ算が『**指数の足し算** $n+m$ **になる**』と習ったはずだ．指数の足し算ばかりでなく，2^n の m 乗

$$(2^n)^m = 2^{nm} \quad (\text{一般に } (a^n)^m = a^{nm}) \tag{27}$$

のように『**指数のかけ算** nm』も登場するのであった．

　2の n 乗はコンピューターの世界で使う**2進数**の基礎でもある．ちょっと，

---

1) 京都の地下鉄に乗ると「にじょう」「さんじょう」と車内放送で流れる．「ろくじょう」は源氏物語にでてくるらしい．

数学ナゾナゾに挑戦しよう．

> 問：左手を使って，いくつまで数えられますか？
> 答：2進数で表せば0から$2^5-1=31$までです．

親指が$2^0=1$の位，人差し指が$2^1=2$の位，…小指が$2^4=16$の位，と対応させて**指折り数える**わけである．だが，この模範解答には思わぬ落とし穴がある．紳士淑女は0から3までしか数えられないのだ．4を表そうとすると…．

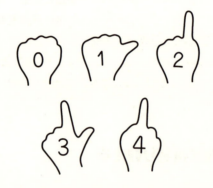

高校では2^nの指数nを整数に拡張して$2^1=2$や，$2^0=1$や，$2^{-1}=\dfrac{1}{2}$などを考える．そしてさらに，m回かけ合わせると2になる数，つまり『2の**m乗根** $2^{1/m}$』に考えを進める．$2^{1/m}$のn乗は$(2^{1/m})^n=2^{n/m}$だから，指数xが**有理数** $\dfrac{n}{m}$である場合にも2^xを定義できる．有理数がでてくるのならば**無理数**が出て来ても良いではないか！　と無理矢理(?)納得すれば，任意の**実数** xについても『2のx乗(つまり2^x)』を考えられる．もちょっと進んで，2に限らず正の実数aのx乗も考えると，指数関数$f(x)=a^x$を一夜漬けで学習できるのだ[2]．

$f(x)=a^x$の微分の話に入る前に，大学で習う(?!)指数関数$f(x)=e^x$へと寄り道しよう．これは，eという文字で表されたある特別な数[3] $e=2.71828\cdots$のx乗で，電卓を叩いてグラフに描くと次の図のような曲線になる．

点線Lは関数$f(x)=e^x$の$x=0$での接線を表していて，その傾きを分度器で調べてみると45度，つまり$\theta=\dfrac{\pi}{4}$になっている．**グラフの傾き**は導関数

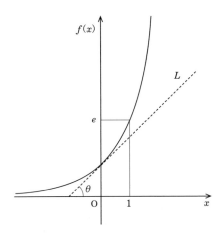

の値で表されたことを思い出そう．わざわざ e という「奇妙な数」の x 乗を考えた理由は，$x=0$ での傾きが $\tan\theta = \tan\dfrac{\pi}{4} = 1$ であることに尽きる．あ，少し先走ってしまった．$\theta = \dfrac{\pi}{4}$ を示すには，まず e^x の定義から始めないといけない．（そんなの知ってるよ，という読者は式(41)へ進んで良い．）

2 少し e 加減に e を語る

謎の数 $e = 2.71828\cdots$ の正体は？！ 普通は小学生でも知っている $1+1=2$，つまり $\left(1+\dfrac{1}{1}\right)^1 = 2$ から考え始める．理由はともかく，次々と $\left(1+\dfrac{1}{2}\right)^2 = 2.25$, $\left(1+\dfrac{1}{3}\right)^3 = 2.370\cdots$, $\left(1+\dfrac{1}{4}\right)^4 = 2.441\cdots$ と順番に計算すると，値がジワジワ大きくなって行く．ただし「値の伸び」は鈍くて，100番目でも $\left(1+\dfrac{1}{100}\right)^{100} = 2.7048\cdots$ ぐらいだ．どんどん計算を進めてゆくと，その値は $e = 2.71828\cdots$ へと近づいてゆく．この計算を**極限記号**で表そう．

$$e = \lim_{n \to \infty}\left(1+\dfrac{1}{n}\right)^n \tag{28}$$

こんな具合に**整数** n をドンドン大きくしていって，無限大へと「飛ばす」極限

---

2) 指数を学んでも**知能指数**は高くならない．
3) e は Napier の数とか「自然対数の底」と呼ばれる．

を考えるのだ[4]．ここまで来れば，指数関数 $f(x) = e^x$ は目前だ．式(28)をチョイと変えると e^x の定義式になる．

$$e^x = \lim_{n \to \infty} \left(1 + \frac{x}{n}\right)^n \tag{29}$$

「1 と分数 $\frac{x}{n}$ の和」である $\left(1 + \frac{x}{n}\right)$ を n 回かけ合わせる——という**チョー簡単な計算**しかでてこないことに注目しよう!! このように「シンプルな道具だけを使う」のが大学流だ．その結果，x が無理数である場合にも e^x を無理せず定義できる．（これで納得できる人は次の節まで読み飛ばしてよい．）

　…定義ができるとは言っても，式(29)の値が本当に式(28)で求めた e の x 乗なの？ と，誰でも疑問に思うことだろう．じゃあ試しに $x = 2$ で考えよう．n が偶数の場合だけを考えて $n = 2m$ と置き換えると

$$\lim_{n \to \infty} \left(1 + \frac{2}{n}\right)^n = \lim_{m \to \infty} \left(1 + \frac{2}{2m}\right)^{2m} \tag{30}$$

と書けるから，そのまま式変形を進めると

$$\cdots = \lim_{m \to \infty} \left[\left(1 + \frac{1}{m}\right)^m\right]^2 = e^2 \tag{31}$$

を得る．大括弧 [ ] の中身は式(28)で得た e へと近づいてゆくから，たしかに式(30)の左辺は e^2 を与えるわけだ．$x = 2, 3, 4, \cdots$ の場合や，$x = \frac{1}{2}, \frac{1}{3}, \frac{1}{4}, \cdots$ の場合にも同じように議論できるので，紙とエンピツが手元にある人は確かめてみると良い．

　まだ式(29)が e^x だと納得できない人は，x の値が有理数 $\frac{l}{m}$ である場合も考えてみよ．まず，

$$1 + \frac{x}{n} = 1 + \frac{\frac{l}{m}}{n} = 1 + \frac{1}{\frac{nm}{l}} = 1 + \frac{1}{N} \tag{32}$$

というふうに $N = \frac{nm}{l}$ を導入して式変形しておこう．もとの n は，いま定義した N を使って $n = N \cdot \frac{l}{m} = Nx$ と書ける．これらを式(29)に代入すると，

$$\lim_{n \to \infty} \left(1 + \frac{x}{n}\right)^n = \lim_{N \to \infty} \left[\left(1 + \frac{1}{N}\right)^N\right]^x \tag{33}$$

だから，式(29)はたしかに e^x を表すわけだ[5]．

今度は逆に，$e^x e^x$ が e^{2x} に一致することを，式(29)の定義から考えてみよう．$e^x e^x$ は次のように書ける．

$$e^x e^x = \lim_{n\to\infty}\left(1+\frac{x}{n}\right)^n \lim_{m\to\infty}\left(1+\frac{x}{m}\right)^m \tag{34}$$

極限を取る n と m を同じ数に揃えてしまうと[6)]

$$\lim_{n\to\infty}\left(1+\frac{x}{n}\right)^n\left(1+\frac{x}{n}\right)^n = \lim_{n\to\infty}\left(1+\frac{x}{n}\right)^{2n} \tag{35}$$

を得る．ここで $m=2n$ と置き換えると

$$\lim_{m\to\infty}\left(1+\frac{x}{\frac{m}{2}}\right)^m = \lim_{m\to\infty}\left(1+\frac{2x}{m}\right)^m = e^{2x} \tag{36}$$

となって，めでたく $e^x e^x = e^{2x}$ が示せた．一方で，式(35)は $\left(1+\frac{x}{n}\right)^2$ の n 乗なので，2乗を先に求めて次のように書き表すこともできる．

$$e^x e^x = \lim_{n\to\infty}\left(1+\frac{2x}{n}+\frac{x^2}{n^2}\right)^n \tag{37}$$

式(36)の計算と比べてみよう．括弧（ ）の中に $\frac{1}{n^2}$ に比例する項があっても，極限の値には関係しないのだ．この事実を念頭におくと，指数の積

$$e^x e^y = \lim_{n\to\infty}\left(1+\frac{x}{n}\right)^n \lim_{m\to\infty}\left(1+\frac{y}{m}\right)^m \tag{38}$$

が e^{x+y} に等しいことも（おおよそ）示せる．式(35)のように $n=m$ を保ちつつ極限を取ることを考え，まず先に $\left(1+\frac{x}{n}\right)$ と $\left(1+\frac{y}{n}\right)$ の積を求める．

$$e^x e^y = \lim_{n\to\infty}\left(1+\frac{x+y}{n}+\frac{xy}{n^2}\right)^n \tag{39}$$

式(37)と同じように，右辺の $\frac{xy}{n^2}$ は極限の値には関係しないから，結局のところ式(39)の右辺は e^{x+y} に一致する．何だか，長々と計算し続けたけど，覚えておいて欲しいのは次のことだけだ．

---

4) 収束の証明を始めると話が発散するので，今は証明抜き．
5) N は整数じゃないと困る！と思われたら，まず n はドンドン大きくして行く整数だったことを思い出そう．n が l の倍数である場合のみに注目すると $N=\frac{nm}{l}$ は整数になる．今はウルサイことを言わずに，その「都合が良い場合」だけを考える．
6) 「極限の取り方を揃えて」なんて気ままに発言をすると数学の先生に怒られるので要注意．…入門編なので，許されたし．

> **指数関数の積:**
> 式(29)で定義した $f(x) = e^x$ は次の関係を満たす.
> $$f(x)f(y) = e^x e^y = e^{x+y} = f(x+y) \tag{40}$$

3 ニコニコ二項,意外な展開

さあ,指数関数 $f(x) = e^x$ の微分だ.記憶の糸をたどると,関数の変化 $\Delta f = f(x+\Delta x) - f(x)$ を Δx で割った

$$\frac{\Delta f}{\Delta x} = \frac{f(x+\Delta x) - f(x)}{\Delta x} = \frac{e^{x+\Delta x} - e^x}{\Delta x} \tag{41}$$

が x 付近でのグラフの傾きをおおよそ表すのであった.さらに,極限 $\lim_{\Delta x \to 0}$ を考えたものが微分だ.

$$\frac{df}{dx} = \lim_{\Delta x \to 0} \frac{\Delta f}{\Delta x} = \lim_{\Delta x \to 0} e^x \cdot \frac{e^{\Delta x} - 1}{\Delta x} \tag{42}$$

ここで,Δx が充分に小さなときに $e^{\Delta x}$ の値を求めておこう.何事も初心に帰ることが大切だ,またまた指数関数の定義式(29)を引っぱり出そう.

$$\begin{aligned} e^{\Delta x} &= \lim_{n \to \infty} \left(1 + \frac{\Delta x}{n}\right)^n \\ &= \lim_{n \to \infty} \left[1 + n\frac{\Delta x}{n} + \frac{n(n-1)}{2}\left(\frac{\Delta x}{n}\right)^2 + \cdots\right] \end{aligned} \tag{43}$$

ここで使った技は**二項展開**だ.軽く思い出しておこう:

$$\begin{aligned} (1+a)^2 &= 1 + 2a + a^2 \\ (1+a)^3 &= 1 + 3a + 3a^2 + a^3 \\ (1+a)^4 &= 1 + 4a + 6a^2 + 4a^3 + a^4 \\ &\vdots \end{aligned} \tag{44}$$

式(43)の計算では,展開の最初の2項しか使わないのだけれど,せっかくだから後に続く一般項も書いておこう.

> **二項係数:**
> $$_nC_m = \frac{n \cdot (n-1) \cdots (n-m+1)}{m \cdot (m-1) \cdots 2 \cdot 1} = \frac{n!}{m!(n-m)!}$$
> を使うと $(1+a)^n$ は次のように展開できる.
> $$1 + {}_nC_1 a + {}_nC_2 a^2 + {}_nC_3 a^3 + {}_nC_4 a^4 + \cdots \tag{45}$$

そして $\displaystyle\lim_{n\to\infty}\frac{n(n-1)}{2n^2} = \lim_{n\to\infty}\frac{n-1}{2n} = \frac{1}{2}$ など使って式(43)の各項を求めてゆくと,次の関係式が得られる.

$$e^{\Delta x} = 1 + \Delta x + \frac{(\Delta x)^2}{2} + \frac{(\Delta x)^3}{6} + \cdots \tag{46}$$

あら意外, $e^{\Delta x}$ が「無限に続く多項式」, つまり**無限級数**で表せてしまった[7]. これらの結果を, $f(x) = e^x$ の微分を求める式(42)に代入しよう. 大切なことは, Δx が残っている項はすべて $\Delta x \to 0$ の極限で消えてしまうことだ.

$$\begin{aligned}\frac{de^x}{dx} &= \lim_{\Delta x \to 0} e^x \cdot \frac{e^{\Delta x} - 1}{\Delta x} = e^x \lim_{\Delta x \to 0} \frac{\Delta x + (\Delta x)^2/2 + (\Delta x)^3/6 + \cdots}{\Delta x} \\ &= e^x \lim_{\Delta x \to 0}\left[1 + \frac{\Delta x}{2} + \frac{(\Delta x)^2}{6} + \cdots\right] = e^x \end{aligned} \tag{47}$$

あらあらびっくり, 『$f(x) = e^x$ の導関数は $f'(x) = e^x$』であった. 微分しても変わらない関数が, 指数関数の正体だったわけだ[8]. 特に $x = 0$ では(最初に断っておいたように) $f'(0) = e^0 = 1$ となる. 指数関数のグラフは, たしかに $x = 0$ で45度傾いているのだ.

④ 逆関数の微係数は逆数と丸暗記

指数が片付いたら, 次は対数. 高校で習ったように,

---

7) これは後で習う**テイラー展開**の一例だ.
8) 前回チラリと触れた「微分と線形代数の関係」を思い出すと, $f(x) = e^x$ が微分演算子(作用素) $\frac{d}{dx}$ の「固有ベクトルのようなもの」に見えてこないだろうか?

> 正の実数 y に対して関係 $y = e^x$ が成立する場合，x を y の**自然対数**と呼び，$x = \log y$ と書く

約束になっている．そんな x をどうやって y から求めるの？ と疑問に思ったら，指数 e^x の定義式(29)をもう一度ながめよう．充分に大きな n に対して $\left(1 + \dfrac{x}{n}\right)^n$ は y の「良い近似」なのだから，この関係を x について解くのだ．そして n が無限大の極限を取れば

$$x = \lim_{n \to \infty} n(y^{1/n} - 1) = \log y \tag{48}$$

と，y の自然対数を表す式を導ける．この式から出発して微分の話に入っても良いのだけれど，指数と同じような計算を繰り返しても仕方がないので，少し違った観点から話を進めよう．

ちょっと遊んで $y = e^x$ に $x = \log y$ を代入してみると，$y = e^{\log y}$ という恒等式が得られる．逆に，$x = \log y$ に $y = e^x$ を代入すると $x = \log e^x$ を得る．こんなふうに指数と対数は逆の働きを持ち，互いに関数と逆関数の関係にある．

> **関数と逆関数：**
> 黒板に $y = f(x)$ と書いてあったら，右辺の x を与えると関数 $f(x)$ の値が決まり，その値を y と呼ぶ —— y に代入する —— と解釈するのが普通だ．そう考える場合には，「y は x の関数」だ．さて，**思考の順序をひっくり返して**，まず先に y の値を決めておいて，$y = f(x)$ を満たす x を求める問題を考えてみよう．この場合，さっきとは逆に「x が y の関数」になるわけだ．数式では，このあべこべの関係を $x = f^{-1}(y)$ と書き表して，関数 f^{-1} を関数 f の**逆関数**と呼ぶ．

なんだか話がよくわからなければ，関数 $f(x)$ と逆関数 $f^{-1}(y)$ は $x = f^{-1}(f(x))$ と $y = f(f^{-1}(y))$ を満たすものだと覚えておいても良い[9]．

ちょっと具体的に，**対数関数** $x = f^{-1}(y) = \log y$ のグラフを描いて，さっき見た指数関数 $y = f(x) = e^x$ のグラフと比べてみよう．何のことはない，$y = e^x$ のグラフを「原点を通る傾き 45°の直線 $y = x$」に対して**パタンと裏返す**と $x = \log y$ のグラフになるのだ．（「縦軸と横軸を入れ換えてグラフを描く」と教えられることも多い．） この裏技，いや「裏返し関係」さえ理解していれば，対数関数の微分は怖くない．$f(x) = e^x$ でグラフの傾きが $\tan \theta = \lim_{\Delta x \to 0} \dfrac{\Delta y}{\Delta x}$ で表されるならば，$f^{-1}(y) = \log y$ のグラフの傾きは単に Δx と Δy を入れ換えた

$$\tan \theta' = \lim_{\Delta y \to 0} \frac{\Delta x}{\Delta y} = \frac{1}{\tan \theta} = \tan\left(\frac{\pi}{2} - \theta\right) \tag{49}$$

で与えられるのだ．なぜ？ と思ったら，指数関数のグラフ上で $x = 1$ の点と，対数関数のグラフ上で $y = e$ の点をよく見比べるとよい．関数と逆関数では，対応する点での微係数が**互いに逆数になる**のである．

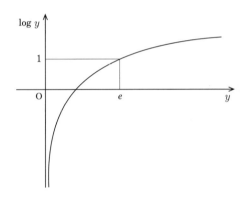

この逆数の関係を，数式で確かめてみよう．対数関数 $f(y) = \log y$ の導関数を求める定義式を書くと

$$\frac{d \log y}{dy} = \lim_{\Delta y \to 0} \frac{\log(y + \Delta y) - \log y}{\Delta y} \tag{50}$$

となる．このまま y についてウンウン考えても式変形が進まないので，関係

---

9) あっ，「合成関数」を断りなく使ってしまった….それはそうと，記号 $f^{-1}(y)$ は「えふいんばーす わい」と読む．$f^{-1}(y)$ は $\dfrac{1}{f(y)} = [f(y)]^{-1}$ **ではない**ことに注意しよう．

$y = e^x$ と $y+\Delta y = e^{x+\Delta x}$ を使って右辺の分子[10]を x について書き換える．あら単純，それは $(x+\Delta x)-x = \Delta x$ だ．分母の Δy は，

$$\Delta y = (y+\Delta y) - y = e^{x+\Delta x} - e^x = e^x(e^{\Delta x}-1)$$
$$= e^x\left[\Delta x + \frac{(\Delta x)^2}{2} + \frac{(\Delta x)^3}{6} + \frac{(\Delta x)^4}{24} + \cdots \right] \tag{51}$$

と工夫して x と Δx の数式に書き換える．最後の式変形には式(46)を使った．これらを使うと

$$\frac{d\log y}{dy} = \lim_{\Delta x \to 0} \frac{\Delta x}{e^x\left[\Delta x + \frac{(\Delta x)^2}{2} + \cdots \right]} = \frac{1}{e^x} \tag{52}$$

と計算できて，たしかに「e^x の導関数 e^x」の逆数 e^{-x} になっている．あっ，導関数は y の式に書き換えなければ式(50)の答えになっていない．$e^{-x} = \frac{1}{y}$ だから『$\log y$ の導関数は $\frac{1}{y}$ である』のだ．とても単純で覚え易いではないか?! y の値が増えると $\log y$ の値も増えて行くのだけど，段々と増え方が鈍くなって行く．この事実と，導関数が $\frac{1}{y}$ であることが，頭の中で噛み合っただろうか?![11]

底が10の対数：
対数を習い始めるときには「底が10の対数」をまず扱う．例えば $\log_{10} 1000 = 3$ とか $\log_{10} 0.01 = -2$ などである．ええと，「公式集」をめくると説明抜きで

$$\log_{10} x = \frac{\log x}{\log 10} \tag{53}$$

と書いてある．ただし，$\log x$ は今まで(何の断わりもなく)使って来た「e を底とする対数 $\log_e x$」である．どうしてこうなるのか理解に戸惑ったら，まず指数と対数の間の関係式

$$x = 10^{\log_{10} x} \tag{54}$$

に立ち戻ろう．右辺の $10^{\log_{10} x}$ に $10 = e^{\log 10}$ を代入してみると

$$10^{\log_{10} x} = (e^{\log 10})^{\log_{10} x} = e^{\log 10 \log_{10} x} \tag{55}$$

となる．式の書き換えをしただけなので，$e^{\log 10 \log_{10} x} = x = e^{\log x}$ が成立していることに注意しよう．指数を見比べると，

$\log 10 \log_{10} x = \log x$ が成立するはずで，こうして $\log_{10} x = \dfrac{\log x}{\log 10}$ を導くことができた．

さて，$f(x) = \log_{10} x$ の導関数はというと，とても簡単に

$$f'(x) = \frac{d}{dx}\frac{\log x}{\log 10} = \frac{1}{x \log 10} \tag{56}$$

と求められる．副産物として，$f(x) = 10^x$ である場合も

$$f'(x) = \frac{d}{dx}10^x = \frac{d}{dx}(e^{\log 10})^x = \frac{d}{dx}e^{x\log 10} \tag{57}$$

と変形できて，微分の定義に従って真面目に計算すると

$$\lim_{\Delta x \to 0}\frac{e^{(x+\Delta x)\log 10 - x\log 10}}{\Delta x} = e^{x\log 10}\lim_{\Delta x \to 0}\frac{e^{\Delta x\log 10}-1}{\Delta x} \tag{58}$$

となり，少し前の計算を思い出すと右辺は $e^{x\log 10}\log 10$ に等しいことがわかる．そしてこれに $e^{x\log 10} = 10^x$ を組み合わせて，次の結果を得る．

$$\frac{d}{dx}10^x = 10^x \log 10 \tag{59}$$

…少し面倒な計算を行ってしまった．実は，次の章で習う「合成関数の微分」を使えば，もう少し計算が楽になるのだ．スムーズな計算を目標とするならば，道具をたくさん持っておくに限る！

⑤ 三角関数は黒板に描け

指数，対数，その次は三角関数だ[12]．…と言うと，何だか三角関数だけ「異質のもの」に感じるかもしれない．**その違和感は心の奥底にしまい込んで**，ともかく三角関数の微分を考えることにしよう．角度 θ の関数として $\sin\theta$ と $\cos\theta$

---

10) 「分子を英訳してください」と質問を受けて，numerator と答える人は数学屋さん，molecule と答える人は化学屋さん．
11) 「頭の中で嚙み合った」と黒板の前で発言したら，すかさず学生から「頭の中に入れ歯してるんですか？」と指摘された．
12) 三角関数を「3角関数」とは書かない理由を考えてみよ?!

を観察してみるのだ．この二つの関数は，半径が1の円(= **単位円**)の上へ角度 θ を示す直線を書き込むと理解し易い．

さて，$\Delta\theta$ だけ増やした角度 $\theta+\Delta\theta$ も図中に書き込んでみよう．円の半径は1だから，θ から $\theta+\Delta\theta$ までの**弧の長さ**は $\Delta\theta$ になる．また，この弧は「ほとんど曲がっていない」ので，直線だと近似して考えても良い．$\sin(\theta+\Delta\theta)$ は $\sin\theta$ より，どれくらい大きいだろうか？ 拡大図の中に点線で描いた垂線をよ～くニラむと，$\Delta\theta$ の $\cos\theta$ 倍くらいだとわかる．つまり $\sin(\theta+\Delta\theta)-\sin\theta$ は $(\Delta\theta)\cos\theta$ とほぼ等しく，$\Delta\theta$ をドンドン小さくしてゆくほど両者はよく一致するようになる．この関係を認めてしまえば，$\sin\theta$ の導関数は簡単に求められる．

$$\frac{d\sin\theta}{d\theta} = \lim_{\Delta\theta\to 0}\frac{\sin(\theta+\Delta\theta)-\sin\theta}{\Delta\theta} = \cos\theta \tag{60}$$

こうして**作図によって**『$\sin\theta$ の導関数は $\cos\theta$ だ』という結果が得られた．同様に，今度は $\cos(\theta+\Delta\theta)$ を考えると，その値は $\cos\theta$ よりも $(\Delta\theta)\sin\theta$ くらい小さいことが，拡大図をよく見直すとわかる．（紙と鉛筆があれば，実際に描いてみるとさらによい．） そして導関数

$$\frac{d\cos\theta}{d\theta} = \lim_{\Delta\theta\to 0}\frac{\cos(\theta+\Delta\theta)-\cos\theta}{\Delta\theta} = -\sin\theta \tag{61}$$

を求めると，『$\cos\theta$ の導関数は $-\sin\theta$ だ』という結果が**図の導くまま**サッサと得られる．もちろん，指数関数のように地道に求めることも可能なのだけど，またまた長い話になるので**敵前逃亡**する．

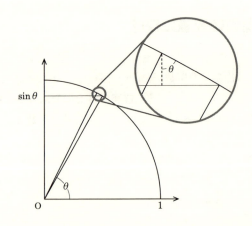

● 宿題

三角関数では図を描くことが「直感的な理解」の武器になる．θ が小さいときには $\sin\theta$ が θ に非常に近いこと $\lim_{\Delta\theta\to 0}\dfrac{\sin\theta}{\theta}=1$ を図に描いて確かめて欲しい．それを使って $\lim_{\Delta\theta\to 0}\dfrac{1-\cos\theta}{\theta}=0$ を示すこともできる．そして，三角関数の**加法定理**を使って式(60)と式(61)を計算することも可能だ．さあ考えてネ．

例解 1

少し気分を変えて，関数 $f(\theta)$ の導関数を

$$f'(\theta)=\lim_{\Delta\theta\to 0}\frac{f(\theta+\Delta\theta)-f(\theta-\Delta\theta)}{2\Delta\theta} \tag{62}$$

と，幅 2Δ の区間で求めてみよう．$f(\theta)=\sin\theta$ に対して $f(\theta\pm\Delta\theta)$ は加法定理を使って

$$\sin(\theta\pm\Delta\theta)=\sin\theta\cos\Delta\theta\pm\cos\theta\sin\Delta\theta \tag{63}$$

と計算できる．したがって

$$\frac{f(\theta+\Delta\theta)-f(\theta-\Delta\theta)}{2\Delta\theta}=\cos\theta\frac{2\sin\Delta\theta}{2\Delta\theta}=\cos\theta\frac{\sin\Delta\theta}{\Delta\theta} \tag{64}$$

が成立し，$\Delta\theta\to 0$ の極限を取って導関数を得る．

$$f'(\theta)=\lim_{\Delta\theta\to 0}\cos\theta\frac{\sin\Delta\theta}{\Delta\theta}=\cos\theta \tag{65}$$

例解 2

$g(\theta)=\cos\theta$ についても同様に

$$\cos(\theta\pm\Delta\theta)=\cos\theta\cos\Delta\theta\mp\sin\theta\sin\Delta\theta \tag{66}$$

と加法定理を使って

$$\frac{g(\theta+\Delta\theta)-g(\theta-\Delta\theta)}{2\Delta\theta}=-\sin\theta\frac{2\sin\Delta\theta}{2\Delta\theta} \tag{67}$$

と式変形できるので，$\Delta\theta\to 0$ の極限を取ると

$$g'(\theta)=\lim_{\Delta\theta\to 0}-\sin\theta\frac{\sin\Delta\theta}{\Delta\theta}=-\sin\theta \tag{68}$$

と導関数を求めることができる．

例解 3

例解 1 と例解 2 では $\lim_{\Delta\theta\to 0}\dfrac{\sin\Delta\theta}{\Delta\theta}=1$ を使った．これを使って

$\displaystyle\lim_{\Delta\theta\to 0}\frac{1-\cos\Delta\theta}{\Delta\theta}$ の値を求めておこう．まず，関係式

$$\cos\Delta\theta = \cos^2\frac{\Delta\theta}{2} - \sin^2\frac{\Delta\theta}{2}, \qquad 1 = \cos^2\frac{\Delta\theta}{2} + \sin^2\frac{\Delta\theta}{2} \tag{69}$$

を良く眺めておいて，次の式変形を行う．

$$\frac{1-\cos\Delta\theta}{\Delta\theta} = \frac{1}{\Delta\theta}\left[2\sin^2\frac{\Delta\theta}{2}\right] = 4\sin\frac{\Delta\theta}{2}\left[\frac{\sin\dfrac{\Delta\theta}{2}}{\dfrac{\Delta\theta}{2}}\right] \tag{70}$$

ここで $\Delta\theta\to 0$ の極限を取ると，大カッコ [ ] の中身は 1 に，$4\sin\dfrac{\Delta\theta}{2}$ は 0 になる．こうして関係式

$$\lim_{\Delta\theta\to 0}\frac{1-\cos\Delta\theta}{\Delta\theta} = \lim_{\Delta\theta\to 0}\frac{1}{\Delta\theta}\left[2\sin^2\frac{\Delta\theta}{2}\right] = 0 \tag{71}$$

の成立が示せた．

●例解演習

三角関数のうち，$\tan\theta$ の微分はまだ計算していなかった．これは，次章で習う **微分公式** を使い回すと簡単に計算できるのだけれど，入門編なのだから「定義に即した計算」も見せておこう．まずは準備から．

$$\tan(\theta+\Delta\theta) - \tan\theta = \frac{\sin(\theta+\Delta\theta)}{\cos(\theta+\Delta\theta)} - \frac{\sin\theta}{\cos\theta}$$

$$= \frac{\sin\theta\cos\Delta\theta + \cos\theta\sin\Delta\theta}{\cos\theta\cos\Delta\theta - \sin\theta\sin\Delta\theta} - \frac{\sin\theta}{\cos\theta}$$

$$= \frac{\cos\theta(\sin\theta\cos\Delta\theta + \cos\theta\sin\Delta\theta) - \sin\theta(\cos\theta\cos\Delta\theta - \sin\theta\sin\Delta\theta)}{\cos\theta(\cos\theta\cos\Delta\theta - \sin\theta\sin\Delta\theta)}$$

$$= \frac{(\cos^2\theta + \sin^2\theta)\sin\Delta\theta}{\cos\theta(\cos\theta\cos\Delta\theta - \sin\theta\sin\Delta\theta)} = \frac{\sin\Delta\theta}{\cos\theta\cos(\theta+\Delta\theta)} \tag{72}$$

途中で挫折せずに計算すると，案外簡単な形にまとまるものだ．さあ $\Delta\theta$ で割って $\Delta\theta\to 0$ の極限を取ろう．

$$\lim_{\Delta\theta\to 0}\frac{\tan(\theta+\Delta\theta)-\tan\theta}{\Delta\theta}$$

$$= \lim_{\Delta\theta\to 0}\frac{\sin\Delta\theta}{\Delta\theta}\frac{1}{\cos\theta\cos(\theta+\Delta\theta)} = \frac{1}{\cos^2\theta} = \sec^2\theta \tag{73}$$

こうして $\tan\theta$ の導関数は $\sec^2\theta$ であることが導かれた．

6 数学は根っこから眺めよ

理由はともかく，$\sin\theta$ の 4 階微分を求めてみよう．

$$\frac{d^4 \sin\theta}{d\theta^4} = \frac{d^3 \cos\theta}{d\theta^3} = -\frac{d^2 \sin\theta}{d\theta^2} = -\frac{d \cos\theta}{d\theta} = \sin\theta \tag{74}$$

あら，もとの $\sin\theta$ に戻って来た．指数関数 e^x が 1 回の微分で「もとの e^x に戻った」ことと，よく似ているではないか?! この辺りから，三角関数と指数関数の**隠れた関係**がチラチラと見えてくる．実は，虚数 i を角度 θ にかけた $i\theta$ についての**オイラーの公式**[13]

$$e^{i\theta} = \cos\theta + i\sin\theta \tag{75}$$

が背景に潜んでいたのだ．もちろん，今はまだこの公式を証明しないのだけれど，ともかく式(75)を認めてしまうと

$$e^{i\theta} = \frac{de^{i\theta}}{d(i\theta)} = -i\frac{de^{i\theta}}{d\theta} = \frac{d\cos\theta}{d\theta} + i\frac{d\sin\theta}{d\theta} \tag{76}$$

と計算できて，式(75)と式(76)を合わせたものは，式(60)や式(61)と辻褄が合っている．こういう**裏事情**もあって，「入門編」にわざわざ三角関数を引っ張り出して来たのだ．微分積分は**習えば習うほど見通しがよくなる**．こんなふうに——枝葉に惑わされることなく——いろいろな数式から伸びる「数学の幹や根っこ」を発見して行くと，数学の勉強はドンドン楽しくなるぞ?! 次の章では微係数を計算するためのサーカスをいくつも紹介して行こう．

---

13)「おいらは e を愛した ($i\theta$) 男」とゴロ合わせで覚えよう．

講義室より：双曲線関数

夕方も近い講義室，黒板を眺めるだけでも眠たい．突然先生が「三角関数にちょっと似た関数がある．」と言い始めた．眠気覚ましのつもりなんだろうか？　なんでも，**双曲線関数**と呼ばれるもので，

$$\sinh x = \frac{e^x - e^{-x}}{2}$$
$$\cosh x = \frac{e^x + e^{-x}}{2} \qquad (77)$$
$$\tanh x = \frac{\sinh x}{\cosh x} = \frac{e^x - e^{-x}}{e^x + e^{-x}}$$

と定義されるのだそうな．関係式 $\cosh^2 x - \sinh^2 x = 1$ は $\cos^2 x + \sin^2 x = 1$ とセットで覚えるといいだって？　微分は

$$\frac{d}{dx}\sinh x = \cosh x,$$
$$\frac{d}{dx}\cosh x = \sinh x \qquad (78)$$

だから，三角関数よりも覚え易いって？　冗談じゃない，記憶の中でごちゃ混ぜになるだけだ！！　まあ，数学は「覚える科目」ではないので，ちらっと数式を眺めておくだけで良い．必要になったときには，なぜか不思議と思い出すものだ．

3章
微分計算の決まり手あれこれ

　微分を学ぶ理由はいろいろとある．電気回路や物理を学ぶときに微分の知識は役に立つ．銀行の商品設計や生命保険でも微分が必要となるらしい．若き頃の著者は，異性にモテたくて微分に没頭した．このように**必要に迫られて**微分を計算するときには，ちょっと込み入った関数を取り扱うことになる．$f(x) = \dfrac{x^3}{e^{\frac{a}{x}}-1}$ という関数を前にしたとき，あなたはコレを微分できるだろうか？こんな難題と格闘するために，まず**微分公式**という「決まり手の型」から覚えてゆくことにしよう．

① 公式も坂道の一歩から

　微分計算の基本は，$f(x)$ から $f(x+\Delta x)$ への変化 $\Delta f = f(x+\Delta x) - f(x)$ にある．移項して

$$f(x+\Delta x) = f(x) + \Delta f = f(x) + \frac{\Delta f}{\Delta x}\Delta x \tag{79}$$

と書いておこう．わざわざ $\Delta f = \dfrac{\Delta f}{\Delta x}\Delta x$ と分数で表したのは，「x の変化に対する f の変化」であることを明示するためだ．そして，導関数 $f'(x)$ は

$$\lim_{\Delta x \to 0}\frac{f(x+\Delta x)-f(x)}{\Delta x} = \lim_{\Delta x \to 0}\frac{\Delta f}{\Delta x} = \frac{df(x)}{dx} \tag{80}$$

と $\Delta x \to 0$ の**極限**で定義されるのであった．

> おさらい:
> 式(80)の極限が存在する場合,
>
> - $f(x+\Delta x)$ は $f(x)$ よりも「おおよそ $f'(x)\Delta x$ くらい」大きい——と直感的に考えてよい.
>
> この「おおよそ」という**近似的な関係**を記号 "~" で表すことにすれば,次のようにも書ける.
> $$f(x+\Delta x) \sim f(x) + f'(x)\Delta x \tag{81}$$

ここまでが復習[1]. 式(79)と式(81)は「あらゆる微分公式を導く基本」なので,よ〜く頭の中に入れておくように. …え,なに,Δばっかり何個も続けて見ると,目が三角になって来る???[2]

② 合成した関数の微分

数学に詳しくない人が**合成関数**という言葉を聞いたら何を思い浮かべるだろうか? 洗濯に使う,白い粉の合成洗剤あたりではないかと思う.その「洗濯粉」を放り込む,洗濯機の丸いドラムを上から眺めよう.(…ドラムが斜めや横を向いている洗濯機もある.) ドラム上のある点 P にシールを貼って,ドラム

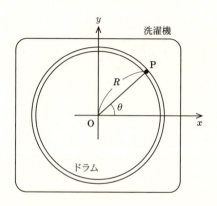

の回転にともなう点 P の動きを，これから考えるのだ．

　点 P と原点 O を結ぶ線が x 軸となす角度を θ としよう．ドラムの半径が R であれば，角度 θ の関数で点 P の位置を表すことができる．

$$x(\theta) = R\cos\theta, \qquad y(\theta) = R\sin\theta \tag{82}$$

洗濯の最中，点 P は右に回ったり，左に回ったりしている[3]．この複雑な運動を数式で表すには，角度 θ を時刻 t の関数と考え，$\theta(t)$ と書いておくと都合がよい．この $\theta(t)$ を，さっきの式(82)に代入しよう．

$$\begin{aligned} x &= x(\theta(t)) = R\cos\theta(t) \\ y &= y(\theta(t)) = R\sin\theta(t) \end{aligned} \tag{83}$$

右辺は $R\cos(\theta(t))$ や $R\sin(\theta(t))$ と書き表す場合もある．こうすると，「x や y は θ の関数」で「θ は t の関数」という**関数の関数**[4]が顔を出す．イメージし易いように，y と θ と t の関係を立体的な(?)図に表しておこう．

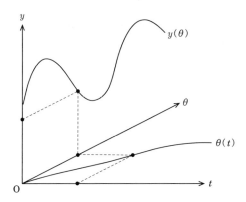

---

1) 本によっては最初から $\Delta f = f'(x)\Delta x$ と書いてあることもある．複数の本を見比べるときは要注意．なお，少し微分積分を習い進むと，数学の先生は $f(x) = x\sin\frac{1}{x}$ という意地汚い関数を例に出して，式(81)に潜む落とし穴を教えてくれるだろう．
2) 夏の海辺は**魔の三角地帯**だ，$\triangle\triangle$ や $\nabla\nabla$ に満ちている．なめらかな(?!)**三角の波**に決して溺れるべからず!!
3) 洗濯機のドラムと自動車のタイヤは直径がよく似ている．脱水中の洗濯ドラムは，横倒しにすれば**高速道路を余裕でカッ飛ばせる**ほど，速く回転している．
4) プログラミング言語の専門家が「関数の関数」という言葉を耳にすると，たぶん何かほかのものに想い至ることだろう．

> **合成関数**:
> 図のように θ の関数 $y(\theta)$ と，t の関数 $\theta(t)$ を「合体」させた $y(\theta(t))$ を考えよう．y が t の関数であることは間違いないけれども，その関係は間接的で，途中に θ が「嚙んでいる」ことに注意しよう．このように，二つの関数を合わせて作った関数を**合成関数**と呼ぶ．

さて，式(83)の $y(\theta(t)) = R\sin\theta(t)$ を時刻 t で微分する問題を考えよう．定義どおりに微分を表すと

$$\frac{dy(\theta(t))}{dt} = \lim_{\Delta t \to 0} \frac{y(\theta(t+\Delta t)) - y(\theta(t))}{\Delta t} \tag{84}$$

となる．こんな問題を前にすると「**どないするねん？！**」[5)] と困惑しそうだ．ここで早速，式(79)が役に立つ．$\theta(t+\Delta t)$ は $\theta(t)$ よりも $\Delta\theta = \dfrac{\Delta\theta}{\Delta t}\Delta t$ だけ大きいのだ．

$$y(\theta(t+\Delta t)) = y(\theta(t) + \Delta\theta) = y\!\left(\theta(t) + \frac{\Delta\theta}{\Delta t}\Delta t\right) \tag{85}$$

再び式(79)を使って，真ん中の $y(\theta(t) + \Delta\theta)$ を

$$y(\theta + \Delta\theta) = y(\theta) + \Delta y = y(\theta) + \frac{\Delta y}{\Delta\theta}\Delta\theta \tag{86}$$

と書き換えておこう．いちばん右端に現れる $\Delta\theta$ は，式(85)にも現れる $\dfrac{\Delta\theta}{\Delta t}\Delta t$ だから代入して

$$y\!\left(\theta(t) + \frac{\Delta\theta}{\Delta t}\Delta t\right) = y(\theta(t)) + \frac{\Delta y}{\Delta\theta}\frac{\Delta\theta}{\Delta t}\Delta t \tag{87}$$

と式変形できる．ここまで計算すればゴールは目前．右辺の $\dfrac{\Delta y}{\Delta\theta}\dfrac{\Delta\theta}{\Delta t}\Delta t$ が，「t が Δt だけ増えたとき」の y の微小な変化 Δy だ．これらの結果を微分の定義式(84)に代入すれば任務完了．

$$\frac{dy(\theta(t))}{dt} = \lim_{\Delta t \to 0} \frac{\Delta y}{\Delta\theta}\frac{\Delta\theta}{\Delta t} = \frac{dy(\theta)}{d\theta}\frac{d\theta(t)}{dt} \tag{88}$$

これが**合成関数の微分公式**だ[6)]．「カッコだらけでカッコ悪い式ばかり並んでいる！」と誰でも感じるだろう．同じように大学の先生も，長い数式を黒板に書くのは面倒臭く思うので，エイヤッと省略して左辺は $\dfrac{dy}{dt}$ と，右辺は $\dfrac{dy}{d\theta}\dfrac{d\theta}{dt}$

と書くのが普通だ．

> **連鎖律**：
> 人間がズラリと並んで手をつないだら，人間の鎖．式(88)では y を θ で微分して，θ を t で微分する．微分が手を結んで並んでいるので，これは**微分の鎖**だ．そういうわけで $\dfrac{dy}{dt} = \dfrac{dy}{d\theta}\dfrac{d\theta}{dt}$ と計算することを，微分の**連鎖律**(ChainRule)と呼ぶ．

…なんか，もひとつ，直感的に理解できない…と思ったときには，式(81)のように**近似的に考える**とよい．つまり $\theta(t+\Delta t) \sim \theta(t) + \dfrac{d\theta(t)}{dt}\Delta t$ を $y(\theta(t+\Delta t))$ に代入しておいて，再び近似的に

$$y\left(\theta(t)+\frac{d\theta(t)}{dt}\Delta t\right) \sim y(\theta(t)) + \frac{dy(\theta)}{d\theta}\frac{d\theta(t)}{dt}\Delta t \tag{89}$$

と変型するのだ．上式の右辺は式(87)の右辺を「おおよそ」表す**近似式**になっている．Δt が小さくなればなるほど，この近似は正確になってゆき[7]，結局は合成関数の微分を表す式(88)へと到着できる．

●例解演習

問題
関数 $f(x)$ と，その逆関数 $f^{-1}(x)$ の合成関数を2通り考えよう．それは**恒等関数**である $f(f^{-1}(x)) = x$ と $f^{-1}(f(x)) = x$ だ．それぞれ微分してみなさい．

例解
まず，前章で「対数の微分」を求めるときに考えた「関数 $f(x)$ の**逆関数** $f^{-1}(x)$ の微分」を復習しておこう．式を見易くする目的で，変数を x か

---

5) 標準語では「どうするの？」くらいの意味．
6) なんや，中学生でも理解できる**約分**やないか！という声が上がって当然だ．…後で**多変数の関数**の微分を考えるまでは．
7) どうして正確になってゆくのか，ホントは証明しなくてはならない．これは面倒臭い話なので，毎度のように「証明抜き」で済ませよう…．

ら y に書き換えておいて，$f^{-1}(y)$ の導関数を定義式に当てはめると

$$\frac{d}{dy}f^{-1}(y) = \lim_{\Delta y \to 0} \frac{f^{-1}(y+\Delta y) - f^{-1}(y)}{\Delta y} \tag{90}$$

となる．逆関数は「$y = f(x)$ を満たす x」を $x = f^{-1}(y)$ と与えるものだった．同様に，$y + \Delta y = f(x + \Delta x)$ は $x + \Delta x = f^{-1}(y + \Delta y)$ となる．したがって，

$$\frac{d}{dy}f^{-1}(y) = \lim_{\Delta y \to 0} \frac{(x+\Delta x) - x}{\Delta y} = \lim_{\Delta y \to 0} \frac{\Delta x}{\Delta y}$$

$$= \lim_{\Delta y \to 0} \left[\frac{\Delta y}{\Delta x}\right]^{-1} = \frac{1}{f'(x)} \tag{91}$$

を得る．よく「逆関数の導関数は逆数で与えられる」と先生に教えられるけれども，$\frac{d}{dy}f^{-1}(y) = \frac{1}{f'(x)}$ の右辺を $\frac{1}{f'(y)}$ と混同するとエライことになる．用心しておこう．さて，まず $f^{-1}(f(x)) = x$ の微分から．先のように $y = f(x)$ とおけば，合成関数の微分公式を使って淡々と (?) 計算を進められる．

$$\frac{d}{dx}f^{-1}(f(x)) = \frac{df^{-1}(y)}{dy}\frac{dy}{dx} = \frac{1}{f'(x)}f'(x) = 1 \tag{92}$$

次に $f(f^{-1}(x)) = x$ の微分を求めよう．これは $g = f^{-1}(x)$ と書いておいて

$$\frac{d}{dx}f(f^{-1}(x)) = \frac{df(g)}{dg}\frac{dg}{dx} = f'(g)\frac{1}{f'(g)} = 1 \tag{93}$$

と計算する．計算の途中に出てくる $f'(g)$ は，$x = f(g)$ を満たす g についての f' の値であることを忘れないように．

さて，洗濯機のドラムに戻って，$y(\theta(t)) = R\sin\theta(t)$ を t で微分しておこう．カッコの一部を省略して

$$\frac{dR\sin\theta(t)}{dt} = R\frac{d\sin\theta}{d\theta}\frac{d\theta}{dt} = [R\cos\theta(t)]\theta'(t) \tag{94}$$

と求められる．これで「何かを求めた達成感がない」と感じる場合には，たとえば $\theta(t) = \omega t$ である「回転の**角速度** ω が一定の場合」を考えてみるとよい．$\theta'(t) = \frac{d\omega t}{dt} = \omega$ なので，$\frac{dR\sin\omega t}{dt} = R\omega\cos\omega t$ を得る．満足しただろうか？

> **回転運動の位置・速度・加速度：**
> 回転運動は理工系の基本知識だ．回転ドラム上の点 P の位置を，座標の値を並べた**位置ベクトル** $r = (x, y)$ で表すこともある．さっき考えた**等角速度運動** $\theta(t) = \omega t$ の場合，$r = (R\cos\omega t, R\sin\omega t)$ なので点 P の速度 v は
>
> $$\frac{d}{dt}r = \left(\frac{dx(\theta(t))}{dt}, \frac{dy(\theta(t))}{dt}\right)$$
> $$= (-R\sin\theta(t)\theta'(t), R\cos\theta(t)\theta'(t))$$
> $$= (-R\omega\sin\omega t, R\omega\cos\omega t) = v \tag{95}$$
>
> と表せ，そして**加速度** a は次のように求められる．
>
> $$\frac{d^2 r}{dt^2} = \frac{d}{dt}v = \frac{d}{dt}(-R\omega\sin\omega t, R\omega\cos\omega t)$$
> $$= (-R\omega^2\cos\omega t, -R\omega^2\sin\omega t) = a \tag{96}$$
>
> これを見ると，位置ベクトル r と加速度 a は**逆方向**を向いていることが結論づけられる．これを見て「a は r の $-\omega^2$ 倍だ」と言っても間違いではないのだけれども，「物理の先生方」はソレを避ける傾向がある．この辺りが，数学と物理の微妙な違いなのだろう，きっと….

③ 逆数と対数の微分はよく似た兄弟

y の逆数を与える関数 $g(y) = \dfrac{1}{y} = y^{-1}$ の微分は，$\dfrac{dg(y)}{dy} = \dfrac{dy^{-1}}{dy} = -\dfrac{1}{y^2}$ であった．この y がさらに x の関数で $y = f(x)$ と表される場合を考えよう[8]．すると g は「f を通じた x の関数」になり，合成関数として $g(f(x)) = \dfrac{1}{f(x)}$ と書ける．この $g(f(x))$ を x で微分するのは，合成関数の微分 $\dfrac{dg}{dx} = \dfrac{dg}{dy}\dfrac{dy}{dx}$ より

---

[8] y が x の関数なので $y(x)$ と書くとシンプルだと思うのだけど，あまり見かけないので**教科書的**に $y = f(x)$ とした．

$$\frac{dy^{-1}}{dy}\frac{df(x)}{dx} = -\frac{1}{y^2}f'(x) = -\frac{f'(x)}{[f(x)]^2} \tag{97}$$

と計算できる．この簡単な計算に「関数の逆数の微分公式」という名前を付けて呼ぶ人もいる[9]．この公式を使って，電気信号の分析などで使う**ローレンツ関数** $g(x) = \dfrac{1}{1+x^2}$ の微分を計算してみよう．

この関数を，分母 $f(x) = 1+x^2$ を「噛ませた」合成関数 $g(f(x)) = \dfrac{1}{f(x)}$ だと考えて計算を進める．すると $\dfrac{d(1+x^2)}{dx} = 2x$ だから，ローレンツ関数の微分は

$$g'(x) = \frac{d}{dx}\frac{1}{1+x^2} = -\frac{2x}{(1+x^2)^2} \tag{98}$$

と計算できる．余力があったら $g(\theta) = \dfrac{1}{1+\tan^2\theta}$ なども微分してみよう．もっともコレは，逆数の微分に持ち込むよりは，少し三角関数の計算を行って $g(\theta) = \cos^2\theta$ と式変形しておく方が楽に計算できる例なのだけれども．

●例解

まず分母の $1+\tan^2\theta$ 自体が $\tan\theta$ の関数である．$1+x^2$ の導関数は $2x$ だから，合成関数の微分公式を使って

$$\frac{d}{d\theta}(1+\tan^2\theta) = 2\tan\theta\frac{d}{d\theta}\tan\theta = \frac{2\tan\theta}{\cos^2\theta}$$
$$= 2\sin\theta\sec^3\theta \tag{99}$$

と予備の計算をしておこう．（$\tan\theta$ の導関数は前章で求めた.） ここでさっきの「関数の逆数の微分」を使うと，

$$\frac{d}{d\theta}\frac{1}{1+\tan^2\theta} = -\frac{2\sin\theta\sec^3\theta}{[1+\tan^2\theta]^2} = -2\sin\theta\cos\theta \tag{100}$$

という結果を得る．いや，何とも回りくどい計算をしたものだ．ヒントに書いたように $g(\theta) = \cos^2\theta$ だから，最初からこれを微分して

$$\frac{d}{d\theta}\cos^2\theta = 2\cos\theta\frac{d}{d\theta}\cos\theta = -2\sin\theta\cos\theta \tag{101}$$

と計算すれば良かったのだ．

続いて**対数関数** $g(y) = \log y$ に対して，$y = f(x)$ が噛んで合成関数 $g(f(x)) = \log f(x)$ になっている場合を考えよう．ただし関数 $f(x)$ としては，その値

が常に正であるもののみ考える[10]．その微分は，$g'(y) = \dfrac{1}{y}$ を使って式(97)と同じように計算すれば

$$\frac{d\log f(x)}{dx} = \frac{d\log y}{dy}\frac{dy}{dx} = \frac{1}{y}\frac{df(x)}{dx} = \frac{f'(x)}{f(x)} \tag{102}$$

で与えられることがわかる．この式変形は，関数 $f(x)$ の**対数微分**と呼ばれる．こんな物が何の役に立つのか，今はピンと来ないのではないだろうか？　もう少し数学を習い進むといろいろなところで——例えば**鞍点法**（あんてんほう）の計算などで——対数微分のお世話になる．

エントロピー：
またまた物理学に話を持って行くと，その一分野である「統計力学」には**エントロピー**と呼ばれるものが登場する．これは**エネルギー** E の関数 $S(E)$ になっているのだけれど，少し細かくかくと「**状態密度** $W(E)$」というエネルギーの関数（と**ボルツマン定数** k）を通じて

$$S(E) = k\log W(E) \tag{103}$$

と定義されている．$W(E)$ や $S(E)$ の正体には立ち入らないでおこう．実は，**温度** T と $S(E)$ の間にはこんな関係式

$$\frac{1}{T} = \frac{dS(E)}{dE} = \frac{k}{W(E)}\frac{dW(E)}{dE} \tag{104}$$

が成立するのである．ここで求めた $S(E)$ の微分は，まさに $W(E)$ の対数微分ではないか！

ここで「力だめし」をしてみよう．統計学などでよく目にする**ガウス関数** $g(x) = e^{-x^2}$ の微分を，対数微分を使って計算するのだ．両辺の対数を取ると $\log g(x) = -x^2$ となる．その両辺を x で微分すると

---

9) 式(97)の右辺 $\dfrac{1}{f'(x)}$ と，**逆関数の微分**と混同して暗記すると期末試験に落ちて講義単位がもらえない．なお，分母・分子という言葉はあっても，分父や分姉はない．分孫や分婆も…．

10) 銀行に預けたお金の**利子**や，動物の**体重**，そして何かの**確率**など，正の値しか取らないものは探せばいろいろとあるものだ．なお，銀行間のお金の貸し借りでは，稀に**金利が負になる**こともあるようだ．「マイナス金利」という言葉を耳にしたこともあるだろう．

$$\frac{g'(x)}{g(x)} = \frac{d\log g(x)}{dx} = \frac{d(-x^2)}{dx} = -2x \tag{105}$$

となって，移項整理すると次式を得る．

$$g'(x) = -2xg(x) = -2xe^{-x^2} \tag{106}$$

もちろん，普通に（？）合成関数の微分を使っても同じ結果になる：つまり，$y = f(x) = -x^2$ とおいておき，$g(x) = e^y = e^{f(x)}$ を x で微分するのだ．

$$\frac{dg}{dx} = \frac{de^y}{dy}\frac{d(-x^2)}{dx} = e^y(-2x) = -2xe^{-x^2} \tag{107}$$

このように，微分の計算には「いくつもの道筋」があって，紙とエンピツで素早く計算するには**経験と勘**が活きて来る．計算ドリルで頭を鍛え，大学受験に備える（備えた）人も多いことだろう．**丸暗記**しよう↓

関数の逆数と対数の微分公式：

$$\left(\frac{1}{f(x)}\right)' = -\frac{f'(x)}{[f(x)]^2}, \quad (\log f(x))' = \frac{f'(x)}{f(x)}$$

丸暗記した公式が間違っていないか不安になったときには検算すればよい．$f(x) = e^x$ に対して $\dfrac{1}{f(x)}$ と $\log f(x)$ の微分を求めてみるのだ．（←宿題）

●例解

「丸暗記のチェック問題」を，公式どおりに計算してみよう．

$$\frac{d}{dx}\frac{1}{e^x} = -\left[\frac{de^x}{dx}\right]\frac{1}{[e^x]^2} = -e^x e^{-2x} = -e^{-x} \tag{108}$$

もちろん普通は $g(x) = -x$ を「嚙まして」，$f(g(x)) = e^{g(x)}$ に対する合成関数の微分公式により

$$\frac{d}{dx}f(g(x)) = \frac{df(g)}{dg}\frac{dg(x)}{dx} = e^g(-1) = -e^{-x} \tag{109}$$

と計算を進める．（これくらいは暗算できるだろうか?!）また，$\log f(x) = \log e^x = x$ の微分も，関数の対数の微分公式に代入すると

$$\frac{d}{dx}\log e^x = \left[\frac{d}{dx}e^x\right]\frac{1}{e^x} = \frac{e^x}{e^x} = 1 \tag{110}$$

となって，ちゃんと1になることがわかる． ［公式の検算おわり］

$\frac{1}{f(x)}$ の微分はもちろん，定義通りに求めることもできる．まず，x から $x+\Delta x$ への変化を求めておこう．

$$\frac{1}{f(x+\Delta x)} - \frac{1}{f(x)} = \frac{1}{f(x)+\Delta f} - \frac{1}{f(x)} = \frac{\Delta f}{(f(x)+\Delta f)f(x)}$$

これを Δx で割って，$\Delta x \to 0$ の極限を取れば良い．

$$\lim_{\Delta x \to 0}\frac{\Delta f}{(f(x)+\Delta f)f(x)\Delta x} = \lim_{\Delta x \to 0}\frac{1}{(f(x)+\Delta f)f(x)}\frac{\Delta f}{\Delta x}$$
$$= \frac{1}{f(x)f(x)}f'(x)$$

わざわざ「合成関数の微分」を使って計算するよりも，簡単だっただろうか？ともかく，複数の手段・道筋で，結果を得て検算することは，とても大切だ．

④ ライプニッツの発見

ガウス関数 $g(x) = e^{-x^2}$ の微分 $g'(x) = -2xe^{-x^2}$ を♡**もう一回，微分して**♡と迫られたら，あなたは微分できるだろうか？ 今度は二つの関数 $f(x) = -2x$ と $g(x) = e^{-x^2}$ の積 $f(x)g(x) = -2xe^{-x^2}$ を微分しなければならない．何か新しいことに出会ったら，いつものように「微分の定義」に立ち戻ろう．x から $x+\Delta x$ への変化に対して，関数の積は $f(x)g(x)$ から $f(x+\Delta x)g(x+\Delta x)$ へと変化する．これより

$$\frac{df(x)g(x)}{dx} = \lim_{\Delta x \to 0}\frac{f(x+\Delta x)g(x+\Delta x) - f(x)g(x)}{\Delta x} \tag{111}$$

と微分を計算するわけだ．右辺の分子を計算する前に $f(x+\Delta x) = f(x) + \Delta f$ と $g(x+\Delta x) = g(x) + \Delta g$ を使って下準備しておく．

$$f(x+\Delta x)g(x+\Delta x) = f(x)g(x) + (\Delta f)g(x) + f(x)\Delta g + \Delta f \Delta g \tag{112}$$

図で表した方が，直感的に理解し易いかもしれない．

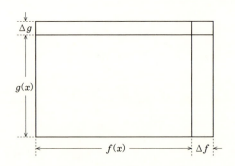

こうしておくと，式(111)の右辺は

$$\lim_{\Delta x \to 0} \left[\frac{\Delta f}{\Delta x} g(x) + f(x) \frac{\Delta g}{\Delta x} + \frac{\Delta f \Delta g}{\Delta x} \right] \tag{113}$$

となる．カッコの中の第3項は（図を見てもわかるように?!）Δx とともにドンドン小さくなってゆく．残る最初の2項に目を向けると，$\Delta x \to 0$ の極限で $f'(x)g(x) + f(x)g'(x)$ となることがわかる．このようにして計算できた「二つの関数の積の微分」には**言い出しっぺ**の名前が付いている．

ライプニッツ則:
二つの関数 $f(x)$ と $g(x)$ の積 $f(x)g(x)$ の微分

$$\frac{df(x)g(x)}{dx} = \frac{df(x)}{dx} g(x) + f(x) \frac{dg(x)}{dx} \tag{114}$$

カッコを省略すれば $\frac{dfg}{dx} = \frac{df}{dx} g + f \frac{dg}{dx}$，もちょっと省略すれば $(fg)' = f'g + fg'$ ―― という計算を，微分の**ライプニッツ則**と呼ぶ．

ちょっと散歩に出かけよう．$f(x)$ や $g(x)$ の値が常に正であれば，対数微分を使って $f(x)g(x)$ の微分 $(f(x)g(x))'$ を計算することもできる．$\log(f(x)g(x)) = \log f(x) + \log g(x)$ の両辺を微分すると

$$\frac{(f(x)g(x))'}{f(x)g(x)} = \frac{f'(x)}{f(x)} + \frac{g'(x)}{g(x)} \tag{115}$$

だから，$f(x)g(x)$ を両辺にかければ式(114)と一致する．

最初に出しておいた，e^{-x^2} の2階微分を求める問題を**バカ丁寧**に解いてみよう．ドンドン式変形して

$$\frac{d^2 e^{-x^2}}{dx^2} = \frac{d(-2x)(e^{-x^2})}{dx} = \frac{d(-2x)}{dx}e^{-x^2} + (-2x)\frac{de^{-x^2}}{dx}$$
$$= -2e^{-x^2} + (-2x)^2 e^{-x^2} = (4x^2-2)e^{-x^2} \tag{116}$$

と導関数を得る．もとの関数 e^{-x^2} は $x=0$ に対してグラフが対称な**偶関数**，その1階微分 $-2xe^{-x^2}$ は**奇関数**，式(116)の2階微分は**偶関数**…と，次々と偶奇が入れ替わることも頭に入れておこう．

理工学では**エルミート多項式** $H_n(x)$ というものが，よく使われる．その定義は（物理学の分野で使われるものは）

$$H_n(x) = (-1)^n e^{x^2} \frac{d^n}{dx^n} e^{-x^2}$$

で与えられ，最初のいくつかを書き出すと $H_0(x)=1$，$H_1(x)=2x$，$H_2(x)=4x^2-2$，$H_3(x)=8x^3-12x$，$H_4(x)=16x^4-48x^2+12$，… となっている．

⑤ 割り算の微分は検算にすぎない

前章で紹介した**三角関数の微分**で，$f(x)=\sin x$ や $g(x)=\cos x$ の導関数を求めた後で，$\tan x = \dfrac{\sin x}{\cos x}$ も微分の定義どおりにガチャガチャと計算して見せた．これは，$f(x)=\sin x$ を $g(x)=\cos x$ で割った分数 $\dfrac{f(x)}{g(x)}$ の微分公式を使えば，もっと簡単に求めることができる．分数 $\dfrac{f(x)}{g(x)}$ を $f(x)$ と $\dfrac{1}{g(x)}$ の積だと思っておいて，導関数を計算してみよう．

$$\frac{d}{dx}\left[f(x)\frac{1}{g(x)}\right] = f'(x)\frac{1}{g(x)} - f(x)\frac{g'(x)}{[g(x)]^2}$$
$$= \frac{f'(x)g(x) - f(x)g'(x)}{[g(x)]^2} \tag{117}$$

よく使う公式なので，丸暗記しておこう．この式もまた，$f(x)$ や $g(x)$ が正であれば，$\log\dfrac{f(x)}{g(x)}$ の微分を考えることによって，式(115)のように求められる．

$$\frac{d}{dx}\log\frac{f(x)}{g(x)} = \left[\frac{f(x)}{g(x)}\right]^{-1}\frac{d}{dx}\frac{f(x)}{g(x)}$$
$$= \frac{d}{dx}[\log f(x) - \log g(x)] = \frac{f'(x)}{f(x)} - \frac{g'(x)}{g(x)} \tag{118}$$
$$\frac{d}{dx}\frac{f(x)}{g(x)} = \frac{f(x)}{g(x)}\left[\frac{f'(x)}{f(x)} - \frac{g'(x)}{g(x)}\right] = \frac{f'(x)g(x) - f(x)g'(x)}{[g(x)]^2}$$

では，お約束の $\tan x$ の導関数をどうぞ．

$$\frac{d\tan x}{dx} = \frac{\cos x\cos x - \sin x(-\sin x)}{(\cos x)^2} = \frac{1}{(\cos x)^2} = \sec^2 x \tag{119}$$

もう一つ練習をしてみよう．$1 = \frac{f(x)}{f(x)}$ を微分すると，とうぜん 0 になる．微分公式に代入してみると，$f(x) = g(x)$ だから分子が $f'(x)f(x) - f(x)f'(x) = 0$ であることは自明だ．**恒等関数**の導関数は 0 で当たり前なのだ[11]．

最後に，基礎に立ちかえって $\frac{f(x)}{g(x)}$ の微分を「定義通りに」求めておこう．関数の微小変化は

$$\frac{f(x+\Delta x)}{g(x+\Delta x)} - \frac{f(x)}{g(x)} = \frac{f(x)+\Delta f}{g(x)+\Delta g} - \frac{f(x)}{g(x)} = \frac{\Delta f\, g(x) - f(x)\,\Delta g}{(g(x)+\Delta g)g(x)}$$

となる．これを Δx で割って極限を取れば

$$\lim_{\Delta x\to 0}\frac{1}{(g(x)+\Delta g)g(x)}\left[\frac{\Delta f}{\Delta x}g(x) - f(x)\frac{\Delta g}{\Delta x}\right] \tag{120}$$

もう，割り算の微分公式そのものになっている．えっ？　こんなに簡単ならば，早く話せって？　まあ，まあ，いろいろと道草するのも，数学の楽しみなのだ．

⑥ 等比数列みたいな数学なぞなぞ

この章でいろいろと紹介した公式を使えば，教科書で普通に習う関数なら大抵は微分できてしまう．それでは腕試しの演習問題を一つ．

● 腕試し

次の和を計算しなさい．
$$A_n(x) = 1 + 2x + 3x^2 + \cdots + (n-1)x^{n-2} \tag{121}$$
また，$|x| < 1$ の場合に $\lim_{n\to\infty} A_n(x)$ を求めなさい．

なんだか，**等差数列**と**等比数列**を合わせたような式だ．しばらく頭を使って考えてみるのも面白いだろう．引き算すると等比数列の和になるではないか！

$$A_{n+1}(x) - xA_n(x) = 1 + x + x^2 + \cdots + x^{n-1} \tag{122}$$

右辺は，次の多項式計算

$$(x-1)(x^{n-1} + x^{n-2} + \cdots + x^2 + x + 1) = x^n - 1 \tag{123}$$

の両辺を $x-1$ で割ると計算できて，関係式

$$A_{n+1}(x) - xA_n(x) = \frac{x^n - 1}{x - 1} \tag{124}$$

へと到達する．$|x| < 1$ ならば $\lim_{n\to\infty} x^n = 0$ だから，$A_\infty = \lim_{n\to\infty} A_n(x)$ が存在するならば

$$A_\infty - xA_\infty = \frac{-1}{x-1} \tag{125}$$

を使って $A_\infty = \dfrac{1}{(x-1)^2}$ を得る．これは微分や積分が活躍する**解析**の問題というよりも，方程式や多項式が活躍する**代数**の問題に見えるのだが…．

ちょっと脇道にそれて，式(124)の右辺にでてくる等比数列の**和の公式**に注目しよう．これは二つの関数 $f(x) = x^n - 1$ と $g(x) = x - 1$ の比だから，$x = 1$ の場合は分子 $f(1) = 0$ も分母 $g(1) = 0$ もゼロになって具合が悪いような気がする．いやいやそんなことはないぞ．確認のために $x = 1 + \Delta x$ を $\dfrac{f(x)}{g(x)} = \dfrac{x^n - 1}{x - 1}$ に代入して $\Delta x \to 0$ の極限を取ってみよう．

$$\lim_{\Delta x \to 0} \frac{1 + n\Delta x + \dfrac{n(n-1)}{2}(\Delta x)^2 + \cdots - 1}{1 + \Delta x - 1} = n \tag{126}$$

ちゃんと値が計算できて，$x = 1$ だけを特別扱いする必要はない．いま行った計算式を少し変形すると（$f(1)$ も $g(1)$ もゼロなので）

$$\begin{aligned}
\lim_{\Delta x \to 0} \frac{f(1+\Delta x)}{g(1+\Delta x)} &= \lim_{\Delta x \to 0} \frac{f(1+\Delta x) - f(1)}{g(1+\Delta x) - g(1)} \\
&= \lim_{\Delta x \to 0} \frac{f(1+\Delta x) - f(1)}{\Delta x} \frac{\Delta x}{g(1+\Delta x) - g(1)} \\
&= \frac{f'(1)}{g'(1)}
\end{aligned} \tag{127}$$

---

11) このように学生に言ってしまうと，「じゃあ $f(x) = \dfrac{1}{x}$ は原点で定義不能だから，この場合は $\dfrac{f(x)}{f(x)}$ も原点では微分できないですね？ $f(x) = x$ だと原点では $\dfrac{0}{0}$ ですね？？」と先生を苦しめる質問が必ずでてくる．学生が理解するには，どう説明したものかと苦しむのである．

となって，分母分子の導関数 $f'(x) = nx^{n-1}$ と $g'(x) = 1$ の比 $\frac{f'(x)}{g'(x)}$ がでてくる．ちゃんと**解析の香り**が漂って来たではないか．これは，有名な**ロピタルの定理**の一例だ．興味のある方は，調べてみると良いだろう．

さて本題に戻ろう．式(122)と式(124)の右辺は等しいので，それぞれ x で微分して比較しよう．式(122)の右辺の微分は式(121)で考えた $A_n(x)$ に一致する．式(124)の方は**割り算の微分公式**を使って

$$\frac{nx^{n-1}(x-1)-(x^n-1)}{(x-1)^2} = \frac{(n-1)x^n - nx^{n-1}+1}{(x-1)^2} \tag{128}$$

と求められる．これが問題の解答だ．$|x|<1$ の場合に $n \to \infty$ の極限を取ると，さっき求めたように $\frac{1}{(x-1)^2}$ になっていることも明らかだ．

理由はともかく，$A_n(x)$ を表す式(128)の分子 $(n-1)x^n - nx^{n-1}+1$ と分母 $(x-1)^2$ の微分を計算して，それらの比を求めてみよう．

$$\frac{n(n-1)x^{n-1} - n(n-1)x^{n-2}}{2(x-1)} = \frac{n(n-1)}{2}x^{n-2} \tag{129}$$

ここまで計算して $x=1$ とおくと，等差数列の和 $\frac{n(n-1)}{2}$ が得られる．これはなぜか，式(121)で $x=1$ とおいたものに等しい．**どうして??** と疑問に思ったら，次の章へとページをめくろう．その先では，ボチボチと多項式と微分の関係を調べて行く．

● 例解演習

問題

$f(x) = x^{2p}e^{-x^2}$ の最大値を p が正の整数の場合に求めなさい．

例解

この関数は，原点 $x=0$ 付近では x^{2p} と「ほぼ等しい振る舞い」をする．したがって最初は x とともに増加して行くが，やがて**減衰因子** e^{-x^2} によって小さくなって行く．導関数を求めてみると

$$\begin{aligned}\frac{d}{dx}x^{2p}e^{-x^2} &= 2px^{2p-1}e^{-x^2} + x^{2p}(-2x)e^{-x^2} \\ &= 2(p-x^2)x^{2p-1}e^{-x^2}\end{aligned} \tag{130}$$

となり，$x = \pm\sqrt{p}$ で導関数の値が 0 になる．$x = \sqrt{p}$ の方が，「グラフの山のてっぺん」に相当していて，そこで最大値

$$f(\sqrt{p}) = (\sqrt{p})^{2p} e^{-(\sqrt{p})^2} = p^p e^{-p} = (e^{\log p})^p e^{-p} = e^{p\log p - p} \qquad (131)$$

を取る．

問題
じゃあ，求めた最大値 $e^{p\log p - p}$ は p とともに増加しますか？

例解
クドクドと続けて質問しないでください，増加するに決まってるじゃないですか，もう寝ます．

…気を取り直して，p に対して微分してみよう．

$$\frac{d}{dp} e^{p\log p - p} = [\log p + 1 - 1] e^{p\log p - p} = \log p \, e^{p\log p - p} \qquad (132)$$

最初に p は正の整数と約束しておいたから，導関数は 0 以上となる．したがって，（重箱の底を突つくのは抜きにして）$e^{p\log p - p}$ が p とともに増加することが確認できた．ところで，この $p\log p - p$ っていう式，どこかで見たことあるな〜．

問題
最後に，章の冒頭で例示した関数 $f(x) = \dfrac{x^3}{e^{\frac{a}{x}} - 1}$ を微分しなさい．

例解
$f'(x) = \dfrac{2x^2(e^{\frac{a}{x}} - 1) - x^3(-ax^{-2})e^{\frac{a}{x}}}{(e^{\frac{a}{x}} - 1)^2}$ と，公式通りに計算して行くと，結果として $f'(x) = \dfrac{(2x^2 + ax)e^{\frac{a}{x}} - 2x^2}{(e^{\frac{a}{x}} - 1)^2}$ を得る．

4章
明日へ向かって テイラー展開！

夏の浜辺の夕暮れ時，丸いスイカを見つめるA君(♂)とBさん(♀)が居た．スイカをまっ二つに切ったA君は片方を食べ，もう片方をBさんに渡した．Bさんは，受け取った「スイカの$\frac{1}{2}$」をまっ二つに切って片方を食べ，もう片方をA君に渡した．A君は，受け取った「スイカの$\frac{1}{4}$」をまっ二つに切って片方を食べ，もう片方をBさんに渡した．こうして二人は，夜が明けるまで一つのスイカを繰り返し分け合い，何度も愛を確かめた[1]．

> 問1：A君が食べた割合を求めなさい．

…これは**等比級数**の問題だ．半分に分けてゆくので$x=\frac{1}{2}$と置くと，A君の割合は次のように書ける．

$$x+x^3+x^5+x^7+x^9+\cdots = \frac{x}{1-x^2} \tag{133}$$

右辺は分数で表された関数$f(x)=\frac{x}{(1+x)(1-x)}$で，延々と和を取ってゆく左辺とは**見かけがエラく違う**．実際に，両辺が仲良く一致するのは$|x|<1$の場合のみだ．右辺は$|x|>1$の場合にも値を計算できる．いっぽう左辺は，$|x|>1$では「加える項」が次々と大きくなってゆくので，何か特別な工夫でもしない限り計算しようがない．等比級数が**公比**xに対して

- $|x|<1$では**収束する**．$|x|>1$では**発散する**．

ことは高校でも習ったことだろう[2]．大学では

- 左辺の**収束半径**は1である．

と表現する．「半径」という言葉を持ち出すのは，その背後に何か"丸いもの"が隠れているからなのだけど，それは**複素関数論**を学ぶまでお預けにしよう．

いま考えた問題では，等比級数が関数 $f(x)$ を与えた．じゃあ，その逆はどうだろうか？ 適当に関数 $f(x)$ がポンと与えられたとき —— 例えば $f(x) = \sin x$ や $f(x) = \log x$ —— に，$f(x)$ を**級数で表す**ことは可能だろうか？ 答えは「可能」だ．この章のテーマである**テイラー展開**によって，関数 $f(x)$ は**テイラー級数**として表されることがわかる[3]．さて，どこから話を始めようか？ 数学の学習にはエレガントな主道もあれば，強引な力技に走る邪道もある．たまには筋力トレーニングもよいだろう．

① タコ壺式に多項式に慣れる

「15の春」[4]に笑って進学したら，高校1年生の数学では多項式や**展開計算**を学ぶ．例をあげよう．

$$\left(1+\frac{x}{1}\right)^1 = 1 + 1\left(\frac{x}{1}\right)$$
$$\left(1+\frac{x}{2}\right)^2 = 1 + 2\left(\frac{x}{2}\right) + 1\left(\frac{x}{2}\right)^2$$
$$\left(1+\frac{x}{3}\right)^3 = 1 + 3\left(\frac{x}{3}\right) + 3\left(\frac{x}{3}\right)^2 + 1\left(\frac{x}{3}\right)^3 \quad (134)$$
$$\left(1+\frac{x}{4}\right)^4 = 1 + 4\left(\frac{x}{4}\right) + 6\left(\frac{x}{4}\right)^2 + 4\left(\frac{x}{4}\right)^3 + 1\left(\frac{x}{4}\right)^4$$

式が縦に揃(そろ)うように，係数1を意図(クソまじめ)的に書いて見せた．この展開計算が理解できればテイラー展開は半分マスターしたようなものなので，先を急ぐ読者は以下の**世迷い言**を飛ばして，次の節へと進んでよい．

式(134)の各行について右辺の**展開係数**を拾うと，

---

1) 真面目に計算すると32回くらい切ったところで，切片の厚さが原子程度の大きさになる．なお，夏の夜の浜辺で，奇麗にスイカを切れるような包丁を手にしていたら，銃刀法に触れる恐れがある．くれぐれもマネしないように．
2) $|x| = 1$ の場合については，皆さん考えてみてください．
3) 実はテイラー展開できる関数と，できない関数がある．その分類や条件については，この入門編では一切触れないことにする．
4) 高校受験を指す用語：望めば高校に行ける時代になったので，あまり使われなくなった．「いちごの春」と読んではいけない．

$[1,1]$, $[1,2,1]$, $[1,3,3,1]$, $[1,4,6,4,1]$, $\cdots$

という数の組合せが出て来る．これは**二項係数**

$$_nC_m = \frac{n!}{m!(n-m)!} = \frac{n(n-1)\cdots(n-m+1)}{m(m-1)\cdots 3\cdot 2\cdot 1} \tag{135}$$

を $[_1C_0, {}_1C_1] = [1,1]$ から始め，次は $[_2C_0, {}_2C_1, {}_2C_2] = [1,2,1]$，その次は $[_3C_0, {}_3C_1, {}_3C_2, {}_3C_3] = [1,3,3,1]$，…と書き並べたものだ．ただし $0! = 1$ を使って計算した．二項展開と二項係数の関係は，第2章で既に導入してある．まあ復習しよう．

二項展開：

$(a+b)^n$ の展開式は次で与えられる．

$$\sum_{m=0}^{n} {}_nC_m a^{n-m} b^m$$

こんな多項式は怖くないゾ，何万項でもやって来い！！[5] …とは言っても，以前は証明抜きだったので，補足しよう．上の展開式が任意の n で成立することを仮定しておいて，関係式

$$(a+b)^n = (a+b)(a+b)^{n-1}$$

との「整合性の有無」をチェックするのだ．

$$(a+b)^n = (a+b) \sum_{m=0}^{n-1} {}_{n-1}C_m a^{n-1-m} b^m$$
$$= \sum_{m=0}^{n-1} {}_{n-1}C_m a^{n-m} b^m + \sum_{m=0}^{n-1} {}_{n-1}C_m a^{n-1-m} b^{m+1} \tag{136}$$

この途中結果を眺めて，エイヤッとまとめると

$$= a^n + \sum_{m=1}^{n-1} [{}_{n-1}C_m + {}_{n-1}C_{m-1}] a^{n-m} b^m + b^n \tag{137}$$

と変形できる．[カッコ]の中身，つまり二項係数の和 ${}_{n-1}C_m + {}_{n-1}C_{m-1}$ は式(135)を使って

$$\frac{(n-1)!}{m!(n-m-1)!} + \frac{(n-1)!}{(m-1)!(n-m)!} = \frac{(n-1)![(n-m)+m]}{m!(n-m)!}$$
$$= \frac{n!}{m!(n-m)!} \tag{138}$$

と計算を進める．結果はちゃんと，${}_nC_m$になっているではないか．また，${}_nC_0$ や ${}_nC_n$ は常に 1 であるから a^n や b^n の係数と一致している．こうして，式 (135) の二項係数と $(a+b)^n$ の展開式との間には何の矛盾もないことがわかった．これにて一件落着[6]．

復習が終わったら，式 (134) の続きを考えよう．$\left(1+\dfrac{x}{n}\right)^n$ の計算を，$n=5,6,7,\cdots$ とドンドン進めてゆくと，行き着く先の極限は**指数関数**だ．（←これも復習！）

級数で表現した指数関数：
$$e^x = \lim_{n\to\infty}\left(1+\frac{x}{n}\right)^n = \lim_{n\to\infty}\sum_{m=0}^{n} {}_nC_m \left(\frac{x}{n}\right)^m$$
$$= \lim_{n\to\infty}\left[1+\frac{n}{1!}\frac{x}{n}+\frac{n(n-1)}{2!}\frac{x^2}{n^2}+\cdots\right]$$
$$= \frac{x^0}{0!}+\frac{x^1}{1!}+\frac{x^2}{2!}+\frac{x^3}{3!}+\frac{x^4}{4!}+\frac{x^5}{5!}+\cdots \tag{139}$$

ただし $x^0=1$ と $0!=1$ を使った[7]．このように指数関数 $f(x)=e^x$ が，無限級数 $\sum_{\ell=0}^{\infty}\dfrac{x^\ell}{\ell!}$ によって表せることも再認識しておこう．この級数は，どんな値の x を持って来てもちゃんと有限な値になる——つまり収束する——ので，式 (139) の**収束半径は無限大**である[8]．

指数関数は $f(x)=e^x$ と短く表せるのだから，「わざわざいくつもの項に分解したら不便なのではないか？」と疑問に思うかもしれない．では，$\dfrac{de^x}{dx}$ を計算してみるとよい．級数の最初の最初，1 項目が $\dfrac{d}{dx}\dfrac{x^0}{0!}=\dfrac{d}{dx}1=0$ と消えることに注意して計算を進めると，

---

5) 講義を終える「先生方の秘伝」がある．多項式を頭から「1項，2項，3項，4項，…，8項」と数えた後に，「来週は休講!!」と叫ぶのである．また，999項の次は，先生を呼び捨てる「センコー」というオチも使える．なお，教壇で声に出して数えるのは 9999 項までにしよう．

6) ホントは**数学的帰納法**を持ち出して証明すべきなのだろうけど，経験則によると「理系の大学生の半分は，卒業までに帰納法を使えなくなる」ので，証明は止めた．ある大学の先生に，この経験を語ると「半分も忘れない人がいるんですか…」と，非常に感心された．

7) $0!=1$ については**ガンマ関数** $\Gamma(x)$ を学ぶまでは，単なる約束事だと考えておくのが無難だ．

8) 「半径が無限大の円って何だ？」という突っ込みを，大学の先生に投げてみよう．何が返って来るか，楽しみだ．

$$\frac{d}{dx}\sum_{\ell=0}^{\infty}\frac{x^{\ell}}{\ell!} = \sum_{\ell=0}^{\infty}\frac{d}{dx}\frac{x^{\ell}}{\ell!} = \sum_{\ell=1}^{\infty}\frac{\ell x^{\ell-1}}{\ell!} = \sum_{\ell=1}^{\infty}\frac{x^{\ell-1}}{(\ell-1)!}$$
$$= \sum_{(\ell-1)=0}^{\infty}\frac{x^{\ell-1}}{(\ell-1)!} = \sum_{k=0}^{\infty}\frac{x^{k}}{k!} \tag{140}$$

となって,最後に $k=\ell-1$ と置き直す工夫さえ怠らなければ e^x を表す級数の式(139)に戻って来る.e^x の導関数が e^x であることを「級数の形のまま」確かめられるわけだ.

級数は足し算だらけで難儀に見える.けれども,この「ちょっとした不便」は計算する楽しみを増やしてくれるものだ.関係式 $e^a e^x = e^{a+x}$ を級数で示せるだろうか?「反復横跳び」でガリガリと計算しよう.

準備体操:
次数の低い項から順番に並べてゆくと,ちょっと地道に計算した後で,それぞれ二項展開を上手に使ってまとめられる.

$$\left(1+a+\frac{a^2}{2}+\frac{a^3}{6}+\cdots\right)\left(1+x+\frac{x^2}{2}+\frac{x^3}{6}+\cdots\right)$$
$$= 1+a+x+\frac{a^2}{2}+ax+\frac{x^2}{2}+\frac{a^3}{6}+\frac{a^2}{2}x+\cdots$$
$$= 1+(a+x)+\frac{(a+x)^2}{2!}+\frac{(a+x)^3}{3!}+\cdots \tag{141}$$

この計算は,できれば自分で一度,紙に書いて納得することをお勧めする.

● **例解**

…現代は紙もエンピツも持ち歩かずに,携帯電話にハマる世の中だ.やっぱり計算して見せておこう.まず級数の和を次数 $n=k+\ell$ ごとにまとめる.

$$e^a e^x = \left[\sum_{k=0}^{\infty}\frac{a^k}{k!}\right]\left[\sum_{\ell=0}^{\infty}\frac{x^{\ell}}{\ell!}\right] = \sum_{n=0}^{\infty}\sum_{k=0}^{n}\frac{a^k}{k!}\frac{x^{n-k}}{(n-k)!} \tag{142}$$

指数の対応は $\ell=n-k$ である.二項係数を引っ張り出すために $n!$ で

「割ってかけて」，はい「反復横跳び」の出来上がり．

$$= \sum_{n=0}^{\infty} \frac{1}{n!} \sum_{k=0}^{n} \frac{n!}{k!(n-k)!} a^k x^{n-k} = \sum_{n=0}^{\infty} \frac{1}{n!} (a+x)^n$$
$$= e^{a+x} \tag{143}$$

② 各駅停車で小マメに近似する

微分はいつもチョットだけ先，微小な Δx だけ進んだときの，関数 $f(x)$ の変化 $\Delta f = f(x+\Delta x) - f(x)$ を相手にする．記号の混乱を避ける目的で，ここから先は $x=a$ の場合を考えて，$\Delta f = f(a+\Delta x) - f(a)$ と置こう．Δx が充分に小さければ，Δf は $f'(a)\Delta x$ で精度良く表せる（= 近似できる）と考えられる[9]．

$$f(a+\Delta x) \sim f(a) + f'(a)\Delta x \tag{144}$$

ここで $\sim$ は，両辺が「おおよそ等しい」ことを表すために使った．じゃあ，2 歩進んで $f(a+2\Delta x)$ は？

$$f(a+2\Delta x) \sim f(a) + f'(a) 2\Delta x \tag{145}$$

と計算して話を済ませたくなる．けれども，式(144)に比べると「進む幅」が 2 倍の $2\Delta x$ になったので，**近似の精度が落ちている**ことが気になって来る．図を見れば，違いは明らかだろう．2 歩先までピョンと飛んだのが諸悪の根源な

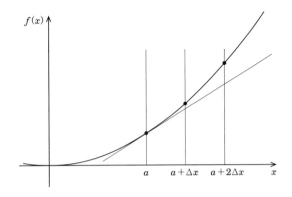

---

9) 数学的に厳密に言うならば，この「近似関係」には**落とし穴が待ち構えている**のだけど，「理工系」で微分を応用する場合には，この落とし穴にハマることはまずない．

のである．

　進み方を変えてみよう．まず(?!)，$a+\Delta x$ から $a+2\Delta x$ まで，Δx だけ進む．（式(144)を使い回してみる．）

$$f((a+\Delta x)+\Delta x) \sim f(a+\Delta x)+f'(a+\Delta x)\Delta x \tag{146}$$

右辺の $f(a+\Delta x)$ の近似値は，式(144)の右辺そのものだ．$f'(a+\Delta x)$ の方も2階微分 f'' を使って

$$f'(a+\Delta x) \sim f'(a)+f''(a)\Delta x \tag{147}$$

と近似できる．これらを式(146)に代入すると

$$f(a+2\Delta x) \sim f(a)+f'(a)\Delta x+[f'(a)+f''(a)\Delta x]\Delta x$$
$$= f(a)+2f'(a)\Delta x+f''(a)(\Delta x)^2 \tag{148}$$

という式が得られる．各項の係数を並べると $[1,2,1]$ となる．あれっ!?　ドコかで見たことがある数の並びだ．

　2歩進んだら次は3歩目．$f(a+3\Delta x)$ を，$a+2\Delta x$ から Δx だけ進んだ場合の変化で書き表してみよう．

$$f((a+2\Delta x)+\Delta x) \sim f(a+2\Delta x)+f'(a+2\Delta x)\Delta x \tag{149}$$

ここは「踏ん張りどころ」なので，丁寧に計算する．今度は，式(148)と，その両辺の微分を使い回すのだ．

$$= f(a)+2f'(a)\Delta x+f''(a)(\Delta x)^2$$
$$+[f'(a)+2f''(a)\Delta x+f'''(a)(\Delta x)^2]\Delta x$$
$$= f(a)+3f'(a)\Delta x+3f''(a)(\Delta x)^2+f'''(a)(\Delta x)^3 \tag{150}$$

各項の係数が $[1,3,3,1]$ となった．もうおわかりだろう，例の二項係数が並んでいるのだ．4歩先には，係数が $[1,4,6,4,1]$ で与えられる次式

$$f(a+4\Delta x) = f(a)+4f'(a)\Delta x+6f''(a)(\Delta x)^2$$
$$+4f'''(a)(\Delta x)^3+f''''(a)(\Delta x)^4 \tag{151}$$

が控えている．段々と，微分を表すダッシュ記号の数が増えて来たので，式の書き方を工夫しよう．

> **導関数の記号**：
> $$f(a) = f^{(0)}(a), \quad f'(a) = f^{(1)}(a), \quad f''(a) = f^{(2)}(a),$$
> $$f'''(a) = f^{(3)}(a), \cdots$$
> というふうに関数 f の n 階微分は $f^{(n)}$ と書き表すことにする．

いま定義した導関数の記号を使い，何歩先でも二項係数で整理できることを納得すれば[10]，n 歩先は

$$f(a+n\Delta x) \sim \sum_{\ell=0}^{n} {}_n C_\ell f^{(\ell)}(a)(\Delta x)^\ell$$

$$= \sum_{\ell=0}^{n} \frac{n!}{\ell!(n-\ell)!} f^{(\ell)}(a)(\Delta x)^\ell \tag{152}$$

と Δx の多項式で与えられる．**近似の精度**は，Δx が小さいほど良い[11]．

③ 終着駅はテイラー展開

話をもっと先へと進めよう．a から「微小ではない」x だけ離れた $a+x$ で，関数の値 $f(a+x)$ を求めるのだ．この目的を達成するために，まず x を「けっこう大きな整数 n」で n 等分して，幅 $\Delta x = \dfrac{x}{n}$ の微小区間を n 歩先まで進むと考える．

$$f(a+x) = f\left(a+n\frac{x}{n}\right) = f(a+n\Delta x) \tag{153}$$

ここまで書いたら，式(152)が**そのまま使える**のだ．

$$f(a+x) \sim \sum_{\ell=0}^{n} {}_n C_\ell f^{(\ell)}(a)\left(\frac{x}{n}\right)^\ell$$

$$= \sum_{\ell=0}^{n} \frac{n!}{\ell!(n-\ell)!} f^{(\ell)}(a)\frac{x^\ell}{n^\ell} \tag{154}$$

何だか見辛いので，約分できるものは約分しておこう．

---

[10] 納得できないならば，証明を試みると良い勉強になるだろう．何事につけても **理解と納得が遅い人** は証明を愛し，数学を極める素質があるのだ．
[11] 「近似の精度」なる未定義用語をポ〜ンと使ってしまった…．

$$= \sum_{\ell=0}^{n} \frac{x^\ell}{\ell!} \left[\frac{n}{n} \frac{n-1}{n} \cdots \frac{n-\ell+1}{n} \right] f^{(\ell)}(a) \tag{155}$$

式(154)の近似は，n を大きくすれば段々と良くなってゆく．どうせならば $n \to \infty$ の極限を取ってみよう．すると，式(155)の［大カッコ］の中身は，ℓ がどんな値であっても

$$\lim_{n \to \infty} \frac{n}{n} \frac{n-1}{n} \cdots \frac{n-\ell+1}{n} = 1 \tag{156}$$

と1になるので，最終的には次の等式が得られる[12]．

$$\begin{aligned} f(a+x) &= \sum_{\ell=0}^{\infty} \frac{f^{(\ell)}(a)}{\ell!} x^\ell \\ &= f(a) + f'(a)x + \frac{f''(a)}{2!}x^2 + \frac{f'''(a)}{3!}x^3 + \cdots \end{aligned} \tag{157}$$

この式の右辺が

- 関数 f の，a のまわりでの**テイラー級数**[13]

を与える．また，関数 f をテイラー級数で表すことを**テイラー展開**と呼ぶ．特に $a = 0$ の場合は次のように展開でき，

$$f(x) = f(0) + f'(0)x + \frac{f''(0)}{2!}x^2 + \frac{f'''(0)}{3!}x^3 + \cdots \tag{158}$$

これは特に「$f(x)$ の**マクローリン展開**」と呼ぶ．

代表的な，いくつかの関数についてテイラー展開を求めておこう．まず，指数関数 $f(x) = e^x$ は何度微分しても指数関数 $f^{(n)}(x) = e^x$ なので $f^{(n)}(0) = 1$，これを式(158)へと代入すると，式(139)と同じ展開式を得る．同じ式を2度書いても仕方ないので，ちょっと**火遊び**しておこう．指数関数の変数を純虚数 ix（ただし x は実数）にした場合の展開式だ．

指数関数 e^{ix} のテイラー展開：

$$\begin{aligned} e^{ix} &= 1 + ix + \frac{(ix)^2}{2!} + \frac{(ix)^3}{3!} + \frac{(ix)^4}{4!} + \cdots \\ &= 1 + ix - \frac{x^2}{2!} - i\frac{x^3}{3!} + \frac{x^4}{4!} + i\frac{x^5}{5!} - \cdots \end{aligned} \tag{159}$$

次は $f(x) = \sin x$ の場合．
$$f'(x) = \cos x, \quad f''(x) = -\sin x, \quad f'''(x) = -\cos x,$$
$$f''''(x) = \sin x, \cdots$$
と何度でも微分できるので，$x=0$ での導関数の値 $f^{(\ell)}(0)$ を式(158)に代入すると次の展開式を得る．オマケで $f(x) = \cos x$ も同様にテイラー展開しておこう．

> **正弦・余弦関数のテイラー展開：**
> $$\sin x = x - \frac{x^3}{3!} + \frac{x^5}{5!} - \frac{x^7}{7!} + \frac{x^9}{9!} - \cdots$$
> $$\cos x = 1 - \frac{x^2}{2!} + \frac{x^4}{4!} - \frac{x^6}{6!} + \frac{x^8}{8!} - \cdots$$
> (160)

どちらの場合も，収束半径は無限大だ．また，右辺を見比べれば $\frac{d}{dx}\sin x = \cos x$ なども簡単に示せる．じゃあ，$f(x) = \cos x + i \sin x$ は何になるだろうか？目を凝らせば，いや，凝らさなくても式(159)に一致する．有名な

- **オイラーの公式**：$e^{ix} = \cos x + i \sin x$

が（複素関数論や平面幾何学に立ち入るまでもなく）簡単に示せてしまったのだ．テイラー展開は，あらゆる公式への近道でもある．

もう一つ，よく目にする展開式を与えておこう．$f(x) = \log(1+x)$ は，
$$f'(x) = \frac{1}{1+x}, \quad f''(x) = -\frac{1}{(1+x)^2}, \quad f'''(x) = \frac{1}{2(1+x)^3},$$
$$f''''(x) = -\frac{1}{2\cdot 3(1+x)^4}, \cdots$$
と導関数の計算を進めることができる．これを使えば

---

12) $n \to \infty$ の極限で式(154)の ～ が式(157)の ＝ に置き換わることは，ホントは地道に証明する必要がある．

13) カタカナ表記で「テイラー級数・テイラー展開」と「テーラー級数・テーラー展開」の使用頻度は拮抗している．どちらを使っても良いだろう．

対数関数のテイラー展開:
$$\log(1+x) = x - \frac{x^2}{2} + \frac{x^3}{3} - \frac{x^4}{4} + \frac{x^5}{5} - \cdots \tag{161}$$

という形のテイラー級数を得る．この級数の収束半径は1である．

● 無理難題

問題
$\log(1+x)$ に $x = e^y - 1$ を代入すると恒等式 $\log(1+e^y-1) = y$ になる．さて，e^y のテイラー展開を $\log(1+x)$ のテイラー展開に代入して，$\log(1+(e^y-1)) = y$ の成立を確かめなさい．また，同様に $e^{\log(1+x)} = 1+x$ をテイラー展開を使って示しなさい．

解答
…逃亡します，探さないでください．（地道に計算すると確認は容易なのだけれども，計算を短くまとめて「納得できるように」人に見せるのは容易ではない．）

● 例解演習

問題
$\log(1+x)$ を微分すると $\dfrac{1}{1+x}$ になることを，テイラー展開を使って確認しなさい．

解答
展開式(161)を微分すると，公比 $-x$ の等比級数を得るので，そのまま和を取るとよい．

$$\frac{d}{dx}\log(1+x) = 1 - x + x^2 - x^3 + x^4 + \cdots = \frac{1}{1+x} \tag{162}$$

この式も「和を安全に（?）取れる」のは $|x| < 1$ の場合であることに注意しよう．いま求めた式は，$\dfrac{1}{1+x}$ のテイラー展開でもあるのだ．

4 多項式で検算した，その次へ

テイラー展開が「本当に成立しているの？」と，まだ疑いを持つ人も居るだろう．その疑問(?!)を少しでも晴らすために，また**タコ壺**に戻って多項式で検算してみよう．まず，次の関数を考える．

$$f(x) = c_0 + c_1 x + c_2 x^2 + c_3 x^3 + \cdots + c_n x^n \tag{163}$$

ここでちょっと，x^ℓ の導関数について復習しておこう．

$$\frac{dx^\ell}{dx} = \ell x^{\ell-1}, \quad \frac{d^2 x^\ell}{dx^2} = \ell(\ell-1)x^{\ell-2},$$

$$\cdots, \quad \frac{d^\ell x^\ell}{dx^\ell} = \ell(\ell-1)\cdots 3\cdot 2\cdot 1 = \ell! \tag{164}$$

これを使えば $f(0) = c_0$, $f'(0) = c_1$, $f''(0) = 2c_2$, $f'''(0) = 3!c_3$, $f''''(0) = 4!c_4$, … だから，これらの導関数を式(158)のマクローリン展開へと代入すると，ちゃんと式(163)で与えた $f(x)$ に戻って来る．$f(a+x)$ のテイラー展開は，もう少し手が込んでいるけれども，紙と鉛筆があれば二項係数 ${}_nC_m$ を使って，同じように示すことができる．ゴリゴリと計算してみてほしい．もっとも，機転の利く方は $y = a+x$ と置き換えれば充分であることが，直ちに理解できるだろう．

最初に指数関数から話を始めて，いつの間にかテイラー展開までたどりついた．この「まわり道」をスッ飛ばして，一気に突っ切る方法がある．ただし，ちょっと妙なものを持ち出せば，の話だ．任意の実数 b と**微分演算子**(微分作用素) $\frac{d}{dx}$ の積を，指数関数に放り込もう．もちろん，そんな物は「数」として意味を持つハズがないけれども，指数の定義式から「強引に形だけを」与えることは可能だ．

$$e^{b\frac{d}{dx}} = \lim_{n\to\infty}\left(1 + \frac{b}{n}\frac{d}{dx}\right)^n = 1 + b\frac{d}{dx} + \frac{b^2}{2!}\frac{d^2}{dx^2} + \frac{b^3}{3!}\frac{d^3}{dx^3} + \cdots \tag{165}$$

これを式(163)の多項式に作用させてみよう．「準備体操」の式(141)と同じように二項係数を使うと，うまく式をまとめることができる．

$$e^{b\frac{d}{dx}}f(x) = c_0 + (c_1 x + c_1 b) + (c_2 x^2 + 2c_2 bx + c_2 b^2)$$
$$+ (c_3 x^3 + 3c_3 x^2 b + 3c_3 xb^2 + c_3 b^3) + \cdots$$
$$= f(x+b) \tag{166}$$

あらあら，$f(x)$ が $f(x+b)$ へと，b だけ変数の値がズレたではないか．いまは，多項式で与えられた関数を相手にして式変形を行ったけれども，テイラー展開が可能な関数を相手にしても同じように $x \to x+b$ とズラすことができる．

悪ノリをして微分の定義式に $e^{b\frac{d}{dx}}$ を突っ込むと，

$$f'(x) = \lim_{b \to 0} \frac{f(x+b) - f(x)}{b} = \lim_{b \to 0} \frac{e^{b\frac{d}{dx}} - 1}{b} f(x) = \frac{d}{dx} f(x) \tag{167}$$

という式へと到達する．これは「意味のない循環論法」の一例に見える．そうだとも言えるし，微分を習い進んで **Lie 環**や**微分幾何学**[14]を学んだら，少しは式(167)が新鮮に見えるかもしれない．ああ，世迷い言を並べているうちに，この章も終わりに近づいてしまった．

最後に，冒頭の式(133)とテイラー展開の関係を考えてみよう．まず，対数を含んだ関数

$$f(x) = -\frac{1}{2} \log(1 - x^2) \tag{168}$$

のテイラー級数を式(161)を使って求めておいて，

$$f(x) = -\frac{1}{2} \left[(-x^2) - \frac{(-x^2)^2}{2} + \frac{(-x^2)^3}{3} - \cdots \right] \tag{169}$$

式(168)と式(169)の右辺を微分して，等式で結ぼう．

$$f'(x) = \frac{x}{1-x^2} = x + x^3 + x^5 + x^7 + x^9 + \cdots \tag{170}$$

そう，**対数微分**を通じて，式(133)はテイラー展開と関係していたのである[15]．

ローラン級数：

テイラー級数に似て非なる(?)，ローラン級数というものがある．例えば次のようなものだ．

$$f(x) = \frac{1}{x^2} + \frac{1}{x} + 1 + x + x^2 + x^3 + \cdots$$

右辺の各項の係数は 1 でなくても良いし，初項が $\frac{1}{x^4}$ から始ま

っていても良い．このように，xの「負のベキ」を含むローラン級数は，$|x|$を小さくして行くと$|f(x)|$はドンドン大きくなって行き，"発散"する．このようなものが，何の役に立つか，それは「役に立ったとき」に理解できるだろう．

◆　　◆　　◆

冒頭の**真夏の熱愛物語**に話を戻そう．式(133)に$x = \dfrac{1}{2}$を代入すると，A君の胃袋にはスイカ$\dfrac{2}{3}$個が入ったことがわかる．程なく二人は結婚して夫婦となったのだが，食い物の恨みは怖いものだ．仲良く半分ずつ食べなかった，この**忌まわしき思い出**は，雲行きが怪しくなるたびにBさんの記憶の底から浮かび上がって来るのであった．

ここで微分は一段落して，これから先はいよいよ**積分**について学ぼう．

●例解演習

問題
対数のテイラー展開を使って，等式$\log(1+x)(1+y) = \log(1+x) + \log(1+y)$が成立することを示しなさい．（少し手強い問題なので，興味のない人はお次の章へ．）

例解
まず$\log(1+x)(1+y) = \log[1+(x+y+xy)]$と書いておいて，テイラー展開する．

$$\log[1+(x+y+xy)] = -\sum_{n=1}^{\infty} \frac{(-1)^n}{n}(x+y+xy)^n \tag{171}$$

右辺にでてくる$(x+y+xy)^n$を二項展開しておこう．

---

14) これらの聞き慣れない用語は「水兵 Lie 兵衛軍艦隊，そう曲がる湿布すクラインの壺」と語呂合わせで頭の中に入れておく．必要になったときに，学ぶバリアを低くしてくれるだろう．
15) 内情をバラすと，式(133)を書き始めたときには式(168)など**まったく念頭になかった**．したがって，今の議論は「多分にコジ付け」だ．

$$(x+y+xy)^n = \sum_{\ell=0}^{n} \frac{n!}{(n-\ell)!\,\ell!}(x+y)^{n-\ell}(xy)^\ell$$

$$= \sum_{\ell=0}^{n} \frac{n!}{(n-\ell)!\,\ell!}\left[\sum_{m=0}^{n-\ell} \frac{(n-\ell)!}{(n-\ell-m)!\,m!} x^{n-\ell-m}y^m\right](xy)^\ell$$

$$= \sum_{\ell=0}^{n}\sum_{m=0}^{n-\ell} \frac{n!}{(n-\ell-m)!\,\ell!\,m!} x^{n-\ell-m}(xy)^\ell y^m \quad (172)$$

変形の途中で $(x+y)^{n-\ell}$ も二項展開した．これをもとの式(171)に戻すと，ちょっと「救い難い式」になる．

$$\log[1+(x+y+xy)] = -\sum_{n=1}^{\infty}(-1)^n \sum_{\ell=0}^{n}\sum_{m=0}^{n-\ell}\frac{(n-1)!}{(n-\ell-m)!\,\ell!\,m!}$$
$$x^{n-m}y^{m+\ell} \quad (173)$$

どうしようか？ 右辺は各項が $x^a y^b$ (ただし $a \geqq 0$ および $b \geqq 0$)の形をした多項式に整理できるはずだ．$a \geqq b$ の場合について $x^a y^b$ の係数を計算してみよう．($a \leqq b$ の場合も同様だ．) どんな項が $x^a y^b$ を与えるかを考えると，

$$x^a y^b, \quad x^{a-1}(xy)y^{b-1}, \quad x^{a-2}(xy)^2 y^{b-2}, \cdots, x^{a-b}(xy)^b$$

の形の項を式(171)や式(173)から探せば良いことがわかる．いま書き並べたものと式(172)や式(173)の $x^{n-\ell-m}(xy)^\ell y^m$ との対応関係は $a = n-m$ および $b = m+\ell$ かつ $\ell \leqq b$ である．つまり，$m = b-\ell$ と $n = a+m = a+b-\ell$ (そして $n-m-\ell = a-\ell$)を式(173)の各項に当てはめておいて，$\ell=0$ から $\ell=b$ まで $x^{n-\ell-m}(xy)^\ell y^m = x^{a-\ell}(xy)^\ell y^{b-\ell}$ に付いている係数を合計したものが，求めようとしている「$x^a y^b$ の係数」である．

$$x^a y^b \text{ の係数} = -\sum_{\ell=0}^{b}(-1)^{a+b-\ell}\frac{(a+b-\ell-1)!}{(a-\ell)!\,\ell!\,(b-\ell)!} \quad (174)$$

百里の道も一歩から．まず $b=0$ の場合を考えよう．和は $\ell=0$ のみなので，

$$x^a y^0 \text{ の係数} = -(-1)^a \frac{(a-1)!}{a!\,0!\,0!} = -\frac{(-1)^a}{a} \quad (175)$$

と簡単に計算できる．次は $b=1$ の場合．和は $\ell=0$ と $\ell=1$ で

$$x^a y^1 \text{ の係数} = -(-1)^{a+1}\frac{a!}{a!\,0!\,1!} - (-1)^a\frac{(a-1)!}{(a-1)!\,1!\,0!}$$
$$= (-1)^a\left[\frac{1}{0!\,1!} - \frac{1}{1!\,0!}\right] = 0 \quad (176)$$

と打ち消し合ってしまう．その次の $b=2$ の場合の係数は

$$-(-1)^{a+2}\frac{(a+1)!}{a!0!2!}-(-1)^{a+1}\frac{a!}{(a-1)!1!1!}-(-1)^a\frac{(a-1)!}{(a-2)!2!0!}$$

$$=-(-1)^a\left[\frac{a+1}{0!2!}-\frac{a}{1!1!}+\frac{a-1}{2!0!}\right]=0 \qquad (177)$$

そして続く $b=3$ の場合も各項打ち消し合ってしまう．

$$(-1)^a\left[\frac{(a+2)(a+1)}{0!3!}-\frac{(a+1)a}{1!2!}+\frac{a(a-1)}{2!1!}-\frac{(a-1)(a-2)}{3!0!}\right]=0 \qquad (178)$$

この打ち消し合いはドンドン続く．その理由は，次の式から容易に想像できるだろう．

$$0=1-1$$
$$=[(a+1)-a]-[a-(a-1)]$$
$$=(a+1)-2a+(a-1)$$
$$=\frac{1}{2}[(a+1)[(a+2)-a]-2a[(a+1)-(a-1)]+(a-1)[a-(a-2)]]$$
$$=\frac{1}{2}[(a+2)(a+1)-3(a+1)a+3a(a-1)-(a-1)(a-2)]$$
$$=\frac{1}{2\cdot 3}[(a+2)(a+1)[(a+3)-a]-3(a+1)a[(a+2)-(a-1)]+\cdots]$$

$$(179)$$

二項展開を少し変形した形になっているわけだ．結局のところ，すべての a,b の組み合わせの中から $b=0$ である項 $-\frac{(-x)^a}{a}$ と，$a=0$ である項 $-\frac{(-y)^b}{b}$ しか残らないので，$\log(1+x+y+xy)$ が $\log(1+x)+\log(1+y)$ をテイラー展開したものと等しいことが証明できるわけだ．…ああ，大変な計算だった…．

5章
麺を並べれば面になる積分の話

　暑い夏の昼前のこと，麺棒を担いだオヤジが鉢巻き姿で台所に現れた．大変だぁ！　ソバ打ちの秘技(?)を**一子相伝**で仕込まれるのだ．しぶしぶ，いや，そんな素振りは見せずにソバ粉と塩を「麺こね鉢」に放り込み，水を加える．少しでも加減を誤ると，オヤジの眉間にシワが寄る．何とか生地を整えたぞ，さあソバ打ちだ！——と意気込む頃合いになると，「オレが手本を見せてやる」とオヤジが麺棒を構えるのであった．そして，オヤジが延ばした生地は，いつもパイ生地のように丸いのだ．

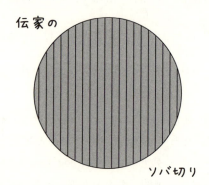

　生地は長方形に延ばすのが基本だ．しかしオヤジは「先祖代々丸く延ばして来たゾ」と言って取り合わない．そのまま生地を折り畳むことなく，刀のように長い「伝家の包丁」で麺に**切り分ける**のだ．オヤジ曰く，ご先祖様は**円の面積**をこうやって求めたのだと．

1 グラフの下に面積あり

義務教育ではいろいろなグラフを学ぶ．比例，反比例，円に対数，あなたはどんなグラフが好き？[1] 数あるグラフの中でも，**飽きない美しさ**を見せてくれるのが指数関数 $f(x) = e^x$ である．

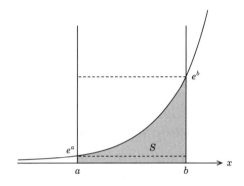

しばらくの間，「$x=a$ と $x=b$ に描いた縦線」および「x軸とグラフ」で囲まれる領域に注目して，その**面積** S を求める問題を考えよう．指数関数 $f(x) = e^x$ は x に対して単調に増加するのであった．

> **単調増加:**
> $a < b$ を満たす二つの実数に対し $f(a) < f(b)$ が常に成立する場合，関数 $f(x)$ は x に対して「単調増加する」と表現する．また，$f(x)$ は**単調増加関数**と呼ばれる．一方，$f(a) > f(b)$ が常に成立する場合には，$f(x)$ は**単調減少**（関数）である．

---

1) 著者は○○○グラフが好き♡ えっ？ ○○○＝オシロだよ?!

● 例解演習

問題
$f(x) = \dfrac{e^x - 1}{x}$ は $x > 0$ で単調増加ですか？

例解

$b > a > 0$ に対して $f(b) - f(a)$ が正であることを示すのが模範解答だけれども，まあ微分を習ったことだし，$x > 0$ で導関数 $f'(x)$ が常に正，つまりグラフが右肩上がりであることを示してみよう．

$$f'(x) = \frac{d}{dx}\frac{e^x - 1}{x} = \frac{xe^x - (e^x - 1)}{x^2} = \frac{e^x(x-1) + 1}{x^2} \tag{180}$$

ここで，分子の $g(x) = e^x(x-1) + 1$ が $x > 0$ で正であれば $f'(x)$ も正になる．$g(x)$ の導関数も計算してみよう．

$$\frac{d}{dx}g(x) = e^x(x-1) + e^x = xe^x \tag{181}$$

$x > 0$ で $g'(x) > 0$ なので，$g(0) = 0$ であることに注意すれば $g(x) > 0$ も確認できる．したがって $x > 0$ で $f'(x) > 0$ も確認でき，関数 $f(x)$ は $x > 0$ で常に増加することがわかった．ちょっと面倒臭かったネ．

話を指数関数のグラフに戻すと，$a < b$ に対して $e^a < e^b$ が成立している．また，グラフを見ると，不等式

$$e^a(b-a) < S < e^b(b-a) \tag{182}$$

が成立していることがわかるだろう[2]．面積 $e^a(b-a)$ の長方形は，面積 S の領域に含まれているし，この面積 S の領域は面積 $e^b(b-a)$ の長方形に含まれて

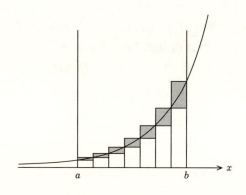

いるからだ．ただ，面積 S の**下限** $e^a(b-a)$ と**上限** $e^b(b-a)$ がけっこう離れているので，式(182)は面積 S を正確に求める目的には役立たない．

そこで登場するのが**オヤジの包丁**である．面積 S を求める領域を，細長い小領域へと n 等分するのだ．

> **区間の幅と，切り口の位置：**
> 区間 $[a, b]$ を n 等分した小区間の幅は，$\Delta x = \dfrac{b-a}{n}$ で与えられる．したがって，j 番目 $(0 \leq j \leq n)$ の**切り口**の x 座標は次のように与えられる．
> $$x_j = a + j\frac{b-a}{n} = a + j\Delta x \tag{183}$$

$x = x_j$ と $x = x_{j+1}$ に描いた縦線と，x 軸およびグラフで囲まれた**縦に細長い部分の面積** S_j に対して，またまた上限と下限を考えよう．式(182)と同じように，次の不等式が成立する[3]．

$$e^{x_j}(x_{j+1} - x_j) < S_j < e^{x_{j+1}}(x_{j+1} - x_j) \tag{184}$$

これに，式(183)を代入した後でちょっと計算して，

$$e^{a+j\Delta x}\Delta x < S_j < e^{a+(j+1)\Delta x}\Delta x \tag{185}$$

と変形しておこう．どの区間についても，この不等式が成立するので，j について辺々足し合わせると

$$\sum_{j=0}^{n-1} e^{a+j\Delta x}\Delta x < \sum_{j=0}^{n-1} S_j < \sum_{j=0}^{n-1} e^{a+(j+1)\Delta x}\Delta x \tag{186}$$

が得られる．ここで，$S = \sum_{j=0}^{n-1} S_j$ に注意すると，式(186)は面積 S の下限と上限を与える不等式になっていることがわかる．今度の上限と下限は，式(182)よりも「だいぶんマシなもの」で，S に近い値になっている．図を見ると，区間の幅 Δx が小さいほど，より良い S の上限と下限が求められることが理解できる

---

2) 数学の先生は「見かけで物事を判断しない」ので，彼らにとっては式(182)は面積の定義を与えるまで自明なことではない．ちなみに物理の先生は「思い込みで物事を判断してばかり」と考えて間違いない．
3) **数学は石頭で考える**ものだ．面積について，長方形の面積が幅 w と高さ h を使って wh と表されることだけから議論を始めたのが，典型的な例である．

だろう．

　…とは言っても，式(186)に現れる和が計算できなければ何にもならない．幸い，その和は公比が $e^{\Delta x}$ の**等比級数**になっている．合計してみよう．

$$e^a \frac{e^{n\Delta x}-1}{e^{\Delta x}-1} < S < e^a \frac{e^{(n+1)\Delta x}-e^{\Delta x}}{e^{\Delta x}-1} \tag{187}$$

$\Delta x = \frac{b-a}{n}$ を思い出すと，$n\Delta x = b-a$ だから

$$S < e^a \frac{e^{b-a}-1}{e^{\Delta x}-1} e^{\Delta x}\Delta x = (e^b - e^a)\frac{e^{\Delta x}\Delta x}{e^{\Delta x}-1} \tag{188}$$

と上限を整理することができる．**どんどん麵を細く切って行く**，つまり $\Delta x \to 0$ の極限を取ってみよう．

> **復習編：**
> 指数関数の導関数を求める計算に出てきた $\lim_{\Delta x \to 0}\frac{e^{\Delta x}-1}{\Delta x} = 1$ を覚えているだろうか？ テイラー展開 $e^{\Delta x} = 1 + \Delta x + \frac{(\Delta x)^2}{2} + \cdots$ を使って，この関係式を示すこともできる．逆数を考えれば $\lim_{\Delta x \to 0}\frac{\Delta x}{e^{\Delta x}-1} = 1$ や $\lim_{\Delta x \to 0}\frac{e^{\Delta x}\Delta x}{e^{\Delta x}-1} = 1$ も明らかだろう．

そういうわけで，式(188)で $\Delta x \to 0$ の極限をとると $S < e^b - e^a$ を得る——と書きたいけれど，正しくは $S \leqq e^b - e^a$ である．$\Delta x \to 0$ の極限では，「長方形の面積の和」と「グラフの下の面積」が一致する可能性があるからだ．下限の方はどうかというと，すでに上限で考えておいたように

$$n\Delta x = n\frac{b-a}{n} = b-a \tag{189}$$

が成立するので，$\Delta x \to 0$ の極限を考えると

$$\lim_{\Delta x \to 0} e^a \frac{e^{b-a}-1}{e^{\Delta x}-1}\Delta x = e^b - e^a \leqq S \tag{190}$$

が得られる．上限と下限が同じ値へと近づいて行くのだから，その間に挟まっている**グラフの下の面積** S は $e^b - e^a$ であるはずだ．あっという間に問題解決！

　ここまで計算を追ってきた皆さんは，すでに積分の基本をマスターしている．いま求めた面積 S は，指数関数 $f(x) = e^x$ に対する「区間 $[a, b]$ の**定積分**」で

ある.「積分」とは,面積を求める道具だ——と覚えておくのも良いだろう.

② 下手に切っても定積分

指数関数に話を限らず,(常に正の値を持つ)任意の関数 $f(x)$ について

- 区間 $[a, b]$ でのグラフの下の面積 S

を考えてみようか.前節のように,考える領域を細長く n 枚に千切りして,長方形の面積 S_j の和を取って S を求めて行くのだ.え〜と,ここで少し「手抜き」[4]しよう.S に対して上限と下限を丁寧に求めて「はさみ打ち」にするのが**教科書的な論法**なのだけど,結局のところ上限と下限は一致するので[5],少し議論を縮めよう.図のように長方形の高さを**小区間の中点**で取ってみるのだ.

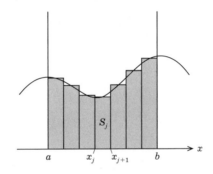

つまり,j 番目の細長い領域の面積 S_j を,次のように近似して考えるわけだ.

$$f\left(\frac{x_j + x_{j+1}}{2}\right)(x_{j+1} - x_j) = f\left(\frac{x_j + x_{j+1}}{2}\right)\Delta x \tag{191}$$

すべての小区間について長方形の面積を足し合わせると

$$\sum_{j=0}^{n-1} f\left(\frac{x_j + x_{j+1}}{2}\right)\Delta x \tag{192}$$

で,これは S の良い近似になっているだろう.そして,$\Delta x \to 0$(つまり $n \to$

---

4) 千ギリするとか手ヌキする,と声に出して読まないように.
5) …なんてうっかり言うと,数学の先生は直ちに反例を作って持って来るかもしれない.目が合ったら裸足で逃げよう.

∞)の極限を取って面積を求める．

$$S = \lim_{\Delta x \to 0} \sum_{j=0}^{n-1} f\left(\frac{x_j + x_{j+1}}{2}\right)\Delta x \tag{193}$$

これが区間 $[a, b]$ での**定積分**の概略だ．

> **負の面積**：
> 式(193)の右辺は，$f(x)$ が負の値を取る場合にも計算可能なことに注目しよう．実は，定積分は**負の面積**も取り扱うのである．式(193)で求めた S は
>
> - $f(x)$ が正である部分の面積から，負である部分の面積を差し引いたもの
>
> になる．このような「差し引き勘定」をする理由と利点は，習い進めばじわじわと理解できるだろう．

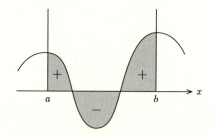

さて，式(193)のように極限記号や和記号を並べるのは煩雑(はんざつ)なので，微分記号 $\frac{d}{dx}$ と同じように定積分を表す**積分記号**がある．式(193)は

$$S = \int_a^b f(x)dx, \quad \text{あるいは稀に} \quad \int_a^b dx f(x) \tag{194}$$

と書き表し，(おおくの人は)これを「**いんてぐらる a から b まで えふえっくす でぃーえっくす**」と音読する．また，$f(x)$ は**被積分関数**，$[a, b]$ は**積分区間**，x は**積分変数**と呼ぶ．

記号の由来：
インテグラル $\int$ は **積分記号** と呼ばれ，活字のSを縦に長く伸ばした形をしている．これは，式(193)の総和記号 Σ が，ローマ字Sの元祖であるギリシア文字の Σ であることに対応している．定積分の場合，積分記号の上下に **面積を求めたい区間** の両端での x の値を書き込む約束になっている．また，式(194)の dx は式(193)の Δx に対応している．

定積分には覚えておくと便利な公式がいくつもある．とりわけ大切なのが，$a < b < c$ に対して

$$\int_a^c f(x)dx = \int_a^b f(x)dx + \int_b^c f(x)dx \tag{195}$$

が成立する **加法性** だ．例えば $a = 0 < b < c$ の場合を考えることにすると，移項して

$$\int_b^c f(x)dx = \int_0^c f(x)dx - \int_0^b f(x)dx \tag{196}$$

とも書ける．

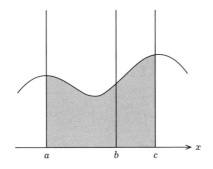

● 例解演習

ちょっと練習もかねて $f(x) = x^2$ の場合に，区間 $[0, c]$ での定積分を求めてみよう．式(192)の和は，$\Delta x = \dfrac{c}{n}$ と $x_j = j\Delta x$ を使えば次のよう

に書ける．

$$\sum_{j=0}^{n-1}\left[j\Delta x+\frac{\Delta x}{2}\right]^2 \Delta x = \sum_{j=0}^{n-1}\left[j^2+j+\frac{1}{4}\right](\Delta x)^3 \quad (197)$$

ここで，キーワード「総和」での検索をかけよう[6]．次の和公式が一発でヒットしただろうか？

和公式：
まず $\sum_{j=0}^{n-1}1=n$ は自明．等差数列の和

$$\sum_{j=0}^{n-1}j=\frac{n(n-1)}{2}$$

も，よく知られている．そして

$$\sum_{j=0}^{n-1}j^2=\frac{n(n-1)(2n-1)}{6}$$

も証明は容易だろう．

ともかく，これらの公式を式(197)に代入整理すると

$$\left[\frac{n^3}{3}-\frac{n}{12}\right](\Delta x)^3 = \left[\frac{1}{3}-\frac{1}{12n^2}\right]c^3 \quad (198)$$

が得られるので，$n\to\infty$ の極限を取ると，定積分

$$S=\int_0^c x^2 dx = \frac{c^3}{3} \quad (199)$$

が目出たく得られる．同様に計算すれば，$f(x)=x^3$ や $f(x)=x^4$ の場合についても

$$\int_0^c x^3 dx = \frac{c^4}{4}, \quad \int_0^c x^4 dx = \frac{c^5}{5} \quad (200)$$

を示すことができる．宿題として計算を楽しもう?!

$f(x)=x^3$ や $f(x)=x^4$ の積分を式(197)-(200)のように求めたいならば，次の和公式を使う必要がある．

$$\sum_{j=0}^{n-1}j^3=\left[\frac{n(n-1)}{2}\right]^2$$

$$\sum_{j=0}^{n-1} j^4 = \frac{n(n-1)(2n-1)(3n^2-3n-1)}{30}$$

より一般的に $\sum_{j=0}^{n-1} j^m$ （ただし $m > 0$）を求めることにも面白い数学が潜んでいるのだけれども，微積分学では，この面白さは $\Delta x \to 0$ の極限を取る段階で「塗り潰されて」しまう．ちょっと残念かもしれない．

節の終わりに，ひとつ**ウンチク**を並べておこう．

リーマンの疑問：
いままで $[a, b]$ を n 個に**等分割**して考えてきた．分割の方法を変えて，等分割ではない場合を考えても，ちゃんと同じ面積になるだろうか？

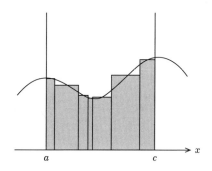

使い慣れない**ソバ包丁**で麺を切ろうとすると，見事に太さが不揃いになる――そういう場合を考えてみるのだ．面積が切り分け方に関係ないことは，「当たり前やろ～」のひと声で済ませたいところだ．…が，数学者の**リーマン**は真面目に調べてみた[7]．その結果，ふつうに（数学科を除く）大学で学ぶような関数であれば，区間の幅 $x_{j+1} - x_j$ の「一番大きいところ」がちゃんとゼロへと収束するように切ってあれば，切る幅が多少バラついていても，常に同じ面積 S が

---

6) 現代では検索する能力も大切だ．ただし，検索した後で**帰納法**でも使ってこれらの和公式を証明することを推奨する．
7) リーマンが切った麺はリーマン麺，である?!

得られることが示された．これを**リーマン積分**と呼ぶ．

ここまで辛抱強く読んでいただいた皆さんでも，「もうエエ加減にせい!!」と感じたことだろう．定積分を使って面積を求めるのに，いちいち総和を計算するのは大変なのだ[8]．もっと便利な方法はないだろうか？

③ 積分区間をチョッと増やす

ある実数 y に対して，区間 $[0, y]$ での定積分

$$S(y) = \int_0^y f(x)dx \tag{201}$$

を考えよう．まず，$S(0) = \int_0^0 f(x)dx$ がゼロであることは明らかだ．また，$f(x)$ が正の値であれば，$S(y)$ は y とともに増加して行く．このように $S(y)$ は y の関数として考えることができる．

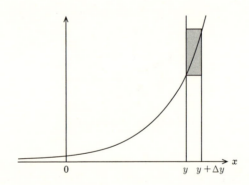

では，y を微少量 Δy だけ増やした $S(y+\Delta y)$ は，$S(y)$ よりどれだけ増えているだろうか？ 式(195)の加法性を使うと

$$\int_0^{y+\Delta y} f(x)dx = \int_0^y f(x)dx + \int_y^{y+\Delta y} f(x)dx \tag{202}$$

と定積分を二つに分けられるので，$S(y)$ の増加分は

$$\Delta S = S(y+\Delta y) - S(y) = \int_y^{y+\Delta y} f(x)dx \tag{203}$$

で与えられる．そして，区間 $[y, y+\Delta y]$ で $f(x)$ が単調増加であれば次の不等式が成立する．

$$f(y)\Delta y < \Delta S < f(y+\Delta y)\Delta y \tag{204}$$

（単調減少であれば，不等号の向きがヒックリ返る．）　各辺を Δy で割ってみよう．

$$f(y) < \frac{\Delta S}{\Delta y} < f(y+\Delta y) \tag{205}$$

何だか見たことのある形が出てきたではないか．$\Delta y \to 0$ の極限を取ると，次の関係が得られる．

定積分と微分の架け橋：
$$f(y) = \frac{dS(y)}{dy} = \frac{d}{dy}\int_0^y f(x)dx \tag{206}$$

あらあら，定積分 $S(y)$ を「積分区間の上限 y」で微分すると，被積分関数（の変数を y に置き換えた）$f(y)$ が出てきた．これを見て**積分は微分の反対の概念ではないか？** と思った人は，いい勘している．（次の章で，少し詳しく説明する．）

式(206)を知っていれば，定積分の計算は随分と楽になる．例えば $S(y) = \int_0^y e^x dx$ は，$\frac{dS(y)}{dy} = e^y$ と $S(0) = 0$ を満たすのだから

指数関数の定積分：
$$S(y) = \int_0^y e^x dx = e^y - 1 \tag{207}$$

であることが簡単にわかる[9]．この結果を使って，式(190)で考えた $f(x) = e^x$ の下の面積を得ることもできる．議論を単純にするために $0 < a < b$ の場合を考えると，次の計算となる．

---

8) 総和には，こういう「複雑さ」があるので，現在でも研究する人がいっぱいいて，アレコレと新しい公式が見つかっている．
9) 厳密には「一意性」を示す必要がある．

$$\int_a^b e^x dx = \int_0^b e^x dx - \int_0^a e^x dx = (e^b-1)-(e^a-1) = e^b-e^a \qquad (208)$$

● 例解演習 1

一つ例をあげておこう．$n \geq 1$ について $S(y) = \int_0^y x^n dx$ を求めるのだ．$S(y)$ を微分すると $\dfrac{dS(y)}{dy} = y^n$ なのだから，じっくり考えるまでもなく

> x^n の定積分：
> $$S(y) = \int_0^y x^n dx = \frac{y^{n+1}}{n+1} \qquad (209)$$

であることがわかる．（n が整数である場合を念頭に置いていたけれども，n が実数で $n > 0$ の場合も同様である．）式(197)-(199)の大変な計算は何だったのだろうか？

● 例解演習 2

n が -2 以下の整数である場合に，$b > 0$ に対して $\displaystyle\lim_{b\to\infty}\int_1^b x^n dx$ を求められるだろうか？

まず，積分をする区間に注意しておこう．上限 b について，無限大の極限を考えるのである．また，n が負なので $x = 0$ のときに 0^n を考えてはならない．そこで，$G(b) = \int_1^b x^n dx$ を定義しておいて，この関数が満たす性質を調べておく．

$$G(b=1) = \int_1^1 x^n dx = 0, \qquad \frac{d}{db}G(b) = b^n \qquad (210)$$

よ〜く眺めると，$G(b) = \dfrac{b^{n+1}-1}{n+1}$ が見えて来るだろうか？ このまま $b \to \infty$ の極限を取ると，求める値 $G(\infty)$ は次のように与えられる．

$$\lim_{b\to\infty}\int_1^b x^n dx = \int_1^\infty x^n dx = -\frac{1}{n+1} \qquad (211)$$

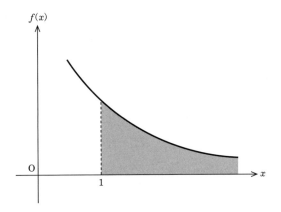

n が -2 以下の整数である場合を念頭に置いていたけれども，n が実数で $n<-1$ の場合も同様である．$0>n\geqq -1$ の場合，上式の左辺は発散してしまう．

●例解演習 3

$0>n\geqq -1$ を満たす負の実数 n について，$\lim_{a\to 0}\int_a^1 x^n dx$ を求められるだろうか？ ここでは積分区間に注意しよう．いきなり $a=0$ とおくと，0^n を考えることになってマズいので，まず $a>0$ について定積分 $\int_a^1 x^n dx$ を考えておいて，$a\to 0$ の極限を取るのである．

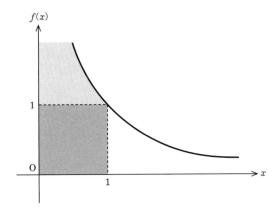

さっきと同じように計算して見せても良いのだけれども，定積分は
「グラフの下の面積」であるという定義を思い出してもらう良いチャンス
なので，$0 > n \geq -1$ の場合の $f(x) = x^n$ のグラフをよーく描いて面
積を考えてみよう．グラフの下は面積が1の正方形と，その上の部分に
分割して考えるのが良い．グラフの x 軸と y 軸をひっくり返してみる
と，$x^{1/n}$ のグラフになっていることが，見えて来ただろうか？ こうな
ると，話は早い，実は

$$\lim_{a \to 0} \int_a^1 x^n dx = 1 + \int_1^\infty x^{1/n} dx = 1 - \frac{1}{\frac{1}{n}+1} = \frac{1}{n+1} \qquad (212)$$

という，実に簡単な形にまとまってしまうのだ．ここで計算して見せた
ものは**広義積分**と呼ばれているものの一種だ．まあ広義積分が必要にな
ったら，そのときはそのときで「本気の学習」をすれば良いだろう．

④ 円の面積はどうなった？

ソバ打ちの話に戻ろう．伝家の包丁で麺を切りつつ，オヤジはブツブツ語る
のである．「麺といえば弘法大師の讃岐うどん，空海といえば曼荼羅，曼荼羅は
円と仏様，そうじゃ，半径が R の円は $x^2 + y^2 = R^2$ で表されるな．$y = f(x) = \sqrt{R^2 - x^2}$ を $x = -R$ から $x = R$ まで定積分したら

$$S = \int_{-R}^{R} \sqrt{R^2 - x^2} dx \qquad (213)$$

という具合に円の上半分の面積になる．あ，湯が沸いた．おいっ！ 薬味の準
備は?! ネギは抜いて来たか？ ワサビは？ chilli（チリ）も積もれば辛くなる…あっ，
ツユがない!!」毎度のごとく，ソバを打ち終わったら忙しくなるのである．
　それはそうと，式(213)の定積分はどうやって求めるのだろうか？ その計算
を楽に行うには**置換積分**が必要となる．これも含めて，次の章では**不定積分**，
原始関数など，積分公式のイロイロについて学んで行くつもりだ．

ピザに学べ：

円の面積を求めるだけならば，実は最初に紹介した「オヤジ切り」，つまり縦に切るのは無駄骨そのものだ．小中学校で習うように，「細い扇型」に切り分けるのが，よりエレガントだ．図のように，$-R$からRまでの，長さπRの円弧を充分に細かくn等分して考えると，一つ一つの扇型の面積は「底辺が$\dfrac{\pi R}{n}$，高さがRの三角形の面積」で近似できる．その値は，おおよそ$\dfrac{\pi R}{n}\dfrac{R}{2}$だ．これを$n$個集めると，合計が$n\dfrac{\pi R}{n}\dfrac{R}{2}=\dfrac{\pi}{2}R^2$となる．

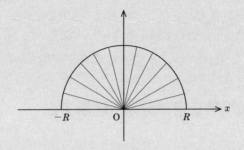

この結果はnに関係ないけれども「三角形で近似することの精度」はnが大きいほど高くなるので，半円の面積が$\dfrac{\pi}{2}R^2$で与えられることは$n\to\infty$の極限を取って示さなければならない．…いや，まあ，極限なんていう道具を持ち出したからと言って，小学生の素朴な理解を超えるものが得られるわけではないのだけれども．

6章
微分からね，積分を眺めたの

　日頃の大学生活とは打って変わって，珍しくスーツ姿のN君が黒板の前に立った．とある理由で，今日から高校生に積分を教えるのである[1]．緊張の第一声は「今日は**不定積分**から学びましょう…」であった．言い終わらないうちに「フテーやつだ！」「フテ〜だって♡」と，からかいの言葉が飛んで来る．これではイケナイ，気を取り直したN君は，勇気を振り絞って続けた．「そ，そしてチ，**置換積分**も勉強しまあぁす．」…声が裏返ってしまった．夕暮れ時の教室が，その後どんな騒ぎになったかは，想像にお任せしよう．

① 原始関数を定積分から理解する

　まずは前章の復習から始めよう．区間 $[0, y]$ で関数 $f(x)$ を定積分した $S(y) = \int_0^y f(x)dx$ は，**積分区間**の上限 y を変数に持つ関数とも考えられる[2]．この $S(y)$ を y で微分すると，もとの**被積分関数** $f(y)$ がコロリと出てくるのであった[3]．

$$\frac{d}{dy}S(y) = \frac{d}{dy}\int_0^y f(x)dx = f(y) \tag{214}$$

> **上限の方が小さい場合：**
> $S(y)$ は $y < 0$ でも定義できるのだ．一般に $a < b$ に対して「b から a までの定積分」は
> $$\int_b^a f(x)dx = -\int_a^b f(x)dx \tag{215}$$
> と「負符号をつけて」計算する．区間 $[a, b]$ (?) を分割する際に，Δx の値が負になると考えれば自然と理解できるだろう．

積分区間を少し広げて $[-a, y]$ で定積分を考えても，同じように y の関数 $Q(y)$ を得る．

$$Q(y) = \int_{-a}^{y} f(x)dx = \int_{-a}^{0} f(x)dx + S(y) \tag{216}$$

簡単のため，定数 a は正の実数だと考えておこう．このように，$Q(y)$ と $S(y)$ の差は「y に関係ない」定数 $C = \int_{-a}^{0} f(x)dx$ だ．この $Q(y)$ も，微分すると

$$\frac{d}{dy}Q(y) = \frac{dC}{dy} + \frac{d}{dy}S(y) = f(y) \tag{217}$$

という具合に $f(y)$ を与える．くどくどと続けると，$S(y)$ へ任意の定数 C' を加えた

$$R(y) = S(y) + C' = \int_{0}^{y} f(x)dx + C' \tag{218}$$

も，微分すれば $f(y)$ を与える．$S(y)$ や $Q(y)$ や $R(y)$ は「導関数が $f(y)$ になる仲間」なのだ．ちゃんと（？）呼び名がついている．

> **原始関数**：
> 導関数が $f(y)$ となる関数を，$f(y)$ の**原始関数**と呼び，f を大文字にして $F(y)$ と書き表す．

$F(y)$ は，$S(y), Q(y), R(y)$ のように定数だけ異なるいくつもの関数に対応しているので，$S(y)$ だけを指定したい場合には「$y = 0$ で $F(y) = 0$ を満たす原始関数 $F(y)$」と，条件をつけて表す．

関数の変数は「どんな文字で書いても良い」ので，もとの x に戻して $f(x)$ と書き表すならば，その原始関数は $F(x)$ で，

- 原始関数 $F(x)$ は $\frac{d}{dx}F(x) = f(x)$ を満たす

のである．もっとも，$f(x)$ から $F(x)$ を得ようとして，式(216)や式(218)のよ

---

1) 大学(院)生が教壇に立つ理由はいろいろとある．授業料が払えないとか，自動車が欲しいとか，先生になりたいとか．
2) 積分区間の**上限・下限**は，**上端・下端**と呼ぶこともある．
3) x が有理数なら $f(x) = 1$，無理数なら $f(x) = 0$ ではどう?! と問われたら，聞かなかったフリをして逃げよう．

うに定積分を持ち出すと，変数が y に変わった $F(y)$ を得てしまうので，工夫が必要だ．——え～と，英文字は 30 文字足らずしかないので，数学では**文字の節約**と**記号の簡略化**が大切だ．こんな約束になっている．

不定積分：
原始関数を求める過程を
$$F(x) = \int f(x)dx \tag{219}$$
と書き表して，右辺を関数 $f(x)$ の**不定積分**と呼ぶ．また，$f(x)$ は**被積分関数**と呼ぶのであった．

——こうすれば「y なんて使わなくて済む」わけだ．

さて，$f(x)$ を不定積分した後で微分すると，
$$\frac{d}{dx}\int f(x)dx = \frac{d}{dx}F(x) = f(x) \tag{220}$$
と，$f(x)$ に舞い戻ってくる．こういう意味で，不定積分は**微分の逆**（の計算操作）だと考えられる．微分さえ理解していれば，「そのアベコベ」として不定積分を学習できるので，高校では不定積分の方を定積分よりも先に学ぶようだ．

積分定数：
ちょっと要注意なのが，微分と不定積分の順番をひっくり返した場合だ．
$$\int \left[\frac{d}{dx}f(x)\right]dx = f(x) + C \tag{221}$$
左辺の意味は「微分すると $f'(x)$ を与える関数」だから，$f(x)$ に任意の定数 C を加えたものが，その答えとなる．このように（あるいは式(218)のように）不定積分には常に任意の定数 C が付きまとっている．このような定数 C を**積分定数**と呼ぶ．

② 不定積分をどんどこ計算する

不定積分や原始関数は，習い始める頃には「体で覚える」ものだ．冒頭の N 君ならば，次々と黒板に**積分公式**を並べて行くことだろう[4]．

$$\int x^n dx = \frac{x^{n+1}}{n+1} + C \quad （ただし n \neq -1）$$

$$\int \frac{1}{x} dx = \log x + C$$

$$\int e^x dx = e^x + C \tag{222}$$

$$\int \sin x \, dx = -\cos x + C$$

$$\int \cos x \, dx = \sin x + C$$

右辺の積分定数 C は「勝手に定めて良い」任意の定数なので，上から順にそれぞれ $C, C', C'', \cdots$ と文字を変えて書いても，もちろん良い．

右辺の原始関数を微分して，左辺の被積分関数と一致することは必ず確かめておこう．定数関数 $f(x) = 1$ の不定積分 $\int 1 \, dx = \int x^0 dx = x + C$ は常識だ．

対数関数の不定積分：
ホンの少し面倒なのが $f(x) = \log x$ の場合．

$$\int \log x \, dx = x \log x - x + C \tag{223}$$

右辺を微分して，検算するとたしかに $\log x$ になる．**うっかり右辺を $\frac{1}{x} + C$ と間違えないように**．

不定積分を求めるのに，少し便利な道具がある．まず「関数の積」に対する微分公式を思い出そう．

---

[4] 積分記号は，縦に伸びた S であった．そういうわけで，男の子達には $\int e^x dx$ とか $x + C$ などが喜ばれるとか…．

$$\frac{df(x)g(x)}{dx} = \frac{df(x)}{dx}g(x) + f(x)\frac{dg(x)}{dx} \tag{224}$$

この両辺を不定積分すると，

$$f(x)g(x) + C = \int \frac{df(x)}{dx}g(x)dx + \int f(x)\frac{dg(x)}{dx}dx \tag{225}$$

が成立する．積分定数 C は右辺の不定積分にも含まれているから，わざわざ書かなくても良い．移項して

$$\int \frac{df(x)}{dx}g(x)dx = f(x)g(x) - \int f(x)\frac{dg(x)}{dx}dx \tag{226}$$

と（積分定数は隠して）書いておこう．

> **部分積分**：
> 式(226)で，$f(x)$ が出てくるところをすべて $F(x)$，つまり $f(x)$ の原始関数で置き換えると，
>
> $$\int f(x)g(x)dx = F(x)g(x) - \int F(x)\frac{dg(x)}{dx}dx \tag{227}$$
>
> という公式になる．これを**部分積分**と呼ぶ．

原始関数 $F(x)$ は積分定数 C を含むから，式(227)の右辺は一意ではないのでは？ と疑った人は，数学のセンスがある．$F(x)$ に定数 C を加えたものを代入して確かめることをお勧めする[5]．

● 例解演習

練習問題を一つ解こう．$f(x) = 1$ と $g(x) = \log x$ を式(227)に代入すると

$$\int 1(\log x)dx = x(\log x) - \int x\frac{1}{x}dx = x\log x - x + C \tag{228}$$

となる．これは，対数関数 $\log x$ の原始関数を与える式そのものだ．じゃあ $f(x) = xe^x$ だったら？ x と e^x の順番を逆に書いておいて，計算を進める．

$$\int (e^x)x\,dx = (e^x)x - \int e^x dx = xe^x - e^x + C \tag{229}$$

なんだか，式(228)と微妙に似ている気がするな〜!?

不定積分から定積分へ：

再び式(218)のように，適当な下限 $x = d$ からの定積分を使って，$F(y) = \int_d^y f(x)dx + C$ という形で関数 $f(x)$ の原始関数を表してみよう．二つの実数 $a < b$ に対して，原始関数の差 $F(b) - F(a)$ を考えると，

$$\int_d^b f(b)dx + C - \int_d^a f(x)dx - C = \int_a^b f(x)dx \tag{230}$$

と計算できるから，それは区間 $[a, b]$ での**定積分**になっている．整理しておこう．

$$I = \int_a^b f(x)dx = F(b) - F(a) \tag{231}$$

積分の結果は Integral の頭文字を取って，記号 I で表すことが多い——愛(?!)を追い求めるのである．右辺の差は，次の記号を使って少々短く

$$F(b) - F(a) = \bigl[F(x)\bigr]_a^b \tag{232}$$

と書き表すのが通例だ．

---

③ ステップを踏む関数

理工書，特に電気・電子工学の本などを開くと，$\theta(x)$ と書かれた関数が目に飛び込んで来る．これは，$x < 0$ で値が $\theta(x) = 0$ に，$x \geqq 0$ で値が $\theta(x) = 1$ となる関数だ．原点 $x = 0$ で，グラフの高さが突然 1 だけ増えるような**ステッ**

---

5) さらに「悪ノリして」3つの関数の積 $f(x)g(x)h(x)$ の微分から，同じように「部分ブンブン積分の公式?!」なども次々と導出できる．興味があったら試してみると良い．

プを描く関数なので，$\theta(x)$ は**ステップ関数**と呼ばれる[6]．

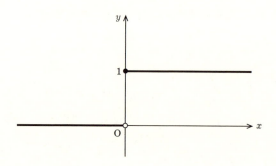

ここで，$\theta(x)$ の微分 $\theta'(x) = \dfrac{d}{dx}\theta(x)$ を考えることには，何か意味があるだろうか？ 普通に考えれば，$\theta'(x)$ は $x \neq 0$ で常にゼロだし，関数が不連続な $x=0$ では微分を考えること自体がナンセンスだ．しかし，$\theta'(x)$ と任意の関数 $f(x)$ の積 $\theta'(x)f(x)$ に対して，区間 $[-a, a]$ で定積分 $I = \int_{-a}^{a} \theta'(x)f(x)dx$ を計算してみると，不思議なことが起きる．不定積分と同じように，**定積分に対しても部分積分を使える**から，

$$I = \bigl[\theta(x)f(x)\bigr]_{-a}^{a} - \int_{-a}^{a} \theta(x)f'(x)dx \tag{233}$$

と式変形できる．1項目は

$$\theta(a)f(a) - \theta(-a)f(-a) = f(a)$$

だ．2項目の積分は $\theta(x)$ の関数形を思い出して

$$\int_{-a}^{a} \theta(x)f'(x)dx = \int_{0}^{a} f'(x)dx = \bigl[f(x)\bigr]_{0}^{a} \tag{234}$$

と計算すれば $f(a) - f(0)$ であることがわかる．差し引きすれば，式(233)の値として

$$I = f(a) - [f(a) - f(0)] = f(0)$$

を得る．おやまあ，「不思議な効力」を持っていたものだ，ステップ関数の導関数 $\theta'(x)$ は．実はこの $\theta'(x)$ には，立派な名前がついている．

> **デルタ関数:**
> 関数 $\delta(x) = \theta'(x)$ を**デルタ関数**と呼ぶ．この関数には，一緒に積分した関数 $f(x)$ の
> - $x=0$ での値を引っ張り出す働き
>
> があって，a の値によらず，次の関係が成立する．
> $$\int_{-a}^{a} \delta(x) f(x) dx = f(0) \tag{235}$$

…どうして関数の名前が**デルタ**なのだろうか？ と不思議に思って「関数論」の本を開いてみると，有名なベータ関数，ガンマ関数に並んで，知る人ぞ知るアルファ関数も印刷してある．これらの「先約」を外すと，次の「空席」はデルタだったのだろう[7]．

④ 等分割しない方が簡単?!

$0 < a < b$ に対して $f(x) = \dfrac{1}{x}$ の定積分を
$$\int_a^b \frac{1}{x} dx = \bigl[\log x\bigr]_a^b = \log b - \log a = \log \frac{b}{a} \tag{236}$$
と求めたときに，「どこから対数関数が出てきたのだろう？」と疑問に思わなかっただろうか？ 定積分は**グラフの下の面積**という原点に立ち戻って，「もっともらしい理解方法」を探ってみよう．

まず，区間 $[a, b]$ を n 分割する．$x_0 = a$ から始まって $x_n = b$ で終わる，区間の途中の分割点 $x_1, x_2, \cdots, x_j, \cdots, x_{n-1}$ を次のように取ろう．
$$x_j = a\left(\frac{b}{a}\right)^{\frac{j}{n}} = a^{\frac{n-j}{n}} b^{\frac{j}{n}} \tag{237}$$

---

6) 今にも踊り出すような名前が付いているわりには，実につまらない形の関数だ．厳密に言うと，$x=0$ での値には少し注意が必要なのだけれど，**重箱の隅を突つく議論**になるので省略する．

7) デルタ関数の生みの親 P. M. A. Dirac(1902-1984) は，量子力学に便利な**ブラ記号・ケット記号**を導入した．こんな感じの記号 $\langle \heartsuit | \phi \rangle$ で，縦に少し伸ばして描くと左を向いて立っている女性みたいに見える?! かもしれない．

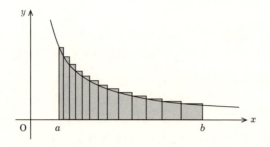

わざと，**等間隔ではない**切り方をするのだ．j 番目の区間 $[x_j, x_{j+1}]$ の幅 $x_{j+1}-x_j$ も，j とともに段々と広がって行く．$f(x) = \dfrac{1}{x}$ は**単調減少関数**なので，この区間での「グラフの下の面積 S_i」は不等式

$$\frac{1}{x_{j+1}}(x_{j+1}-x_j) < S_j < \frac{1}{x_j}(x_{j+1}-x_j) \tag{238}$$

を満たしている．（図には面積の上限の方を描いた．）割り算を先に計算しておいて

$$1-\frac{x_j}{x_{j+1}} < S_j < \frac{x_{j+1}}{x_j}-1 \tag{239}$$

そこへ $\dfrac{x_{j+1}}{x_j} = \left(\dfrac{b}{a}\right)^{\frac{1}{n}}$ を代入すると次式を得る．

$$1-\left(\frac{a}{b}\right)^{\frac{1}{n}} < S_j < \left(\frac{b}{a}\right)^{\frac{1}{n}}-1 \tag{240}$$

なんと，S_j の上限と下限は j に関係しなくなるのだ．区間の数は n 個だったので，求める面積 $S = \sum\limits_{j=0}^{n-1} S_j$ は次のように**はさみ撃ち**できる．

$$n\left[1-\left(\frac{a}{b}\right)^{-\frac{1}{n}}\right] < S < n\left[\left(\frac{b}{a}\right)^{\frac{1}{n}}-1\right] \tag{241}$$

ここでチョイと式変形すると，対数が顔を出す．

$$\left(\frac{b}{a}\right)^{\frac{1}{n}} = \left[\exp\left(\log\frac{b}{a}\right)\right]^{\frac{1}{n}} = \exp\left(\frac{1}{n}\log\frac{b}{a}\right) \tag{242}$$

指数関数のテイラー展開を使ってみよう．

$$\left(\frac{b}{a}\right)^{\frac{1}{n}} = 1 + \frac{1}{n}\log\frac{b}{a} + \frac{1}{2}\left[\frac{1}{n}\log\frac{b}{a}\right]^2 + \cdots \tag{243}$$

これを式 (241) の上限に代入するのだ．分割の数 n が充分に大きい極限で次式

を得る．

$$\lim_{n\to\infty} n\left[\left(\frac{b}{a}\right)^{\frac{1}{n}}-1\right] = \log\frac{b}{a} = \log b - \log a \tag{244}$$

下限の方も同じ値へと収束するので，結果として $S = \log b - \log a$ が得られるわけだ．

たねあかし：

どうして，こんなに都合よく計算できたのだろうか？ 秘密は「等間隔ではない分割」を与える式(237)にある．少し書き直してみよう．

$$x_j = \exp\left[\frac{n-j}{n}\log a + \frac{j}{n}\log b\right] \tag{245}$$

カッコの中身をよく見ると，$\log a$ から $\log b$ までの区間を**等分割**した形になっている．関係式 $x = e^y$ によって x を**新しい変数** y で表しておいて，

$$y_j = \frac{n-j}{n}\log a + \frac{j}{n}\log b, \qquad x_j = e^{y_j} \tag{246}$$

と y についての等分割を行っていたわけだ．

---

⑤ 積分変数の置き換え

積分 $\int_a^b f(x)dx$ に対して「変数の置き換え」を行うことを，もう少し一般的に見てゆこう．x を y の関数として $x = g(y)$ と表すならば，$x = a$ と $x = b$ を与える y の値は，**逆関数** g^{-1} を使って

$$y_0 = g^{-1}(a), \qquad y_n = g^{-1}(b) \tag{247}$$

と求めることができる．話を簡単にするために $g(y)$ は $y_0 \leqq y \leqq y_n$ で単調増加だと仮定しておこう．そして y についての区間 $[y_0, y_n]$ を式(246)のように等分割する．

$$y_j = \frac{n-j}{n}y_0 + \frac{j}{n}y_n \tag{248}$$

これに対応して，x についての区間 $[a,b]$ は $x_j = g(y_j)$ で分割されるから，$\Delta x = x_{j+1} - x_j$ は

$$x_{j+1} - x_j = g(y_{j+1}) - g(y_j) = \frac{g(y_{j+1}) - g(y_j)}{y_{j+1} - y_j}(y_{j+1} - y_j)$$
$$\sim g'(y_j)(y_{j+1} - y_j) = g'(y_j)\Delta y \tag{249}$$

と，$g(y)$ の導関数 $g'(y) = \dfrac{dg(y)}{dy}$ を使って表せる．$\Delta x \sim g'(y_j)\Delta y$ は j によって変化するのだ．

さて，j 番目の区間の面積を「おおよそ」求めてみよう．長方形の高さを $f(x_j)$ で考えれば[8]，

$$S_j \sim f(x_j)(x_{j+1} - x_j) \sim f(g(y_j))g'(y_j)\Delta y \tag{250}$$

が得られる．S_j を合計して，分割をどんどん細かくして行く作業 $S = \lim\limits_{n\to\infty} \sum\limits_{j=0}^{n-1} S_j$ は「定積分そのもの」ではないか．被積分関数は $f(g(y))g'(y)$，積分区間は y について $[g^{-1}(a), g^{-1}(b)]$ だ．

置換積分：

まとめると，次の関係式がコロリと得られる．

$$S = \int_a^b f(x)dx = \int_{g^{-1}(a)}^{g^{-1}(b)} f(g(y))\frac{dg(y)}{dy}dy \tag{251}$$

ゴチャゴチャしているので，$x = g(y)$ を使って

$$S = \int_{x=a}^{x=b} f(x)\frac{dx}{dy}dy \tag{252}$$

と書き表すこともある．ともかく，積分変数を x から y に置き換えることができた．このように積分の計算を進めることを**置換積分**と呼ぶ．

前節で考えた $f(x) = \dfrac{1}{x}$ の場合，$x = g(y) = e^y$ と置き換え，$g'(y) = e^y$ より次のように計算したのだ．

$$\int_a^b \frac{1}{x}dx = \int_{\log a}^{\log b} e^{-y}e^y dy = \int_{\log a}^{\log b} dy = \Big[y\Big]_{\log a}^{\log b} = \log b - \log a \qquad (253)$$

このように，置換積分は「計算をラクチンに済ませるために」使うのである．

不定積分に対しても，もちろん置換積分を行うことができる．形の上では単に，積分記号に付いている「区間の上限と下限」を取り去るだけだ．式(228)で考えた $f(x) = \log x$ の不定積分に対して，$x = e^y$ と置換してみよう．

$$\int \log x\, dx = \int \log e^y \frac{de^y}{dy} dy = \int y e^y dy \qquad (254)$$

あらあら，式(229)が「y についての積分」に姿を変えて出てきちゃった．（何だか得した気分?!）

ここまで読んでも，置換積分についてピンとこない人もいるだろう．秘策を一つ紹介しよう．

置換積分はやわかり：

$f(x)$ の原始関数 $F(x)$ に $x = g(y)$ を代入して，F を y の関数 $F(g(y))$ と考える．これをまず y で微分して，その後で y で不定積分してみよう．

$$\int \frac{d}{dy} F(g(y)) dy = F(g(y)) + C \qquad (255)$$

合成関数の微分を使って，改めて左辺を求めてみると

$$\int \frac{dF(g(y))}{dy} dy = \int \frac{dF(g)}{dg} \frac{dg(y)}{dy} dy$$
$$= \int f(g) g'(y) dy \qquad (256)$$

と，ちゃんと式(251)–(252)と同じ形になっている．

● 例解演習

関数 $f(x) = \dfrac{1}{x}$ と，その原始関数 $F(x) = \log x$ に対して，常に正の値

---

8) $f(x_{j+1})$ で考えても，$f(x_j)$ と $f(x_{j+1})$ の平均を取っても，適当に x または y についての中点で考えても，最終的には同じ結果になる．確かめてみると，良い演習になるだろう．

を取る関数 $x = g(y)$ を考える．関係式 $F(g(y)) = \log(g(y))$ を持ってくると，$f(g) = \dfrac{1}{g}$ なので，式(255), (256)を用いれば次の式を導ける．

$$\log(g(y)) + C = \int \frac{g'(y)}{g(y)} dy \tag{257}$$

これは「対数微分」の積分版である．

⑥ 円の面積はどうなった？

そうそう，前章の最後のところで，**円の面積**を求めると約束していたのだった．半径が R の半円は，関数 $f(x) = \sqrt{R^2 - x^2}$ を $x = -R$ から $x = R$ までグラフにすれば描ける．

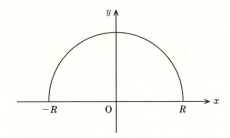

この $f(x)$ を $x = -R$ から $x = R$ まで定積分したら，半円の面積になるわけだ．

$$S = \int_{-R}^{R} \sqrt{R^2 - x^2}\, dx \tag{258}$$

$x = -R\cos\theta$ と置換すれば，被積分関数は

$$\sqrt{R^2 - x^2} = R\sqrt{1 - \cos^2\theta} = R\sin\theta \tag{259}$$

となるし，区間の下限 $x = -R$ は $\theta = 0$，上限 $x = R$ は $\theta = \pi$ に対応する．これらの関係式と，三角関数の倍角公式を使うと，半円の面積が

$$S = \int_0^\pi R\sin\theta \frac{d(-R\cos\theta)}{d\theta} d\theta = R^2 \int_0^\pi \sin^2\theta\, d\theta$$

$$= R^2 \int_0^\pi \frac{1 - \cos 2\theta}{2} d\theta = R^2 \left[\frac{\theta}{2} - \frac{\sin 2\theta}{4}\right]_0^\pi = \frac{\pi R^2}{2} \tag{260}$$

と求められる．誰でも覚えているように，円の面積は半円の2倍の πR^2 になるわけだ[9]．小学校で習う円の面積が，ようやくここで微分積分に出会ったのだ，

めでたいではないか?! 面積を求めたら次は**体積**だ．次の章では，球の体積などを求めつつ，**重積分**なども「つまみ食い」してみよう．

◆　　◆　　◆

さて章の最初で紹介した N 君，失敗の原因は「自信なさげな振る舞い」が招いた**唐突さ**である．まずは涼しい顔で「変数の置き換え」と黒板に描いて，それから**置換**と縮めて書く．そういうプロセス経て，じわじわと「ちかん」という音の響きに対する違和感を**麻痺させて**行くべきであった[10]．

> **和算に見る積分：**
> 半円や円の面積を求めることは，江戸時代に国内で広まった「和算」の課題の一つであった．長谷川弘閑らによって編纂された『算法求積通考』(1844)では，定積分や部分積分にあたる計算を駆使している．もう少し歴史を遡ると，著書『発微算法』で有名な，関孝和(1642-1708)という和算家がいた．これらの書物の題名に「微」とか「積」という漢字が含まれていることにも注意しよう．今日，いろいろな数学用語が「漢字で書ける」のも，これら和算の長い歴史があってのことだ．

●例解演習 1

問題
逆関数 $f^{-1}(x)$ の定積分や不定積分は，どうやって求めるのだろうか？
例解
まず，定積分から見て行こう．

---

9) 円の面積の公式を大学生に「尋ねてまわる」と，**恐怖の低正答率**に遭遇するかもしれない．πR^2 を覚えていても，その説明までスラスラできる学生は稀だ．
10) N 君の友達の M 君は，同じ教室で地理を教えている．彼もまたブーイングの嵐を浴びたのであった，スイスとフランスの国境にある Lac Léman という名の湖を紹介するときに．

$$\int_a^b f^{-1}(x)dx = \int_{f^{-1}(a)}^{f^{-1}(b)} f^{-1}(f(y))f'(y)dy \qquad (261)$$

最初の式変形では変数変換 $x = f(y)$ を使った．x の積分区間は $x = a = f(f^{-1}(a))$ から $x = b = f(f^{-1}(b))$ までだったので，y の積分区間は $y = f^{-1}(a)$ から $y = f^{-1}(b)$ までを考えるわけだ．そのまま計算を続けると，部分積分を使って

$$\begin{aligned}
&= \int_{f^{-1}(a)}^{f^{-1}(b)} yf'(y)dy \\
&= \left[yf(y)\right]_{f^{-1}(a)}^{f^{-1}(b)} - \int_{f^{-1}(a)}^{f^{-1}(b)} f(y)dy \\
&= bf^{-1}(b) - af^{-1}(a) - F(f^{-1}(b)) + F(f^{-1}(a)) \\
&= [bf^{-1}(b) - F(f^{-1}(b))] - [af^{-1}(a) - F(f^{-1}(a))]
\end{aligned} \qquad (262)$$

と答えを求めることができる．ただし，$F(x)$ は $f(x)$ の原始関数だ．したがって $f^{-1}(x)$ の原始関数は $xf^{-1}(x) - F(f^{-1}(x))$ となるわけである．

この $xf^{-1}(x) - F(f^{-1}(x))$ という関数，どこかで見た覚えがあるだろう．$f(x) = e^x$ を代入してみると，$F(x) = e^x + C$ および $f^{-1}(x) = \log x$ なので，$xf^{-1}(x) - F(f^{-1}(x))$ は $x\log x - x + C'$ となる．対数関数の不定積分がコロリと出て来るわけだ．

問題

本当に $xf^{-1}(x) - F(f^{-1}(x))$ が原始関数なのですか？

検算

ひぃつこいなー，そんなん，微分したらおしまいや！ $x = f(y)$ に注意しながら，確かめましょか．

$$\begin{aligned}
&\frac{d}{dx}[xf^{-1}(x) - F(f^{-1}(x))] \\
&= f^{-1}(x) + x\frac{1}{f'(f^{-1}(x))} - f(f^{-1}(x))\frac{1}{f'(f^{-1}(x))} \\
&= f^{-1}(x)
\end{aligned} \qquad (263)$$

● 例解演習 2

次の定積分を求めてみなさい．ただし n は正の整数とする．

$$\Gamma_n = \int_0^\infty x^{n-1} e^{-x} dx \tag{264}$$

まず $n=1$ の場合から求めてみよう．

$$\Gamma_1 = \int_0^\infty e^{-x} dx = \left[-e^{-x}\right]_0^\infty = 1 \tag{265}$$

次に，$n \geqq 2$ の場合について，部分積分を行ってみよう．

$$\int_0^\infty x^n e^{-x} dx = \left[-x^n e^{-x}\right]_0^\infty + \int_0^\infty (n-1) x^{n-1} e^{-x} dx$$

$$= (n-1) \int_0^\infty x^{n-1} e^{-x} dx = (n-1) \Gamma_{n-1} \tag{266}$$

したがって，関係式 $\Gamma_n = (n-1)!$ を，次のように「証明する(?!)」ことができる．

$$\Gamma_n = (n-1)\Gamma_{n-1} = (n-1)(n-2)\Gamma_{n-2}$$
$$= \cdots = (n-1)! \Gamma_1 \tag{267}$$

いまの例では n が正の整数の場合のみを考えた．n が実数の場合にも拡張して，$\Gamma(n)$ という n の関数を考えることには，大きな価値がある．この $\Gamma(n)$ は**ガンマ関数**と呼ばれるもので，理工系の教科書に「登場しまくる数学記号」の一つなのだ．

● 例解演習 3

次の積分を級数で表しなさい．

$$I = \int_0^\infty \frac{x^3}{e^x - 1} dx \tag{268}$$

これは「黒体輻射」と呼ばれる物理現象に出て来る，**プランクの輻射公式**に登場する積分だ．分母分子に e^{-x} をかけて等比級数に書き直すのが計算のポイント．

$$\int_0^\infty \frac{x^3 e^{-x}}{1 - e^{-x}} dx = \int_0^\infty x^3 (e^{-x} + e^{-2x} + e^{-3x} + \cdots) dx \tag{269}$$

ここで $y = nx\,(n=1,2,3,\cdots)$ と置き換えると，ガンマ関数 $\Gamma(n)$ に書き直せてしまう．

$$\int_0^\infty \sum_{n=1}^\infty x^3 e^{-nx} dx = \int_0^\infty \sum_{n=1}^\infty \left(\frac{y}{n}\right)^3 e^{-y} \frac{1}{n} dy = \sum_{n=1}^\infty \frac{1}{n^4} \int_0^\infty y^3 e^{-y} dy$$

$$= \Gamma(4) \sum_{n=1}^\infty \frac{1}{n^4} = 6\zeta(4) \quad (270)$$

最後に出て来た $\zeta(4)$ というのは，**ゼータ関数** $\zeta(z)$ の $z=4$ での値

$$\zeta(4) = \frac{1}{1^4} + \frac{1}{2^4} + \frac{1}{3^4} + \frac{1}{4^4} + \cdots = \frac{\pi^4}{90} \quad (271)$$

である．これをどうやって計算するのか？ は，探せばすぐに見つかるだう．

●難解演習

次の定積分を計算しなさい．

$$\int_0^y \frac{1}{\sqrt{(1-x^2)(1-k^2 x^2)}} dx \quad (272)$$

これが「今までに習った関数の組み合わせ」で書けたら，貴方は数学の歴史をひっくり返すことになる．これは**楕円積分**と呼ばれるものの代表格で，実は答えは「ノートに書き下せない」のである．微分とは違って，定積分や原始関数を求める計算には「解を明示できない」ことも多い．

じゃあ，そんなモン扱わなくていい？ かというと，実は楕円積分も理工系男子・女子たちの「親しいお友達」なのである．少し詳しい教科書を開けば楕円関数だらけなのだ．それでも貴方は理系の学習を続けますか？ もちろん続けますよね?!

7章
金の球を立方体から削り出す

　王様は**黄金のサイコロ**を不機嫌そうに眺めていた．お妃(きさき)様が隣の国から，嫁入り道具で持って来たものだ[1]．そして家臣に命令した．
　「角が気に食わん！　丸く削って金の玉にせよ．」
慌てた家臣は「○○タマを…？」と言いかけて言葉を飲み込んだ．お妃様が怒ったら，無事では済まない．家臣の青い顔を眺めた王様は，少し思案して付け加えた．
　「削りくずを使って，もうひとつ玉を作れ．」
お妃様へプレゼントする**隠し球**も作っておくわけだ．金の玉は二個並んでこそ（?!）と，家臣は納得してサイコロを彫金師の工房へと運んだ．「どっちのタマが大きいんだろう？」とつぶやきながら．

① 円の面積ふたたび

　正方形に見えたり，長方形に見えたり，六角形に見えたりするものはな〜に？　立方体は眺める方向によって，いろいろな表情を見せてくれる．これに対して，球はどんな方向から眺めても丸く見える[2]．そう，円なのだ．**球の謎**を攻略する前に，まずは円からだ．
　半径 R の円の面積は $S = \pi R^2$ だった．この面積公式は，円の内部の点を原点からの距離 $r(\leq R)$ と角度 θ を使った**極座標**

$$\begin{pmatrix} x \\ y \end{pmatrix} = \begin{pmatrix} r\cos\theta \\ r\sin\theta \end{pmatrix} \tag{273}$$

---

1) 王様は昔，このサイコロ**も**愛でていたのだが….
2) じゃあ運動場でサッカーボールの影を地面に落としてみようか?!　あら，黒い**楕円**になった….

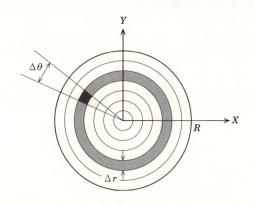

で表せば，わりと直感的に導出できる．まず円を，幅が $\Delta r = \dfrac{R}{N}$ の**細いリング** N 個へと切り分けよう[3]．まるでタマネギやバウムクーヘンの断面のようだ．

そのうちの n 番目（ただし $0 \leq n \leq N-1$）の，条件

$$n\frac{R}{N} = n\Delta r < r \leq (n+1)\frac{R}{N} = (n+1)\Delta r \tag{274}$$

で指定されるリングに目をつける．（← 図中に薄く塗っておいた） これをさらに，角度 θ について $\Delta\theta = \dfrac{2\pi}{M}$ ごとの部分 M 個に切り分けよう．θ が次の関係

$$m\frac{2\pi}{M} = m\Delta\theta < \theta \leq (m+1)\frac{2\pi}{M} = (m+1)\Delta\theta \tag{275}$$

を満たす，m 番目（ただし $0 \leq m \leq M-1$）の「微小な領域」は，おおよそ**台形**をしている．（← 図中に濃く塗っておいた） その高さは Δr，「上辺と下辺」の長さがそれぞれ $n\Delta r\Delta\theta$ と $(n+1)\Delta r\Delta\theta$ だ．したがってその面積 ΔS は，「台形の面積公式」を使って

$$\Delta S = \frac{1}{2}[n\Delta r\Delta\theta + (n+1)\Delta r\Delta\theta]\Delta r$$
$$= \left[n+\frac{1}{2}\right](\Delta r)^2\Delta\theta = \left[n+\frac{1}{2}\right]\frac{R}{N}\Delta r\Delta\theta \tag{276}$$

と表される[4]．この量は**微小面積**とか，**微小面積要素**と呼ばれるものだ[5]．長さ $\left[n+\dfrac{1}{2}\right]\dfrac{R}{N}$ は

- n 番目のリングの平均的な半径

なので，これを r_n と置いて式を簡潔にしよう．

さて，「n 番目のリング」の面積 I_n は，式(276)で与えた微小面積 ΔS を合計したものになる．

$$I_n = \sum_{m=0}^{M-1} \Delta S = \sum_{m=0}^{M-1} r_n \Delta r \Delta \theta = r_n \Delta r \times 2\pi \tag{277}$$

> **ここが要点：**
> 計算の途中で $\sum_{m=0}^{M-1} \Delta \theta = \sum_{m=0}^{M-1} \frac{2\pi}{M} = 2\pi$ を使った．この過程をよく見ると，$M \to \infty$ の極限で θ についての**積分** $\int_0^{2\pi} d\theta = 2\pi$ になっている．

わざとらしく積分を使って I_n を表してみよう．

$$I_n = \int_0^{2\pi} r_n \Delta r \, d\theta = 2\pi r_n \Delta r \tag{278}$$

求める円の面積 S は，リングの面積 I_n の合計

$$\sum_{n=0}^{N-1} 2\pi r_n \Delta r = \sum_{n=0}^{N-1} 2\pi \left[n + \frac{1}{2} \right] \frac{R}{N} \Delta r \tag{279}$$

になる．この式もまた，よ〜く眺めると $N \to \infty$ の極限で変数 r が 0 から R まで変化する定積分の形をしていて，**被積分関数**は $2\pi r$ となる．そして，

$$S = \int_0^R 2\pi r \, dr = \left[\pi r^2 \right]_0^R = \pi R^2 \tag{280}$$

と円の面積 $S = \pi R^2$ が得られる．一件落着．

さて，式(278)と式(280)の，二度の積分を一度にまとめて書いてはどうだろうか？ $\Delta S = r_n \Delta r \Delta \theta$ の和を考えるのだから，

$$S = \int_0^R \left[\int_0^{2\pi} r \, d\theta \right] dr = \int_0^R 2\pi r \, dr = \pi R^2 \tag{281}$$

と書いてみるのだ．積分の順番を逆にして

---

3) 一番内側はリングではなくて円板だろう，という突っ込みどころがある．この時点では，細かいことまで追究しないでおこう．
4) 式(276)は ΔS についての「近似式」ではなくて，厳密な関係式になっている．そういうわけで記号 $\sim$ を使わなかった．
5) どちらかというと，微小面積「要素」という言葉は後で習う**面積分**に出てくるベクトル量を表すことが多い．

$$S = \int_0^{2\pi} \left[\int_0^R r\, dr \right] d\theta = \int_0^{2\pi} \frac{R^2}{2} d\theta = \pi R^2 \tag{282}$$

と計算しても，同じ結果を得る．そういうわけで，積分の順番を示すカッコを外して

$$S = \int_0^R \int_0^{2\pi} r\, d\theta\, dr = \int_0^R 2\pi r\, dr = \pi R^2 \tag{283}$$

と書いても，たぶん問題ない．このように積分を「重ねた」ものを**重積分**と呼ぶ．後で「何重にも重ねる」例が出てくるので，積分記号が二つ並んだ式(283)は特に，**2重積分**と呼ばれる．

> **書き方其の1：**
> 式(283)をパッと見て，二つ並んだ積分記号と dr や $d\theta$ の対応を素早く把握することは，けっこう難しい．そういうわけで
> $$S = \int_0^R dr \int_0^{2\pi} d\theta\, r = \int_0^{2\pi} d\theta \int_0^R dr\, r \tag{284}$$
> と，$\int_0^R dr$ や $\int_0^{2\pi} d\theta$ を先に書いてしまう書き方も一般的だ．重積分に出会ったら，まずはこの点に注意．決して $\int_0^R dr = R$ と早トチリしないように．

もう少し一般的に，r と θ を変数に持つ関数 $f(r,\theta)$ に対して[6]，r についての区間 $[R, R']$（ただし R も R' も正）と θ についての区間 $[\Theta, \Theta']$ で，**重積分の定積分**を考えることもできる[7]．

$$I = \int_R^{R'} dr \int_\Theta^{\Theta'} d\theta\, f(r,\theta) \tag{285}$$

例えば $f(r,\theta) = r\sin\theta$ に対して

$$\int_R^{R'} dr \int_0^\pi d\theta\, r\sin\theta = \int_R^{R'} \left[-r\cos\theta\right]_0^\pi dr$$
$$= \int_R^{R'} 2r\, dr = \left[r^2\right]_R^{R'}$$
$$= R'^2 - R^2 \tag{286}$$

と計算を進められるのだ．

● **例解演習**

円の面積の求め方は「幾通りでも」考えられる．例えば $(x,y) = (R,0)$ に中心がある半径 R の円は，図のように X 軸から測った角度 θ を使って

$$x = 2R\cos^2\theta, \quad y = 2R\sin\theta\cos\theta \quad \left(-\frac{\pi}{2} \leq \theta \leq \frac{\pi}{2}\right) \quad (287)$$

と表すことができる．これが**円の方程式** $(x-R)^2+y^2 = R^2$ を満たすことは容易に確認できるだろう．

問題 1

さて，円の面積を θ についての積分で表せるだろうか？

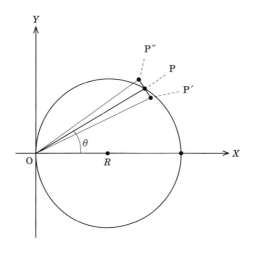

例解

原点から，角度が θ である点 P までの距離は $2R\cos\theta$ である．この距離を保ったまま角度が $\theta - \dfrac{\Delta\theta}{2}$ である点 P′ と，角度が $\theta + \dfrac{\Delta\theta}{2}$ である点 P″ までの細長い二等辺三角形 OP′P″ を考えよう．三角形の高さはおお

---

6) 二つの変数を持つ関数をスルリと断りなく導入してしまったのだけど，こういう**強引な教育**を行っても不思議と疑問を持つ学生は出てこない．

7) **重積分の不定積分**や，定積分と不定積分が混ざった重積分なども考えられる．ただ，重積分では定積分を考えることが多い．

よそ $2R\cos\theta$ で，底辺の長さはおおよそ $2R\cos\theta\,\Delta\theta$ なので，その面積は

$$\Delta S = \frac{1}{2}(2R\cos\theta)(2R\cos\theta\,\Delta\theta) = 2R^2\cos^2\theta\,\Delta\theta \tag{288}$$

で表される．円から「ハミ出す部分」や「足らない部分」があるけれども，どうせ $\Delta\theta \to 0$ の極限で無視できるものだから，気にしないでおこう．そして，角度を $\Delta\theta$ ずつ増やして行くことを考えると，円の面積は定積分

$$\begin{aligned}
S &= \int_{-\frac{\pi}{2}}^{\frac{\pi}{2}} 2R^2\cos^2\theta\,d\theta \\
&= \int_{-\frac{\pi}{2}}^{\frac{\pi}{2}} R^2(1+\cos 2\theta)d\theta \\
&= \pi R^2 + \left[\frac{R^2}{2}\sin 2\theta\right]_{-\frac{\pi}{2}}^{\frac{\pi}{2}} = \pi R^2
\end{aligned} \tag{289}$$

で表され，小学生でも知っている(?)公式 $S = \pi R^2$ を得る．

問題 2
その求め方を 2 重積分で表すことはできますか？
例解
原点からの距離を表す変数 r を使って，円の内部を「ほぼ台形のブロック」に分割することを考えると，

$$\begin{aligned}
S &= \int_{\theta=-\frac{\pi}{2}}^{\theta=\frac{\pi}{2}} \left[\int_{r=0}^{r=2R\cos\theta} r\,dr\right] d\theta \\
&= \int_{-\frac{\pi}{2}}^{\frac{\pi}{2}} d\theta \int_0^{2R\cos\theta} r\,dr \\
&= \int_{\theta=-\frac{\pi}{2}}^{\theta=\frac{\pi}{2}} \left[\frac{r^2}{2}\right]_0^{2R\cos\theta} d\theta \\
&= \int_{-\frac{\pi}{2}}^{\frac{\pi}{2}} 2R^2\cos^2\theta\,d\theta
\end{aligned} \tag{290}$$

と計算を進めることができる．この 2 重積分の計算では r の上限 $2R\cos\theta$ が θ の関数なので，まず r から積分を計算して行く必要がある．2 重積分の順番を勝手に入れ換えてはならない場合もあるので，注意しよう．

2 球の体積

円の面積を「足がかり」にして，球の体積を攻略しよう．いくつかの道筋の中から，極座標

$$\begin{pmatrix} x \\ y \\ z \end{pmatrix} = \begin{pmatrix} r \sin\theta \cos\phi \\ r \sin\theta \sin\phi \\ r \cos\theta \end{pmatrix} \tag{291}$$

を使う方法を考えてみる．円の場合と同じように，半径 R の球を，厚さが $\Delta r = \dfrac{R}{N}$ の薄皮 N 枚に分けるのだ．これらの「中身の詰まっていない薄皮」は，それぞれ**球殻**と呼ばれる．このように区切った球を「まっぷたつにぶった切る」と，その断面はさっき見た「同心円の図」になるわけだ．中心から 0 番目，1 番目と数え，n 番目（ただし $n \leq N-1$）の球殻に注目する．その**平均的な半径**として $r_n = \left[n + \dfrac{1}{2}\right]\dfrac{R}{N}$ を用いよう——「円の例」で考えたように．

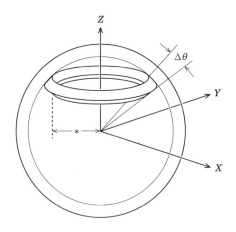

次に，この n 番目の球殻を $\Delta\theta = \dfrac{\pi}{M}$ の，「厚みのあるリング」M 個に切り分ける[8]．全部のリングを描くと図が煩雑になるので，条件

---

[8] いま定めた $\Delta\theta$ は，式(275)に出てくる $\Delta\theta$ の半分だ．

$$m\frac{\pi}{M} = m\Delta\theta < \theta \leq (m+1)\frac{\pi}{M} = (m+1)\Delta\theta \tag{292}$$

が満たされる．m 番目のリングを図示しておく．このリングの断面は，式(276)あたりで考えたように「おおよそ台形」で，その**断面積**も $r_n\Delta r\Delta\theta$ で与えられる．式(292)で与えた，θ についての区間の

- ちょうど中央 $\left[m+\dfrac{1}{2}\right]\dfrac{\pi}{M}$ を θ_m と置く

ことにしよう．リングの「平均的な半径」が，おおよそ $r_n\sin\theta_m$ であることを，リングを描いた図の(＊)印を見て確かめておくとよい．

さて，それぞれのリングをさらに $\Delta\phi = \dfrac{2\pi}{K}$ の部分 K 個に分ける．これらの部分は，図に描いたように「歪んだサイコロ」のような形をしている．多少の歪みを無視して，直方体だと近似的に考えても間違いないだろう[9]．「切り分け」の間隔は $r_n\sin\theta_m\Delta\phi$ ぐらいなので，切り分けた部分の体積はそれぞれ

$$\Delta V \sim r_n\Delta r\Delta\theta \times r_n\sin\theta_m\Delta\phi \tag{293}$$

と近似的に表せる．この ΔV は**微小体積**とか，**微小体積要素**と呼ばれる．

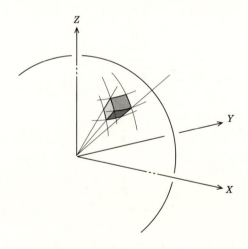

以上で準備完了．式(293)の ΔV を足し合わせると，求める球の体積 V が得られるのだ[10]．

$$V \sim \sum_{n=0}^{N-1}\sum_{m=0}^{M-1}\sum_{k=0}^{K-1}(r_n)^2\sin\theta_m\Delta r\Delta\theta\Delta\phi \tag{294}$$

円の面積を考えたときと同じように，分割の数 N, M, K を無限大に'飛ばす'と，この総和をエイヤッと3重積分に持って行ける．

$$V = \int_0^R \int_0^\pi \int_0^{2\pi} r^2 \sin\theta \, dr \, d\theta \, d\phi \tag{295}$$

> **書き方其の 2：**
> 「おしり」の $dr\,d\theta\,d\phi$ の順番は，積分記号の順番にそろえておいた．大抵はこのように，**積分記号の順に書くか**，あるいは**逆順**に書いて「見間違え」を防ぐ．どちらで書いても紛らわしい場合には
>
> $$V = \int_0^R dr \int_0^\pi d\theta \int_0^{2\pi} d\phi \, r^2 \sin\theta \tag{296}$$
>
> と，式(284)で約束したように書く．これから先は，こちらの書き方を使ってゆこう．

被積分関数 $f(r,\theta,\phi) = r^2 \sin\theta$ は ϕ を含まないので，ϕ についての積分は一発で実行できる．

$$\int_0^R dr \int_0^\pi d\theta \left[\int_0^{2\pi} d\phi\right] r^2 \sin\theta = \int_0^R dr \int_0^\pi d\theta \, 2\pi r^2 \sin\theta \tag{297}$$

θ についての積分も式(286)と同様に 2 倍を与え，

$$\int_0^R dr \left[\int_0^\pi \sin\theta \, d\theta\right] 2\pi r^2 = \int_0^R 4\pi r^2 dr \tag{298}$$

r の積分を経て「球の体積公式」へと到達する．

$$V = \int_0^R 4\pi r^2 dr = \left[\frac{4\pi}{3} r^3\right]_0^R = \frac{4\pi}{3} R^3 \tag{299}$$

---

9) と書きつつ，実は単純に直方体で近似するよりも，近似の精度が高くなるよう議論を進めている．
10) とまあ，球の体積を求めるのは子供達が砂遊びで作った砂団子を，再び砂粒に分けて考えるような作業だ．ところで，小学生に「おとこのこたちは，お○なあそびをします．」と穴埋め問題を出すと必ず正解「○ = す」へと到達するのに，大人たちはまず間違える．

変数分離:

球の体積を与える3重積分では，被積分関数が $r^2 \sin\theta$ という具合に，「r だけの関数 $g(r) = r^2$」と「θ だけの関数 $h(\theta) = \sin\theta$」と「ϕ だけの定数関数 $u(\phi) = 1$」の積になっていた．このような積

$$f(r, \theta, \phi) = g(r) h(\theta) u(\phi) \tag{300}$$

で与えられる被積分関数は「**変数分離**している」と呼ばれる．この場合，重積分は各変数ごとに独立して行ってよい．つまり，式(296)は次のように計算を進められる．

$$V = \left(\int_0^R r^2 dr\right)\left(\int_0^\pi \sin\theta\, d\theta\right)\left(\int_0^{2\pi} d\phi\right)$$
$$= \frac{R^3}{3} \cdot 2 \cdot 2\pi = \frac{4\pi}{3} R^3 \tag{301}$$

重積分に出会ったら「ジタバタして」被積分関数を変数分離した形へと持ってゆくことが大切だ．

● **例解演習**

問題

一辺の長さが $L = 2R$ である立方体の体積 V を求めなさい．

例解

「牛刀をもって鶏をさく」ようなものだけれども，3重積分を使って V を求めてみよう．今までに考えて来た半径 R の球がスッポリと入る立方体を考えると，

$$V = \int_{-R}^{R} dx \int_{-R}^{R} dy \int_{-R}^{R} dz \tag{302}$$

と体積を書ける．被積分関数 $f(x, y, z) = 1$ は省略した．これも $f(x, y, z) = g(x) h(y) u(z)$ ただし $g(x) = h(y) = u(z) = 1$ と，変数分離した形の3重積分だ．x, y, z それぞれに $-R$ から R まで積分して，$V = (2R)^3 = 8R^3$ を得る．

③ ついでに表面積

球の体積 $V = \frac{4\pi}{3}R^3$ は半径 R の関数だから $V(R)$ と書いておこう．$V(R)$ から球の**表面積** $\tilde{S}(R)$ を求めることができる．（ええと，「文字 S」は円の面積を表す記号として使ったので，球の面積は $\tilde{S}$ と書いた．）　さて，微小な長さ ΔR だけ半径が小さな球を考えて，もとの球との**体積の差** ΔV を求めてみよう．

$$\Delta V = V(R) - V(R - \Delta R)$$
$$= \frac{4\pi}{3}[3R^2\Delta R - 3R(\Delta R)^2 + (\Delta R)^3] \tag{303}$$

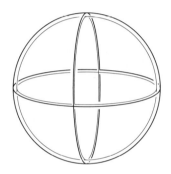

これは，球の表面を覆っている厚さが ΔR の**球殻**の体積である．球殻が「少し曲がっている」ことを忘れてしまうと，ΔV は体積の公式「底面積×高さ」を使って，おおよそ $\tilde{S}(R)\Delta R$ で与えられる[11]．したがって

$$\tilde{S}(R) \sim \frac{\Delta V}{\Delta R} = 4\pi R^2 - 4\pi R\Delta R + \frac{4\pi}{3}(\Delta R)^2 \tag{304}$$

と $\tilde{S}(R)$ の近似式が得られ，$\Delta R \to 0$ の極限で球の表面積の公式に到達する．

$$\tilde{S}(R) = \frac{dV(R)}{dR} = 4\pi R^2 \tag{305}$$

積分は微分の逆の操作だということを思い出そう．$V(R)$ を R で微分するのだから，式(295)や式(296)の「最初の積分」$\int_0^R dr$ を取り去り，$r = R$ で

---

11) もう少し精密には $\tilde{S}\left(R - \frac{\Delta R}{2}\right)\Delta R$ である．

$$\tilde{S}(R) = \int_0^\pi d\theta \int_0^{2\pi} d\phi \, R^2 \sin\theta = 4\pi R^2 \tag{306}$$

と2重積分で $\tilde{S}(R)$ を表すのが自然だろう[12].

> **不思議な関係：**
>
> 球がスッポリと入る円筒を用意しよう．円筒の側面の面積はいくらだろうか？ 円筒の周の長さは $2\pi R$ で高さは $2R$ だから，側面の面積は $4\pi R^2$ だ．どうして $\tilde{S}(R)$ と等しくなるの？ と不思議に思ったら，作図して考えてみよう．アルキメデスの墓には，この図が彫ってあったようだ．

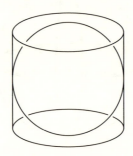

> **現代人の考え方：**
>
> ギリシア時代にどう考えたのか，それは「本当の宿題」にしておこう．球の面積を表す2重積分で変数変換 $z = R\cos\theta$ を考えれば，少し見通しが立つ．$dz = -R\sin\theta \, d\theta$ を使えば
>
> $$\begin{aligned} S(R) &= \int_0^{2\pi} d\phi \int_0^\pi R^2 \sin\theta \, d\theta \\ &= \int_0^{2\pi} d\phi \int_R^{-R} R^2 \sin\theta \frac{dz}{-R\sin\theta} \\ &= \int_0^{2\pi} R \, d\phi \int_{-R}^{R} R \, dz = (2\pi R)(2R) = 4\pi R^2 \end{aligned} \tag{307}$$

> と，図に描いた「半径 R で高さ $2R$ の円筒の側面面積」を表す2重積分に書き直せる．満足してもらえただろうか？

碁盤の目に戻る

「極座標に始まり極座標に終わる」では面白くないので，普通の座標(直交座標)に戻ってみよう．まずは，またまた円から考える．**碁盤の目**のように，x 軸方向には適当な間隔 Δx ごとに，y 軸方向にも同様に Δy ごとに線を描く．それぞれの**マス目**[13]は「原点から x 軸方向に i 番目，y 軸方向に j 番目」と数えることにしておこう．マス目一つの面積は $\Delta S = \Delta x \Delta y$ である．ここに半径が R の円を描く．

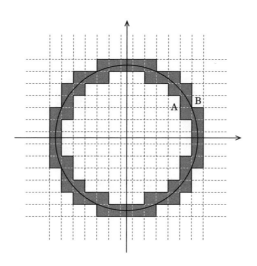

「円にひっかかったマス目」を灰色に塗り，それらの内側の**輪郭**を A，外側の輪郭をBとしよう．円の面積 S は

---

12) じれったく回り道したけれども，積分と微分が常に隣り合わせである事実は，何度学んでも損はない．
13) 「マス目を描く」から，目を抜かないように．

- 輪郭 A に囲まれた面積よりも大きく，輪郭 B に囲まれた面積よりも小さい．

この関係を「強引に」数式で書くと

$$\sum_i \sum_j f_{ij}^A \Delta x \Delta y < S < \sum_i \sum_j f_{ij}^B \Delta x \Delta y \tag{308}$$

となる．ただし f_{ij}^A と f_{ij}^B は次のように定義した．

- f_{ij}^A は輪郭 A の内側で 1，外側で 0
- f_{ij}^B は輪郭 B の内側で 1，外側で 0

また，式 (308) の総和の上限と下限は，マス目が円を**覆い尽くす**よう適当に定めておく．マス目の間隔 Δx や Δy を小さくしてゆく**極限**を考えると，式 (308) で与えた面積 S の上限と下限がジワジワと近づいてゆき，ついに両者は一致する．この極限は「積分への道筋」そのものだから——ちょっと前に式 (294) から式 (295) を導いたのと同じように——重積分がコロリと出てくる．

$$S = \int_{-L}^{L} dx \int_{-L}^{L} dy \, f(x,y) \tag{309}$$

ただし $f(x,y)$ は円の外側で 0，円の境界と内側で 1 となる関数で，積分の領域を与える L は円の半径 R 以上であれば「どんな値」でも良い．面倒だから $L = R$ と定めておこう．

ともかく，x と y についての重積分で円の面積 S を書き表せた．この重積分を計算するには「$f(x,y) = 1$ であるところだけを積分する」よう式変形するとよい．式変形とは言っても，被積分関数を変形するのではなく，

- $f(x,y) = 0$ である場所を，**積分する領域**から外してしまう

のだ．x をある値に固定して考えると，$f(x,y) = 1$ を満たす y の範囲は $-\sqrt{R^2 - x^2} \leq y \leq \sqrt{R^2 - x^2}$ で与えられる．したがって式 (309) は

$$S = \int_{-R}^{R} dx \int_{-\sqrt{R^2-x^2}}^{\sqrt{R^2-x^2}} dy \, 1 = \int_{-R}^{R} dx \, 2\sqrt{R^2 - x^2} = \pi R^2 \tag{310}$$

と計算を進められる．最後に行った x についての積分は，前章の計算結果を使った．

> **書き方其の3:**
> 積分を行う領域は，次のように不等式で表現されることもある．
> $$S = \int_{\sqrt{x^2+y^2} \leq R} dx\,dy = \pi R^2 \tag{311}$$
> 積分記号の数も「節約して」一つだけになっているのだ．要するに重積分は「式を見た人がわかれば良い」というノリで適当に書き表すのである．

　円が片付いたら，またまた球の体積へと進もう．半径 R の球の内側 $\sqrt{x^2+y^2+z^2} \leq R$ で $f(x,y,z) = 1$，外側で $f(x,y,z) = 0$ となる関数を考えれば，円の面積を与えた式(309)を，「そのまま」球の体積へと拡張できる．

$$V(R) = \int_{-R}^{R} dz \int_{-R}^{R} dy \int_{-R}^{R} dx\, f(x,y,z) \tag{312}$$

あるいは，式(311)のように書いてもよい．

$$V(R) = \int_{\sqrt{x^2+y^2+z^2} \leq R} dx\,dy\,dz \tag{313}$$

式(310)と同じように式変形を行って，$V(R)$ を与える3重積分を計算しよう．z をある値に固定して考えると，$f(x,y,z) = 1$ を満たす x と y の範囲は $\sqrt{x^2+y^2} \leq \sqrt{R^2-z^2}$ で与えられる．したがって，x と y についての2重積分を式(311)のように書けば，

$$\begin{aligned}
V(R) &= \int_{-R}^{R} dz \int_{\sqrt{x^2+y^2} \leq \sqrt{R^2-z^2}} dy\,dx \\
&= \int_{-R}^{R} dz\, \pi (\sqrt{R^2-z^2})^2 \\
&= \pi \left[R^2 z - \frac{z^3}{3} \right]_{-R}^{R} \\
&= 4\pi R^3 - \frac{2\pi}{3} R^3 \\
&= \frac{4\pi}{3} R^3
\end{aligned} \tag{314}$$

と球の体積を計算できて，計算結果は「もちろん」式(299)に一致する．

積分を使わない方法:
球の体積公式 $V(R) = \frac{4\pi}{3}R^3$ は紀元前から知られていた．歴史的に，どうやってこれを発見したかは別として，微分積分を習う前の高校生でも球の体積を求める（あるいは納得する）方法がある．球の体積は，半径 R で高さが $2R$ の円筒から，円錐を二つ取り除いたものに等しいのである．図をよく眺めて，そして式(314)と見比べて，よ〜く考えてみることをお勧めする．

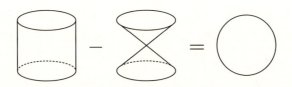

断面積を考えてみると?!:
それぞれの図形の高さが $z=-R$ から $z=R$ までの $2R$ だとしよう．図形を水平に切った時の**断面積**を考えてみる．まず，円筒は高さ z によらず断面は半径 R の円板型で，その面積は πR^2 だ．円錐を積んだものの断面は，半径 z の円板型で，その面積は πz^2 である．一方，同じ高さ z での球の断面は，半径が $\sqrt{R^2-z^2}$ の円盤形で，その面積は
$$\pi(\sqrt{R^2-z^2})^2 = \pi R^2 - \pi z^2 \tag{315}$$
で与えられる．結局，高さ z で「円筒の断面積 πR^2 から円錐の断面積 πz^2 を差し引くと，球の断面積 $\pi(R^2-z^2)$ に一致する」という関係になっているわけだ．昔の人はうまく考えたものだ．

5 王様のわがまま

　王様に命じられたとおり，家臣は**金の玉**を二つ作った．もとの立方体の一辺の長さを $2R$ とすると，その体積は $(2R)^3 = 8R^3$ である．削って作った球の体積は $\frac{4\pi}{3}R^3 = 4.18879\cdots R^3$ だから，実に微妙な差なのだけれど，削りくずを融かして作った**隠し球**の方がわずかに小さい[14]．王様は二つの○○タマを見て，満足した．漢字にも「王が求めるから球」とあるではないか，これにて一件落着——だったら家臣も安泰であったのだが…．金の玉をいたく気に入った王様は，傍らの木箱を持ち上げて

　「同じ大きさの金の玉をいっぱい作って，**詰められるだけ**この箱に詰め込め．」

と新たな命令を出した．これは大変だ，ギュウギュウに詰め込んだつもりでも，わずかな隙間に「もう一個」金の玉が入るかもしれない．もしそんな不手際があったら「玉に傷」では済まない，誰かの首が飛ぶだろう．慌てて家臣は国中の賢者を集めて議論させたが，誰もこの問題を解けなかった．

発展：4次元球の体積

目に見えないもの，日常生活では想像もつかないものを「扱えてしまう」のが数学の面白い所だ．4次元空間とはどんなものだろうか？ X 軸 Y 軸 Z 軸に，もう一つ座標軸を加えた空間だ，新しい座標軸を W 軸と書くことも多い[15]．一辺の長さが $L = 2R$ の **4次元立方体**の「4次元空間的な体積」が $(2R)^4 = 16R^4$ である——と言われれば，まあ首を縦に振るだろう．では，半径が R の球の体積は？ 球の内部は $x^2+y^2+z^2+w^2 \leq R^2$ で表されて，「W 軸方向の高さ」が w であるときには

---

[14] 半径の差を考えてみると，この微妙さがよくわかる．
[15] 「男の座標軸」とか「女の座標軸」という言葉も巷では使われているらしい．

金の球を立方体から削り出す

$$R^2 - w^2 \leq x^2 + y^2 + z^2 \tag{316}$$

が成立する．この条件は半径が $\sqrt{R^2 - w^2}$ の「3次元球」を表している．したがって(?!)3次元球の体積 $\frac{4}{3}\pi(R^2-w^2)^{3/2}$ に W 軸方向の微小な高さ Δw をかけて和を取ったものが，4次元球の体積 V_4 となる．

$$V_4 = \int_{-R}^{R} \frac{4}{3}\pi(R^2-w^2)^{3/2} dw = \int_0^\pi \frac{4}{3}\pi R^4 \sin^4\theta \, d\theta \tag{317}$$

ただし $w = -R\cos\theta$ と置いた．半角公式を代入すると

$$V_4 = \int_0^\pi \frac{4}{3}\pi R^4 \left[\frac{1-\cos 2\theta}{2}\right]^2 d\theta$$
$$= \frac{4}{3}\pi R^4 \int_0^\pi \frac{1 - 2\cos 2\theta + \cos^2 2\theta}{4} d\theta$$

ここで $\int_0^\pi \cos 2\theta \, d\theta = 0$ や $\int_0^\pi \cos 4\theta \, d\theta = 0$ に注意すると

$$V_4 = \frac{4}{3}\pi R^4 \int_0^\pi \left[\frac{1}{4} + \frac{\cos^2 2\theta}{4}\right] d\theta$$
$$= \frac{4}{3}\pi R^4 \int_0^\pi \left[\frac{1}{4} + \frac{1+\cos 4\theta}{8}\right] d\theta$$
$$= \frac{4}{3}\pi R^4 \frac{3}{8}\pi = \frac{\pi^2}{2}R^4 \tag{318}$$

という結果になる．$\frac{\pi^2}{2} = 2.4674\cdots$ なので，最初に求めた4次元立方体の体積 $8R^4$ と比べると「随分と小さい」ことがわかるだろう．次元が高くなるほど，削りくずの割合がどんどん増えて行くのだ．

8章 我臼山(がうすやま)ブラブラ歩いて偏微分

　たまには(?!)自習しようと思い立って大学の図書館へ行ってみたものの、ブラブラと書架を歩いては『資本論』とか『アンナカレーニナ』など、見聞きしたような本の背表紙を眺めるばかり。そのとき、一冊の本に目が止まった。なになに、『我臼山小史』だって?!

　我々の村の近くにポツンと山があり、なぜか頂上に石臼(いしうす)が置いてあった。我々は愛着をこめて、この山を「我臼山(がうすやま)」と呼んだ。我々の村長さんは「碁盤の目」のような道路を、この山に通した。この道路は、どこもかしこも傾いていた[1]。道路を作りすぎて我々の村も傾いた。やがて我々は村を捨てた。

——我臼山(がうすやま)小史より

　…なんだか良くわからないけれども、偏微分の説明が書いてあるらしい…。

① 山はアチコチから眺めよ

　日本は雨がよく降るので、里山(さとやま)は頂上付近が丸い。そんな形をした関数の一例として

$$f(x) = e^{-\frac{x^2}{2}} \tag{319}$$

を考えてみよう。この関数を一般化したものは、数学の授業で必ず一度は習う「定番メニュー」だ。

---

[1] 山のような傾斜地で交差点を作るのは難しいことなのだ。

> **ガウス関数:**
> 定数 c, μ, σ を含む次の関数をガウス関数と呼ぶ.
> $$f(x) = ce^{-\frac{(x-\mu)^2}{2\sigma^2}} \tag{320}$$
> この関数は統計・確率で**正規分布**などを表すときによく使われ, μ は**平均**, σ^2 は**分散**, $\sigma > 0$ は**標準偏差**と呼ばれる.

式(319)は, 式(320)で $c = 1$, $\mu = 0$, $\sigma = 1$ と置いた場合なのだ. そのグラフを眺めてみよう.

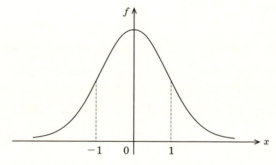

$x = 0$ に「山の頂上」があり, ここから左右どちらに進んでも下り坂となる. **道の傾き**を表す導関数 $f'(x) = -xe^{-\frac{x^2}{2}}$ もたしかに $x = 0$ で符号を変える. さて, **傾きの変化**を求めるために, もう一度微分しよう.

$$f''(x) = -e^{-\frac{x^2}{2}} + x^2 e^{-\frac{x^2}{2}} = (x^2 - 1)e^{-\frac{x^2}{2}} \tag{321}$$

> **上に凸と下に凸:**
> グラフの上をトボトボ, 左から右へと歩いて行くと, $-1 < x < 1$ の領域では $f''(x) < 0$ なので, グラフの傾き $f'(x)$ が x の増加とともに減少する. その領域では, グラフは上に向かって丸くなっていて, **上に凸**である. その外側の裾野 $|x| > 1$ では $f''(x) > 0$ で, グラフは**下に凸**となる.

…ちょっと補足すると，下に凸のことを上に凹と表現することもある[2]．ちょうど $f''(x)=0$ となる $x=\pm 1$ は，グラフの曲がり具合が変わる**変曲点**だ．

さて，左側の彼方 $x=-\infty$ から右側の彼方 $x=\infty$ までの区間 $(-\infty,\infty)$ で定義された定積分を考えてみよう．

$$I = \int_{-\infty}^{\infty} e^{-\frac{x^2}{2}} dx \tag{322}$$

定積分の意味は**グラフの下の面積**だった[3]．計算を進めるために $f(x) = e^{-\frac{x^2}{2}}$ の**原始関数** $F(x)$ を求めようとすると…誰もが沈没する．微分すると $e^{-\frac{x^2}{2}}$ になる関数は，そう簡単には見当たらないのだ．したがって $I = F(\infty) - F(-\infty)$ を頼りにする「戦略」は残念ながら通用しない．

そこで方針を少し変更しよう．I ではなくて I^2 を考えてみるのだ．式(322)を二つ並べればよい．

$$I^2 = \left[\int_{-\infty}^{\infty} e^{-\frac{x^2}{2}} dx\right]\left[\int_{-\infty}^{\infty} e^{-\frac{y^2}{2}} dy\right] = \int_{-\infty}^{\infty} dx \int_{-\infty}^{\infty} dy\, e^{-\frac{x^2+y^2}{2}} \tag{323}$$

二つの独立な積分を，ちょっと強引に重積分の形に書き換えたので，被積分関数は

$$g(x,y) = e^{-\frac{x^2}{2}} e^{-\frac{y^2}{2}} = e^{-\frac{x^2+y^2}{2}} \tag{324}$$

と**変数分離**できる形になっている．このように，「指数の肩」に乗っているのが x^2+y^2 であることが重要だ．xy-平面が "見えて" 来ただろうか．原点からの距離を表す $r = \sqrt{x^2+y^2}$ を使うと，$g(x,y)$ を「r だけの関数 $h(r)$」として表せる．

$$g(x,y) = e^{-\frac{x^2+y^2}{2}} = e^{-\frac{r^2}{2}} = h(r) \tag{325}$$

したがって関数 $g(x,y)$ のグラフを描くと，次ページの図のように，xy-平面の原点に立てた垂線に対して**軸対称**な山形になっている．つまり，その軸まわりに山を回転しても，山の形はまったく変わらないのだ．また，頂上を通る垂直な平面で山を「スパッと二つに切る」と断面は関数 $h(r)$ で与えられ，その形は式(319)を表すグラフ(左図)と同じになる．

式(323)の意味を重積分の定義に沿って考えよう．式(322)のような1変数の積分は「グラフの下の面積」であった．同じように，式(323)は「グラフの下の

---

[2] 「単純な漢字を組み合わせると，新しい漢字が生まれます」と外国人に説明すると，「じゃあ凸と凹を組み合わせると何なんだ？」と必ず質問される．

[3] このように，区間に無限の彼方を含む場合や，区間の端で被積分関数が発散するような場合の定積分は**広義積分**と呼ばれる．細かく話し始めると長くなるので，詳細は他書に任せ(て逃げ)る．

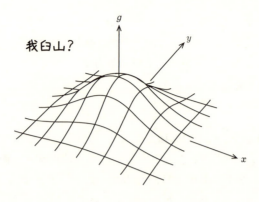

我臼山?

体積」を求めていることになる.

> **グラフの下の体積:**
> xy-平面を幅 Δx および Δy の「ます目」に細かく切り分けると,「ひとます」の面積(= 面積要素)は $\Delta x \Delta y$ だ.これに「グラフの高さ」$f(x,y)$ をかけ合わせた $f(x,y)\Delta x \Delta y$ を積分区間 ($-\infty < x < \infty$, $-\infty < y < \infty$) の中で合計する.こうして求める**総和**に対して,$\Delta x \to 0$, $\Delta y \to 0$ の**極限を取ったもの**が式 (323) の重積分だ.簡潔に
>
> - 式 (323) の重積分は関数 $g(x,y)$ のグラフと xy-平面に囲まれた部分の体積を表している.
>
> と言い換えた方が,わかり易いだろう.

　図に描いた「山」は軸対称なので,**極座標**を使って体積を計算することができる.前章で学んだとおり,xy-平面に幅 Δr の間隔で同心円を描くのだ.中心から 0 番目,1 番目と数えて n 番目の「リング状の領域 $n\Delta r \leqq r < (n+1)\Delta r$」は,平均的な半径が $r_n = \left(n+\dfrac{1}{2}\right)\Delta r$ で,その面積は $\Delta S = 2\pi r_n \Delta r$ となる.これに「リングの付近」の山の高さ $h(r_n)$ をかけて和を取れば,次のように**山の体積**の近似が得られる.

$$I^2 \sim \sum_{n=0}^{\infty} h(r_n) 2\pi r_n \Delta r \tag{326}$$

えっ？ 地球は丸いから，r_n は無限に大きくはなれないって？ そういう「細かいこと」は忘れてしまって，地面はどこまでも続く水平面だと考えるのだ！ $\Delta r \to 0$ の極限を取って定積分にしよう．

$$I^2 = \int_0^\infty e^{-\frac{r^2}{2}} 2\pi r \, dr = \left[-2\pi e^{-\frac{r^2}{2}} \right]_0^\infty = 2\pi \tag{327}$$

今度は原始関数 $F(r) = -2\pi e^{-\frac{r^2}{2}}$ が簡単にみつかり，なんとか $I = \sqrt{2\pi}$ が得られた[4]．オマケをもう一つ．

> **ガウス積分：**
>
> 式(322)に「よく似た」定積分
>
> $$\int_{-\infty}^{\infty} e^{-y^2} dy = \sqrt{\pi} \tag{328}$$
>
> は**ガウス積分**と呼ばれる．左辺に $y = \dfrac{x}{\sqrt{2}}$ を代入して，式(327)の結果を使えば右辺が得られることを，確かめるのは簡単だネ?!

② 碁盤の目のごとき山道の傾きは？

地図上で x 軸に平行な山道と，地図上で y 軸に平行な山道が，地図上の点 (x, y) で交わっているとしよう[5]．「地図上で」と何度も断った理由は，山肌が曲面なので(3次元的に眺めると)山道も曲がっているからだ．ともかく，山の真上から眺めた図を次ページに示す．

さて，薄い色の直線で描いた山道の交点で，**道の傾き**を考えよう．傾きといえば微分の登場だ．交点 (x, y) から x 方向に Δx だけ進むことを考えると，道

---

[4] こうして，式(322)の定積分は求まったのだけど，相変わらず被積分関数の原始関数は正体不明のままだ．何だか不思議な感覚ではないだろうか？

[5] **位置ベクトル**を使って点の位置を表す場合に，ベクトルの成分は縦に並べて $\begin{pmatrix} x \\ y \end{pmatrix}$ と書く．この書き方をすると「ページの余白」が増えるので，ここでは横に並べて (x, y) と書いた．

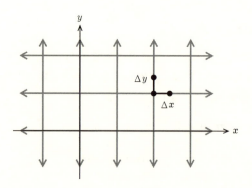

の傾きを表す $\tan\theta$ は

$$\tan\theta \sim \frac{g(x+\Delta x, y) - g(x,y)}{\Delta x} \tag{329}$$

で与えられる．分子が「xだけを変化させた場合の，高さgの変化」であることに注意しよう．同じように，y方向へΔyだけ進む場合の傾きも考えられる．

$$\tan\theta' \sim \frac{g(x, y+\Delta y) - g(x,y)}{\Delta y} \tag{330}$$

こちらは「yだけを変化させた場合のgの変化」だ．この$\tan\theta'$は，先に考えた$\tan\theta$とは「独立な傾き」であることに注意しよう．式(329)で$\Delta x \to 0$の極限を取ったものや，式(330)で$\Delta y \to 0$の極限を取った微分を**偏微分**と呼ぶ．

偏微分：

$$\begin{aligned}\frac{\partial g(x,y)}{\partial x} &= \lim_{\Delta x \to 0} \frac{g(x+\Delta x, y) - g(x,y)}{\Delta x} \\ \frac{\partial g(x,y)}{\partial y} &= \lim_{\Delta y \to 0} \frac{g(x, y+\Delta y) - g(x,y)}{\Delta y}\end{aligned} \tag{331}$$

関数$g(x,y)$は二つの変数xとyを持つので，微分を考えるにしても二通りあるわけだ．これらの偏微分を書き表す際には「どちらの変数で微分するのか」を式の上で明示する．大昔は記号$\frac{d}{dx}$や$\frac{d}{dy}$で偏微分も表していたのだけど，いろいろと困ったこと(?!)が起きるので，現在では「偏微分は偏微分記号∂で書き表す」約束になっている[6]．

> **読み方:**
> 記号 ∂ は，よーく見ると文字 d を「崩し書き」したものだと気づく．「らうんどでぃー」とか「でる」と読むことが多い．ほかにも実にイロイロな読み方が受け継がれているので，調べてみると面白いだろう．

練習問題のつもりで，関数 $g(x,y) = e^{-\frac{x^2+y^2}{2}}$ を偏微分してみよう．

$$\frac{\partial}{\partial x} e^{-\frac{x^2+y^2}{2}} = -x e^{-\frac{x^2+y^2}{2}} = g_x(x,y)$$
$$\frac{\partial}{\partial y} e^{-\frac{x^2+y^2}{2}} = -y e^{-\frac{x^2+y^2}{2}} = g_y(x,y) \tag{332}$$

要するに $\frac{\partial}{\partial x}$ を $g(x,y)$ に作用させるときには y を定数と考え，$\frac{\partial}{\partial y}$ を作用させるときには x を定数と考えるわけだ．偏微分は，実に簡単なものだ．

> **偏導関数:**
> 偏微分の結果として得られる導関数を**偏導関数**（へんどうかんすう）と呼ぶ．これを単に $g'(x,y)$ と書き表すと，どの変数で偏微分したのか区別がつかなくなる．式 (332) に示したように，偏微分を行う変数を g_x や g_y のように小さく添えることが多い．

偏微分も，普通の微分のように繰り返し行うことができる．例えば2階の偏微分は次のとおりだ．

---

6) 偏微分記号 ∂ を二つ並べると，こちらを見つめる可愛い女の子 $\partial\partial$ が浮かんで来ないかな？

$$\frac{\partial}{\partial x}\frac{\partial}{\partial x}g(x,y) = \frac{\partial^2}{\partial x^2}g(x,y) = g_{xx}(x,y)$$

$$\frac{\partial}{\partial x}\frac{\partial}{\partial y}g(x,y) = \frac{\partial^2}{\partial x\partial y}g(x,y) = g_{xy}(x,y)$$

$$\frac{\partial}{\partial y}\frac{\partial}{\partial x}g(x,y) = \frac{\partial^2}{\partial y\partial x}g(x,y) = g_{yx}(x,y)$$

$$\frac{\partial}{\partial y}\frac{\partial}{\partial y}g(x,y) = \frac{\partial^2}{\partial y^2}g(x,y) = g_{yy}(x,y)$$

(333)

これら4つのうち，$g_{xy}(x,y)$ と $g_{yx}(x,y)$ は，「よほどヘンテコなことが起きない限りは」値が一致する[7]．

偏微分の順番：

「ふつうは」偏微分の順番を入れ換えてもよい．

$$\frac{\partial^2}{\partial x\partial y}g(x,y) = \frac{\partial^2}{\partial y\partial x}g(x,y) \tag{334}$$

「山の形」の関数で確認してみると，たしかに順番を入れ換えても計算結果は変わらない．

$$\frac{\partial}{\partial x}\left[\frac{\partial}{\partial y}e^{-\frac{x^2+y^2}{2}}\right] = \frac{\partial}{\partial x}\left[-ye^{-\frac{x^2+y^2}{2}}\right] = xye^{-\frac{x^2+y^2}{2}}$$

$$= \frac{\partial}{\partial y}\left[-xe^{-\frac{x^2+y^2}{2}}\right] = \frac{\partial}{\partial y}\left[\frac{\partial}{\partial x}e^{-\frac{x^2+y^2}{2}}\right] \tag{335}$$

迷言を信じてはいけない

質問

クラブの先輩が言ってました，「2変数関数 $f(x,y)$ を x で偏微分して，その後 y で偏微分すると，結果は偏導関数 $f_x = \frac{\partial f}{\partial x}$ と $f_y = \frac{\partial f}{\partial y}$ の積だ．」とか．ホントですか？

回答

エエカゲンなことを信じたらアカン！ たとえば $f(x,y) = xy$

で調べてみよ！ $f_x(x,y) = \dfrac{\partial}{\partial x} xy = y$ および $f_y(x,y) = \dfrac{\partial}{\partial y} xy = x$ が成立するから，$f_x f_y = xy$ は $f_{xy} = f_{yx} = \dfrac{\partial}{\partial y}\dfrac{\partial}{\partial x} xy = 1$ とは全然違うではないか．数学を習うときには「自分で納得したことだけ」を信じよう．

3 道を外れて歩む

　座標の原点 $(0,0)$ と現在位置 (x,y) を結ぶ直線を描こう．この直線に沿って「ガウス関数の山」を降りると，碁盤の目のような「村の道」を外れて，道なき道を歩むことになる．降りるのは原点からの「地図上の距離」$r = \sqrt{x^2+y^2}$ を増やす方向だ．この場合の「道なき道の傾き」は，どう求めたらよいのだろうか？

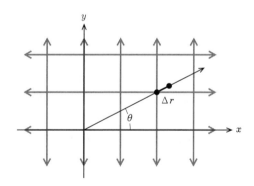

　原点からの距離 r が Δr だけ増える移動は，r と角度 θ を使って以下のように考えてゆくことができる．もとの位置が $(x,y) = (r\cos\theta, r\sin\theta)$ で，この点と原点を結ぶ線上を Δr だけ移動した先は $((r+\Delta r)\cos\theta, (r+\Delta r)\sin\theta)$ だから，移動に伴う x の変化は $\Delta x = \Delta r \cos\theta$，$y$ の変化は $\Delta y = \Delta r \sin\theta$ で表される．この関係をよく眺めると，偏微分が浮かび上がってくる．

---

7) 月夜ばかりではないのが数学の世界，とうぜん「普通ではない」場合――例えば**特異点**の周辺――もある．そういう不思議さを足がかりにして，数学が発展したことも事実だ．

極座標と偏微分(1):
x と y を「r と θ を変数に持つ関数」$x(r,\theta)$ や $y(r,\theta)$ と考えるのが極座標であった．さて，この x と y を r で偏微分しよう．

$$\frac{\partial x(r,\theta)}{\partial r} = \cos\theta, \qquad \frac{\partial y(r,\theta)}{\partial r} = \sin\theta \tag{336}$$

この結果を使えば，Δx や Δy は偏導関数を使って表せる．

$$\Delta x = \frac{\partial x(r,\theta)}{\partial r} \Delta r = \Delta r \cos\theta$$
$$\Delta y = \frac{\partial y(r,\theta)}{\partial r} \Delta r = \Delta r \sin\theta \tag{337}$$

次に，2変数関数について $g(x,y)$ から $g(x+\Delta x, y+\Delta y)$ への変化を，考えよう．まずは x だけ，あるいは y だけを変化させた場合を考えると

$$g(x+\Delta x, y) = g(x,y) + \frac{\partial g(x,y)}{\partial x} \Delta x + \cdots$$
$$g(x, y+\Delta y) = g(x,y) + \frac{\partial g(x,y)}{\partial y} \Delta y + \cdots \tag{338}$$

と，変数 x あるいは変数 y についてのテイラー展開が使えるはずだ．"…" で表した部分は $(\Delta x)^2$ や $(\Delta y)^3$ など高い次数の項で，Δx や Δy が充分に小さければ無視してもかまわない．x と y の両方が変化する場合には，それぞれの「変化の影響」を足し合わせれば良いだろう．つまり，まず x 方向に Δx だけ進んだ後で，y 方向に Δy 進んだ場合の「関数の値の変化」を考えれば，式 (338) の右辺の変化分を単純に足し合わせることが「最低限度の近似(?!)」となる[8]．次の式が成立するだろう．

2変数のテイラー展開:
$$g(x+\Delta x, y+\Delta y) = g(x,y) + \frac{\partial g(x,y)}{\partial x}\Delta x + \frac{\partial g(x,y)}{\partial y}\Delta y + \cdots \tag{339}$$

注意

細かいことを言うならば，式(339)の右辺の "…" は，式(338)の右辺の "…" を足し合わせたものから，わずかに違っている．（例えば $\Delta x \Delta y$ を含む項などがある．）いまは，Δx や Δy が充分に小さいと仮定しているので，この違いは「無視できるほど小さい」と考えておく．

式(339)で右辺の $g(x,y)$ を左辺に移項した後で，式(337)を代入しよう．

$$g(x+\Delta x, y+\Delta y) - g(x,y)$$
$$= \frac{\partial g(x,y)}{\partial x}\frac{\partial x(r,\theta)}{\partial r}\Delta r + \frac{\partial g(x,y)}{\partial y}\frac{\partial y(r,\theta)}{\partial r}\Delta r + \cdots \quad (340)$$

左辺は θ 方向に Δr だけ移動した際の「関数 g の変化 Δg」だ．両辺を Δr で割って $\Delta r \to 0$ の極限を取ると，「r に対する g の偏微分」を表す式が得られる．

合成関数の偏微分：

$$\frac{\partial g(x(r,\theta), y(r,\theta))}{\partial r} = \frac{\partial g}{\partial x}\frac{\partial x}{\partial r} + \frac{\partial g}{\partial y}\frac{\partial y}{\partial r} \quad (341)$$

左辺では g を「x と y」の関数と考え，「x と y」を「r と θ」の関数と考えているので，g の「r と θ」との関係は**合成関数**だ．一方で，右辺の意味は式(340)の右辺を Δr で割ったものだと理解すると良いだろう．

準備が整ったので，「ガウス関数型の山」について道なき道の傾きを求めてみよう．$g(x,y) = e^{-\frac{x^2+y^2}{2}}$ を式(341)の右辺に代入して，$x = r\cos\theta$, $y = r\sin\theta$ と式(336)を使うと

$$\frac{\partial g}{\partial r} = -xe^{-\frac{x^2+y^2}{2}}\cos\theta - ye^{-\frac{x^2+y^2}{2}}\sin\theta = -\frac{x^2+y^2}{r}e^{-\frac{x^2+y^2}{2}} = -re^{-\frac{r^2}{2}}$$
$$(342)$$

を得る．これは，式(325)で求めておいた $h(r) = e^{-\frac{r^2}{2}}$ の微分

---

[8] ホントはもう少し丁寧に示すべきなのだけど，詳しい説明にはもう1ページ必要となる．

$$\frac{dh(r)}{dr} = \frac{d}{dr}e^{-\frac{r^2}{2}} = -re^{-\frac{r^2}{2}} \tag{343}$$

に，たしかに一致している[9]．いま求めた傾きは，直感的に「山の傾き」として誰もが頭に思い浮かべる「いちばん急な方向」に向かって測った傾きだ．式(332)で，「道に沿って求めた」傾きは，式(342)の傾きと等しいか，あるいはそれよりも**緩やか**である．

接ベクトル空間?!：

式(342)で，角度 θ 方向へと山を下る傾きを求めたとき，途中の計算式をチョイと整理すると，式の解釈を「少し難解な方向」（←数学科の学部レベル）へと進めることができる．$a = \cos\theta$, $b = \sin\theta$ と置いて

$$\left[\cos\theta\frac{\partial}{\partial x} + \sin\theta\frac{\partial}{\partial y}\right]g(x,y) = \left[a\frac{\partial}{\partial x} + b\frac{\partial}{\partial y}\right]g(x,y) \tag{344}$$

と書いてみよう．カッコの中は，ちょっと大げさに(?!)言えば $\frac{\partial}{\partial x}$ と $\frac{\partial}{\partial y}$ の線形結合になっている．線形代数で言うところの**結合定数**が a と b だから，$\frac{\partial}{\partial x}$ と $\frac{\partial}{\partial y}$ には「ベクトル空間の基底」という意味を持たせられるわけだ．こう思えば $a\frac{\partial}{\partial x} + b\frac{\partial}{\partial y}$ にも「ベクトル」という解釈を持ち込むことができる．これは，「**微分幾何学**」で**接ベクトル**と呼ばれるものだ．後で出て来る式(348)も，同様に接ベクトルを使って書き直せる．こんな物を定義しておいて何の役に立つの？と疑問に思って当然だろう．まあ，頭の片隅に覚えておいて，必要な時に引っ張り出して使おう．

4 山をぐるりと巡る旅

今度は山の斜面に立って，登りも降りもしない方向に歩いてみよう．r が一定で，θ が $\theta + \Delta\theta$ へと変化する方向へ進むのだ．

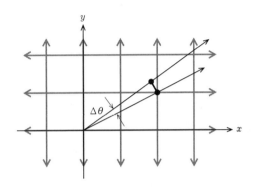

この場合の Δx と Δy を，まず求めておく．

> **極座標と偏微分(2):**
> x と y を θ で偏微分すると次のようになる．
> $$\frac{\partial x(r,\theta)}{\partial \theta} = -r\sin\theta, \qquad \frac{\partial y(r,\theta)}{\partial \theta} = r\cos\theta \tag{345}$$
> これを使って，式(337)のように Δx と Δy を表そう．
> $$\begin{aligned}\Delta x &= \frac{\partial x(r,\theta)}{\partial \theta}\Delta\theta = -r\sin\theta\,\Delta\theta \\ \Delta y &= \frac{\partial y(r,\theta)}{\partial \theta}\Delta\theta = r\cos\theta\,\Delta\theta\end{aligned} \tag{346}$$
> この移動は，式(337)とは直角の方向である．

---

9) この辺りが「偏微分のつまづきどころ」の一つで，2変数関数の $g(x,y)$ と，1変数関数の $h(r)$ が頭の中でぐちゃぐちゃになって，困惑してしまう人が後を絶たない．

式(341)を考えたときと同じように，式(346)を式(339)-(340)に代入してみよう．すると，関数 $g(x,y)$ の θ についての「合成関数の偏微分公式」が得られる．

$$\frac{\partial g}{\partial \theta} = \frac{\partial g}{\partial x}\frac{\partial x}{\partial \theta} + \frac{\partial g}{\partial y}\frac{\partial y}{\partial \theta} \tag{347}$$

式(341)と同じように，右辺は二つの項の和になる．式(341)と式(347)は，二つセットで覚えておこう．

準備が整ったので「山の形」を右辺に代入して，「山を巡る方向」への傾きを計算してみよう．

$$\left[-xe^{-\frac{x^2+y^2}{2}}\right](-r\sin\theta) + \left[-ye^{-\frac{x^2+y^2}{2}}\right](r\cos\theta)$$
$$= (xy - yx)e^{-\frac{x^2+y^2}{2}} = 0 \tag{348}$$

あら，θ 方向の微係数はゼロになっちゃった．頂上の周りをグルグルと θ 方向に回っても「山の高さ」は変わらないのが当たり前だから，この結果はたしかに正しい．

⑤ やこび庵が出たーみなんと?!

理由はともかく[10]，式(337)で求めた「r 方向への移動」と，式(346)で求めた「θ 方向への移動」を重ねて図に示しておこう．図に描いた4辺形の**直交する2辺**が，これらの移動に対応している．Δr や $\Delta\theta$ が充分に小さければ，この4辺形を「長方形に近似して」面積 $\Delta S'$ を求めても大きな誤差は生じない．

$$\Delta S = (\Delta r)(r\Delta\theta) = r\Delta r\Delta\theta \tag{349}$$

これを「面積要素」と呼ぼう．図を見て「極座標の**面積要素** ΔS」を求めたのだけど，実は図を見なくても ΔS を求めるウマイ方法がある．**ヤコビの行列式**（の絶対値）を使って計算するのだ．

$$\Delta S = \left|\frac{\partial(x,y)}{\partial(r,\theta)}\right|\Delta r\Delta\theta \tag{350}$$

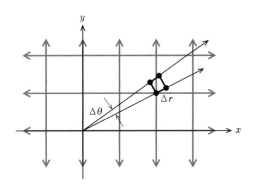

ヤコビアン：

ヤコビの行列式は「ヤコビアン」の名称で親しまれて(?!)いる．次の式は，左からヤコビアンを書き記すための数学記号，真ん中がヤコビアンの定義，右が行列式の計算を「開いた」ものだ．

$$\left|\frac{\partial(x,y)}{\partial(r,\theta)}\right| = \begin{vmatrix} \frac{\partial x}{\partial r} & \frac{\partial x}{\partial \theta} \\ \frac{\partial y}{\partial r} & \frac{\partial y}{\partial \theta} \end{vmatrix} = \frac{\partial x}{\partial r}\frac{\partial y}{\partial \theta} - \frac{\partial x}{\partial \theta}\frac{\partial y}{\partial r} \tag{351}$$

なぜヤコビアンが出て来るのか説明は後回しにして，まず式(351)の右辺を実際に計算してみると

$$\cos\theta(r\cos\theta) - (-r\sin\theta)\sin\theta = r \tag{352}$$

となって，式(350)に代入すると式(349)とたしかに一致している．なぜ唐突にヤコビアンなのだろうか？と不思議に思ったら，**微分幾何学**の本を開こう[11]．（いや，少しくらいは直後に解説する．）　実は式(323)の積分もヤコビアンを使って

$$\int_{-\infty}^{\infty} dx \int_{-\infty}^{\infty} dy\, e^{-\frac{x^2+y^2}{2}} = \int_0^{\infty} dr \int_0^{2\pi} d\theta\, e^{-\frac{r^2}{2}} \left|\frac{\partial(x,y)}{\partial(r,\theta)}\right|$$

---

10) と書いてあるときには，たいてい大切な理由がある．
11) 正直言って，ヤコビアンを説明し始めるとこの本の1章分を使い果たしてしまう．そういうわけで，ヤコビアンは紹介するだけにとどめた．一般相対性理論やブラックホールに興味がある人は，先に微分幾何学(= なまめかしい数学)を学んでおくと便利だと思う．

$$= \int_0^\infty dr \int_0^{2\pi} d\theta \, re^{-\frac{r^2}{2}} = \int_0^\infty 2\pi r e^{-\frac{r^2}{2}} dr \tag{353}$$

と**積分変数の変換**を行えば，機械的に（つまり何も頭を使わずに）導出できたのだ．

●例解演習：ヤコビアンの導出

問題

平面上の座標 x と y が，二つの変数 s と t によって

$$x = x(s,t), \qquad y = y(s,t) \tag{354}$$

と表される場合を考える．2重積分の変数を x と y から s と t に変数する際にヤコビアンが登場する理由を説明しなさい．

解答例

2変数関数 $g(x,y)$ に対して，$a \leq x \leq b$ および $c \leq y \leq d$ の範囲での2重積分

$$I = \int_a^b dx \int_c^d dy \, g(x,y) dx dy \tag{355}$$

を考えるときには，まず空間を「網目に区切って」取り扱うのであった．網目はそれぞれ長方形（または正方形）で，ある一つの長方形の「左下の頂点の位置」を $(\bar{x}, \bar{y})$ と表せば他の頂点は $(\bar{x}+\Delta x, \bar{y})$，$(\bar{x}+\Delta x, \bar{y}+\Delta y)$，$(\bar{x}, \bar{y}+\Delta y)$ で与えられる．長方形の面積は $\Delta x \Delta y$ であり，これに $g(\bar{x}, \bar{y})$ をかけ合わせた $g(\bar{x}, \bar{y})\Delta x \Delta y$ を合計したものが，2重積分（の良い近似）であったことを，まず思い出そう．

さて，位置 $(x,y) = (\bar{x}, \bar{y})$ に対応する s と t を，それぞれ $\bar{s}, \bar{t}$ と書こう．つまり $(\bar{x}, \bar{y}) = (x(\bar{s}, \bar{t}), y(\bar{s}, \bar{t}))$ となる $\bar{s}$ と $\bar{t}$ を考える．ここから s だけを Δs だけ増やすと，x も y も少し変化する．

$$(x(\bar{s}+\Delta s, \bar{t}), y(\bar{s}+\Delta s, \bar{t})) \sim \left(x(\bar{s}, \bar{t}) + \frac{\partial x}{\partial s}\Delta s, y(\bar{s}, \bar{t}) + \frac{\partial y}{\partial s}\Delta s \right) \tag{356}$$

式中に現れる偏導関数は，$(\bar{x}, \bar{y})$ での値を使う．同じように，t だけを Δt だけ増やした場合も考えておこう．

$$(x(\bar{s}, \bar{t}+\Delta t), y(\bar{s}, \bar{t}+\Delta t)) \sim \left(x(\bar{s},\bar{t}) + \frac{\partial x}{\partial t}\Delta t, y(\bar{s},\bar{t}) + \frac{\partial y}{\partial t}\Delta t\right) \tag{357}$$

両方とも増えると？

$$(x(\bar{s}+\Delta s, \bar{t}+\Delta t), y(\bar{s}+\Delta s, \bar{t}+\Delta t))$$
$$\sim \left(x(\bar{s},\bar{t}) + \frac{\partial x}{\partial s}\Delta s + \frac{\partial x}{\partial t}\Delta t, y(\bar{s},\bar{t}) + \frac{\partial x}{\partial s}\Delta s + \frac{\partial y}{\partial t}\Delta t\right) \tag{358}$$

これらの4点を図に書き表すと，平行四辺形になる．（極座標を使った変数変換では，四隅の角度が直角になっていたわけだ．）この平行四辺形は細長く伸びていたり，「一直線に潰れて」いることもあり得るのだけれども，まあ細かいことは抜きにしよう．

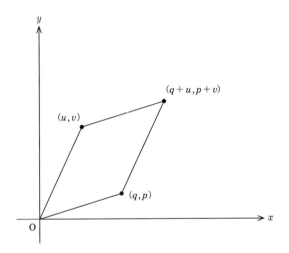

ここで「平行四辺形の面積」について復習しよう．図のように4点 $(0,0), (q,p), (q+u, p+v), (u,v)$ に囲まれている平行四辺形の面積 S を「小学生のように」三角形や長方形の面積の足し引きを行って求めると，こんな計算になる．

$$\begin{aligned} S &= (q+u)(p+v) - 2up - pq - uv \\ &= qv - up = \begin{vmatrix} q & u \\ p & v \end{vmatrix} \end{aligned} \tag{359}$$

最後の等号は**行列式の定義**を表している．ちょっと補足すると，変数

p, q, u, v の大小関係によっては，$qv-up$ が負になることもある．それは「図の 2 辺が入れ替わっている場合」で，このような場合には $S = up - qv$ と面積を勘定する必要がある．話がややこしくなるので，章末まで以下ずーっと，行列式が正である場合だけを考えることにしよう．

変数変換に話を戻すと，「s と t の微小変化」によって描かれる平行四辺形の面積は $(q, p) = \left(\frac{\partial x}{\partial s}\Delta s, \frac{\partial y}{\partial s}\Delta s\right)$ と $(u, v) = \left(\frac{\partial x}{\partial t}\Delta t, \frac{\partial y}{\partial t}\Delta t\right)$ を使って

$$\Delta S = \begin{vmatrix} \frac{\partial x}{\partial s}\Delta s & \frac{\partial x}{\partial t}\Delta t \\ \frac{\partial y}{\partial s}\Delta s & \frac{\partial y}{\partial t}\Delta t \end{vmatrix} = \begin{vmatrix} \frac{\partial x}{\partial s} & \frac{\partial x}{\partial t} \\ \frac{\partial y}{\partial s} & \frac{\partial y}{\partial t} \end{vmatrix} \Delta s \Delta t$$

$$= \left|\frac{\partial(x, y)}{\partial(s, t)}\right| \Delta s \Delta t \qquad (360)$$

と表されることになる．見事に**ヤコビアン**が出て来た．そして，この面積 ΔS にグラフの高さ $g(x(\bar{s}, \bar{t}), y(\bar{s}, \bar{t}))$ をかけ合わせたものが，もともとの 2 重積分で勘定するべき「グラフの下の体積」である．

ひとまず，2 重積分の変数変換をまとめておこう．

$$\int_a^b dx \int_c^d dy\, g(x, y) dx dy = \int_D g(x(s, t), y(s, t)) \left|\frac{\partial(x, y)}{\partial(s, t)}\right| ds dt \qquad (361)$$

右辺で $\int_D ds dt$ と書いてあるのは，$a \leq x \leq b$ および $c \leq y \leq d$ で与えられる，左辺の**積分領域**を「埋め尽くすような」s と t の範囲 D に対しての，s や t を使った 2 重積分だ．(←何とも長ったらしい文章ではないか?!) 右辺のように，2 重積分を「一つの積分記号」で表してしまうこともよくある．ともかくも変数が 2 個の，2 重積分の場合には「小学校的平行四辺形面積計算」で何とかなった．変数が 3 個の，3 重積分ではどうだろうか？ まず，3 次元の極座標への座標変換では，次のように 3 変数のヤコビアンが登場する．

3次元の極座標では：

前章で，球の体積を求めたときの積分を思い出すと，極座標 r, θ, ϕ で書いた積分には**体積要素** $r^2\sin\theta\,\Delta r\Delta\theta\Delta\phi$ が出て来た．これもヤコビアンを使えば簡単に

$$\left|\frac{\partial(x,y,z)}{\partial(r,\theta,\phi)}\right|\Delta r\Delta\theta\Delta\phi = r^2\sin\theta\,\Delta r\Delta\theta\Delta\phi \tag{362}$$

と，3×3行列の行列式の計算として求められる．とりあえず，そんな「話題」を頭の片隅に置いておくとよい．

　この3変数の場合も，努力すれば「中学生的平行六面体体積計算」で何とかヤコビアン（の絶対値）まで持って行くことが可能だ．…とても長い計算の後で．さすがに，ここまで来ると，やっぱり大学で習う**幾何学**，とりわけ**外積代数**の助けを借りる必要がある．こんな説明を始めると，幾何学の教科書が出来上がってしまうので，極座標でのヤコビアンの値を計算して見せて，サッサと「撤退」しよう．

$$\begin{vmatrix} \frac{\partial x}{\partial r} & \frac{\partial x}{\partial \theta} & \frac{\partial x}{\partial \phi} \\ \frac{\partial y}{\partial r} & \frac{\partial y}{\partial \theta} & \frac{\partial y}{\partial \phi} \\ \frac{\partial z}{\partial r} & \frac{\partial z}{\partial \theta} & \frac{\partial z}{\partial \phi} \end{vmatrix} = \begin{vmatrix} \frac{\partial r\sin\theta\cos\phi}{\partial r} & \frac{\partial r\sin\theta\cos\phi}{\partial \theta} & \frac{\partial r\sin\theta\cos\phi}{\partial \phi} \\ \frac{\partial r\sin\theta\sin\phi}{\partial r} & \frac{\partial r\sin\theta\sin\phi}{\partial \theta} & \frac{\partial r\sin\theta\sin\phi}{\partial \phi} \\ \frac{\partial r\cos\theta}{\partial r} & \frac{\partial r\cos\theta}{\partial \theta} & \frac{\partial r\cos\theta}{\partial \phi} \end{vmatrix}$$

$$= \begin{vmatrix} \sin\theta\cos\phi & r\cos\theta\cos\phi & -r\sin\theta\sin\phi \\ \sin\theta\sin\phi & r\cos\theta\sin\phi & r\sin\theta\cos\phi \\ \cos\theta & -r\sin\theta & 0 \end{vmatrix}$$

$$= r^2\sin^3\theta(\sin^2\phi+\cos^2\phi)$$
$$\quad + r^2\cos^2\theta\sin\theta(\sin^2\phi+\cos^2\phi)$$
$$= r^2(\sin^2\theta+\cos^2\theta)\sin\theta = r^2\sin\theta \tag{363}$$

6 ぜんぜん微分できるじゃん?!

2変数関数 $g(x,y)$ の変化を表す式(339)を再び眺めよう.ちょっと移項すると

$$g(x+\Delta x, y+\Delta y) - g(x,y) = \frac{\partial g}{\partial x}\Delta x + \frac{\partial g}{\partial y}\Delta y + \cdots \tag{364}$$

となって,左辺を Δg と書けば $\Delta g \sim \frac{\partial g}{\partial x}\Delta x + \frac{\partial g}{\partial y}\Delta y$ という近似的な関係式になる.ここで Δx や Δy を「ゼロへ向かってどんどん小さくする」極限を考えると,両辺ともにゼロになって $0 = 0$.いやいや,これでは話が続かない[12].ゼロになる**一歩手前**を考えると,両辺ともに充分に小さいけれども,**両辺の比**には意味が残っているのだった.この状況を,

$$dg(x,y) = \frac{\partial g(x,y)}{\partial x}dx + \frac{\partial g(x,y)}{\partial y}dy \tag{365}$$

と書いたものを「関数 $g(x,y)$ の**全微分**」と呼ぶ.充分に小さい変化という意味を込めて,$\Delta x, \Delta y, \Delta g$ を dx, dy, dg と書いてある[13].単純な例で全微分を計算してみよう.例えば $g(x,y) = xy$ であれば,$dg = y\,dx + x\,dy$ となる.全微分の意味を再確認しておくと,x が微小に dx だけ,y が微小に dy だけ変化すると,関数 g は式(364)の右辺分だけ変化する.それを関数の微小な変化 dg と書いたわけだ.

さてここで,$g(x,y)$ の x による偏微分,つまり偏導関数を,$z = \frac{\partial g}{\partial x}$ と書いておこう.(後々のために g_x とは書かないでおく.)この z は,ひとまず x と y によって値が決まる関数 $z(x,y)$ だと解釈できる.さて,次のような新しい関数を考えてみよう.

$$h = g(x,y) - zx \tag{366}$$

この h の全微分を,恐る恐る(?)計算してみると

$$dh = \frac{\partial g}{\partial x}dx + \frac{\partial g}{\partial y}dy - dz\,x - z\,dx = \left[\frac{\partial g}{\partial x} - z\right]dx + \frac{\partial g}{\partial y}dy - x\,dz \tag{367}$$

と整理できる.dz がどんな形になるか,その計算は「先へと考え進めて行かずに」dz は dz のまま置いておくことが大切だ.ここで z の定義 $z = \frac{\partial g}{\partial x}$ を思い出すと次の関係式を得る.

$$dh = -x\,dz + \frac{\partial g}{\partial y}dy \tag{368}$$

あれれ，h の全微分は dy と dz の線形結合で与えられているではないか！ ということは，h は「z と y の関数 $h(z,y)$」と考えるのが自然だということだ．いま示したように，x と y の関数 $g(x,y)$ から，z と y の関数 $h(z,y)$ を得る過程を**ルジャンドル変換**と呼ぶ．理工系では，たぶん**解析力学**か，あるいは**熱力学**を勉強する時に，この変換をジャンジャン使うことだろう．

⑦ 七転びの後

―― 再び『我臼山小史』から引用しよう．

　我臼山の中腹には庵があった．村長さんが作った険しい山道では，皆よく転んだ[14]．七回転んで八回起きる，その先に庵があって，玄関の敷居につまづいてもう一度転ぶ．我々の爺さん達はその場を「八転び庵」と呼んだ．やがて我々は，その場所を「やこび庵」と訛って呼ぶようになった．玄関を入ると，今でも椅子が縦横に並んでいる．我々が「行列席」と呼んでいる場所だ．夜な夜な，椅子の下から「でるでる，でるでる」とささやき声が聞こえてくる，そんな伝説を我々の婆さん達は語ってくれた[15]．

　―― 何が「でる」んだろうか？　と不思議に思いつつ，図書館で何となく「数学の自習」ができた気分に浸る学生がここに一人…いやいや，そんな学習では期末試験は惨敗じゃ，可哀想に…．

---

[12]「モテない理系くん(?!)」の婚活はこのパターンで沈没することが多い．例えば，「○○さん，××に興味ないですか？」――「ないです．」――「ボクもないです．」――沈黙，というやり取りなど．

[13] 微分幾何学を学ぶと，もう少し「苦しくない」全微分の定義に出会うので，興味がある方は早速専門書を開こう．さっき定義した「接ベクトル」とペアを組む，面白いものに遭遇するであろう．なお，右辺の dx や dy を ∂x や ∂y と書いてはイケナイ．

[14] 山に直線的な歩行者用の道路を通すことはあり得ない．傾きが急過ぎて登れないのだ．

[15] 爺さん婆さんが若かった頃，村はずれの我臼山中腹庵は公然の御休息所だったらしい．

●例解演習

物理や工学では**解析力学**というものを習う．位置 x と運動量 p の関数である**ハミルトニアン**[16] $H(p,x)$ を理論の要として，次々と偏微分が現れるので，大学生の間では「悪魔の学問」とも呼ばれている．冗談(?)はともかく，物体の位置は $x(t)$，運動量は $p(t)$ と，時刻 t の関数で表される．

問題

ハミルトニアン $H(p,x)$ を時刻 t で微分しなさい．

例解

時刻が t から $t+\Delta t$ と変化すると，物体の位置は $x(t)$ から $x(t+\Delta t) = x(t) + \Delta x = x(t) + \dfrac{dx(t)}{dt}\Delta t$ へ，運動量は $p(t)$ から $p(t+\Delta t) = p(t) + \Delta p = p(t) + \dfrac{dp(t)}{dt}\Delta t$ へと変化する．この変化を通じてハミルトニアンは $H(p,x)$ から，おおよそ

$$H(p+\Delta p, x+\Delta x) \sim H(p,x) + \left[\frac{\partial H}{\partial p}\Delta p + \frac{\partial H}{\partial x}\Delta x\right] \tag{369}$$

へと変化する．右辺でカッコの中にまとめた「変化した分量」を Δt で割って $\Delta t \to 0$ の極限を取ると，

$$\frac{d}{dt}H(p(t),x(t)) = \frac{\partial H}{\partial p}\frac{dp(t)}{dt} + \frac{\partial H}{\partial x}\frac{dx(t)}{dt} \tag{370}$$

と計算できることがわかる．もう少し「手短かに」計算しようと思えば，H の全微分 $dH = \dfrac{\partial H}{\partial p}dp + \dfrac{\partial H}{\partial x}dx$ を思い出しておいて，両辺を「dt で割る」という悪賢い，いや「割る賢い」計算もできる．右辺は「ハミルトンの運動方程式」を使えば**ポアソンの括弧式**で表すことができて…というありがたいご利益があるのだけれど，それは必要になったときに学習することにしよう．

---

[16] ハミルトニアンの親戚に**ラグランジアン**という，これまた難儀なものがある．ハミルトニアンとラグランジアンは，互いにルジャンドル変換で結ばれるものだ．興味がある人は，解析力学の入門書を開こう．

9章 微分方程式も好きずき

　理工系大学3年生のA君は週に一度，家庭教師に変身する．今日も「この**微分方程式**の変数は何個かな？」と，高校生のB子さんに優しく語りかける[1]．「なんでもえ〜から，はよ答え教えて！」というのがB子さんの決まり文句だ．ここで妥協しては家庭教師失格．A君は「5万個くらいだよ，きっと．」とはぐらかす．「ちゃんと教えて！　浪人したらどうするつもり?!」と詰め寄られても，A君は慌てず騒がず「家庭教師，もう1年してあげる．」と涼しい顔で返すのであった．大学受験とはいっても，B子さんは2次方程式の**解の公式**の理解すら怪しいのだが….

① 関数方程式は連立方程式

　関数 $f(x)$ は，変数 x に $x=1$ や $x=\pi$ などの値を与えると，**関数の値** $f(1)$ や $f(\pi)$ を返すものだ．たとえば関数が $f(x)=x^2$ であれば，$f(1)=1^2=1$, $f(\pi)=\pi^2$ などが関数の値だ．さて，「正体がわからない」関数 $f(x)$ が関係式

$$f(x+y) = f(x)f(y) \tag{371}$$

を満たすと仮定しよう．この関係式だけを見て，関数 $f(x)$ を表す数式が想像できるだろうか？　式(371)は「一つの式」に見えるけれども，実は**連立方程式**みたいなものだ．例えば x と y が整数 $0,1,2$ の「いずれかの値」をとる場合を考えてみよう．式(371)の関係式を並べて書くと，次のようになる．

$$f(0) = f(0)f(0), \quad f(1) = f(0)f(1), \quad f(2) = f(0)f(2)$$
$$f(1) = f(1)f(0), \quad f(2) = f(1)f(1), \quad f(3) = f(1)f(2)$$
$$f(2) = f(2)f(0), \quad f(3) = f(2)f(1), \quad f(4) = f(2)f(2)$$

---

[1] 後で考えるように，この問いかけは奥が深い．

よく見ると同じ式がいくつかあり，異なる式の数は6つだ．また，**未知の数**は $f(0), f(1), f(2), f(3), f(4)$ の5つである[2]．

この連立方程式を解く鍵は $f(0) = f(0)f(0)$ にある．

自明な解：

$f(0) = 0$ と仮定すると，$f(0) = f(0)f(0)$ はたしかに満たされている．この場合，次々と $f(1) = 0$, $f(2) = 0$, $f(3) = 0$, $f(4) = 0$ が導かれ，結局は任意の x に対して

- いつでも $f(x) = 0$ という**自明な**結果

になる．この $f(x) = 0$ のように，誰が見ても明らかでつまらない解を**自明な解**と呼ぶ．

「自明ではない[3]」解を求めるために，$f(0) = 1$ と置いてみよう．すると関係式 $f(1) = f(0)f(1)$ は**恒等式** $f(1) = f(1)$ となる．$f(2) = f(1)f(1)$ を使うと

$$f(3) = f(1)f(2) = [f(1)]^3, \quad f(4) = f(2)f(2) = [f(1)]^4$$

と，すべてを $f(1)$ で書いてしまえるのだ．ひとまず $a = \log f(1)$ と置き換えてから**勘を働かす**と，より一般的に任意の x に対して

$$f(x) = [f(1)]^x = e^{x \log f(1)} = e^{ax} \tag{372}$$

が式(371)の**解**だろうと予測できる．（係数 a は実数でもいいし，少し拡張して任意の複素数を念頭に置いてもいい．）確かめよう．

$$f(x+y) = e^{a(x+y)} = e^{ax}e^{ay} = f(x)f(y) \tag{373}$$

こうして，「任意の定数 a」に対して $f(x) = e^{ax}$ が式(371)を満たす解であることが確認できた．（ただし，ほかに解がないことは，まだ証明していない．）

一つ「数学のことば」を頭に入れておこう．

> **関数方程式：**
> 式(371)のように「関数が満たす関係式」が最初に与えられていて，それをもとに関数(を表す数式)を求めようとする場合，与えられた関係式を**関数方程式**と呼ぶ．

変数 x の値それぞれに対して関数の値 $f(x)$ が存在するわけだから，関数方程式を素直に(?!)解釈すると「**無限個の未知数**」を相手にする連立方程式に見えてくる[4]．そんな「恐ろしげなモノ」にもちゃんと解が存在するのが，数学の面白いところだ．

● 例解演習

関係式 $f(xy) = f(x) + f(y)$ を満たす関数 $f(x)$ を求めなさい．
　…この答えを探すポイントは，$x = y = 1$ の場合の $f(1) = f(1) + f(1)$，つまり $f(1) = 0$ にある．また，$f(4) = f(2) + f(2) = 2f(2)$, $f(8) = 3f(2)$ などから，$f(x) = b\log x$（ただし b は任意の定数）であることが発見できる．

② 微分を含んだ関数方程式

さっきの関数方程式 $f(x+y) = f(x)f(y)$ を使って，少し遊んでみよう．$f(x + \Delta x)$ を考えるのだ．

$$f(x + \Delta x) = f(x)f(\Delta x) \tag{374}$$

$f(x+0) = f(x)f(0)$ だから「$f(0) = 1$ である」ことを覚えておいて，両辺か

---

2) 変数の数よりも式の数が多い連立方程式では「解なし」ということもある．いまの場合は都合よく(?)解が存在する．
3) 「問題が解けてしまったら，それは私にとって自明なことです」と公言する大学の先生もいる．そんな先生には「では，どこまで自明な世界が広がっているのですか？」と質問してみよう．
4) 未知数の数は，数え方によって変わってくるので「無限個」と聞いて首を傾ける人もいるだろう．また，無限にもイロイロな種類があるので，「無限個」という言葉づかいにも注意が必要だ．

ら $f(x)$ を引いてみる．
$$f(x+\Delta x)-f(x) = f(x)[f(\Delta x)-1] = f(x)[f(\Delta x)-f(0)] \quad (375)$$
そして両辺を Δx で割ると，何かが見えてくる．
$$\frac{f(x+\Delta x)-f(x)}{\Delta x} = f(x)\frac{f(\Delta x)-f(0)}{\Delta x} \quad (376)$$
$\Delta x \to 0$ の極限を取ろう．導関数 $f'(x)$ と，$x=0$ での値 $f'(0)$ を含む関数方程式がコロリとでてくる．
$$f'(x) = f(x)f'(0) \quad (377)$$
これは，関数 $f(x)$ と導関数 $f'(x)$ の関係を表した関数方程式だ．このようなモノには，ちゃんと「呼び名」が付いている．

> **微分方程式**：
> 関数 $f(x)$ の微分，つまり導関数 $f'(x)$ や $f''(x)$ などを含む関数方程式を**微分方程式**と呼ぶ．

関数方程式 $f(x+y) = f(x)f(y)$ から微分方程式 $f'(x) = f(x)f'(0)$ を導いたので，前者の解 $f(x) = e^{ax}$ は後者も満たす．その逆はどうだろうか？ 議論の主題を微分方程式へと移し，もう少し一般的に，任意の定数 a に対して
$$\frac{d}{dx}f(x) = af(x) \quad (378)$$
の解を求めてみよう．とりあえず $x=0$ と置くと $f'(0) = af(0)$ が成立する．この $x=0$ を出発点として，少しずつ x の値を増して行く作戦を立てる．最初の相手は $f(\Delta x) = f(0+\Delta x)$ だ．

> **テイラー展開を使う**：
> $f(\Delta x)$ の値は，テイラー展開を使うと
> $$f(\Delta x) = f(0)+f'(0)\Delta x+f''(0)\frac{(\Delta x)^2}{2}+\cdots$$
> $$\sim c+ac\Delta x = c[1+a\Delta x] \quad (379)$$

> と近似できる．ただし，短く書く目的で $f(0) = c$ とおき，式(378)を通じて得られる $f'(0) = ac$ も用いた．このように，Δx の**高次の項**を無視することを展開の**打ち切り**と呼ぶ．

式(379)では Δx の1次まで残したので，計算結果として得られた $c[1+a\Delta x]$ は **1次の近似**と呼ばれる．この近似は Δx が小さいほど精度がよくなる．

次に，$f'(\Delta x)$ を求めよう．式(378)と(379)より

$$f'(\Delta x) = af(\Delta x) \sim ac[1+a\Delta x] \tag{380}$$

が近似として得られる．つづいて，x にさらに Δx を加えた $f(2\Delta x) = f(\Delta x + \Delta x)$ を相手にする．

$$f(\Delta x + \Delta x) \sim f(\Delta x) + f'(\Delta x)\Delta x \sim c[1+a\Delta x] + ac[1+a\Delta x]\Delta x$$
$$\sim c[1+2a\Delta x + a^2(\Delta x)^2] = c[1+a\Delta x]^2 \tag{381}$$

同じように，次々とテイラー展開して行くと

$$\begin{aligned} f'(2\Delta x) &= f'(\Delta x + \Delta x) \sim ac[1+a\Delta x]^2, \\ f(3\Delta x) &= f(2\Delta x + \Delta x) \sim c[1+a\Delta x]^3, \\ f'(3\Delta x) &= f'(2\Delta x + \Delta x) \sim ac[1+a\Delta x]^3, \\ f(4\Delta x) &= f(3\Delta x + \Delta x) \sim c[1+a\Delta x]^4 \end{aligned} \tag{382}$$

と**規則性**が見えてくる．任意の自然数 N について

$$f(N\Delta x) \sim c[1+a\Delta x]^N \tag{383}$$

が成立しているのだ．

ここで $\Delta x = \dfrac{x}{N}$ と置き換えると式(383)の左辺は $f(x)$ になる．右辺にもこの置き換えを行なって，それから $N \to \infty$ の極限を取ってみよう．

> **指数関数の登場！**：
> 指数関数の定義式を思い出そう．式(383)の右辺は $N \to \infty$ の極限で，次のように表せる．
>
> $$\lim_{N\to\infty} c\left[1+a\frac{x}{N}\right]^N = ce^{ax} \tag{384}$$

$N \to \infty$ の極限は $\Delta x \to 0$ の極限でもある．したがって，式(379)-(383)の中で記号'$\sim$'により表される近似は N の増加とともに「どんどんよくなって」ゆく．そして，$N \to \infty$ の極限では'$\sim$'を等号に置き換えることになる．こうして $f(x) = ce^{ax}$ が**微分方程式の解**として得られた[5]．定数 $c = f(0)$ がどんな値であっても ce^{ax} は微分方程式（式(378)）を満たしていることに注意しよう．

> **任意定数：**
> 微分方程式を解くと，ふつうは「任意に定められる定数 c」が解にくっついてくる．これを**任意定数**または**積分定数**と呼ぶ．

ここで，「式(374)の下で述べた条件 $f(0) = 1$」を思い出そう．これを満たす解は $f(x) = e^{ax}$ であり，式(372)で与えた関数方程式の解と一致する．このように，x がある値 $\bar{x}$ を取るときの関数の値 $f(\bar{x})$ や導関数の値 $f'(\bar{x})$ などが与えられている場合，これを**初期条件**とか**境界条件**と呼ぶ．微分方程式の解は，境界条件を満たすように任意定数 c の値を調整したものなのだ．

③ 変数分離の考え方

少し違った視点から，微分方程式 $f'(x) = af(x)$ を解いてみよう．変数 x の値を決めておいて，区間 $[0, x]$ を N 等分する[6]．これらの「微小な区間」の継ぎ目を $x_j = j\dfrac{x}{N}$ で表そう．（ただし $0 \leq j \leq N$ である．）この分割に対応して，関数の値

$$f_j = f(x_j) = f\left(j\frac{x}{N}\right) \tag{385}$$

も定義しておこう．これらの記号を使えば，微分方程式 $f'(x) = af(x)$ を**区間の平均的な傾き**を使って近似的に表すこともできる．

$$\frac{\Delta f}{\Delta x} = \frac{f_{j+1} - f_j}{x_{j+1} - x_j} \sim a\frac{f_{j+1} + f_j}{2} \tag{386}$$

> **差分:**
> 上の式に出てくる $\dfrac{f_{j+1}-f_j}{x_{j+1}-x_j}$ を**差分**と呼ぶこともある．差分を含む関数方程式を考えることもできて，**差分方程式**と呼ばれる．（差分方程式は，微分方程式より解くのが難しい場合が多い．また，微分方程式にはない面白さがあるのも差分方程式の特徴だ．）

式(386)の右辺は af_{j+1} でも af_j でもよいのだけれど，「どちらか一方に肩入れするのは不公平だ」と指摘されそうな気もするので，無難に(?)平均値を使ってみた[7]．式(386)を少し変形してみよう．

$$\frac{2}{f_{j+1}+f_j}(f_{j+1}-f_j) \sim a(x_{j+1}-x_j) \tag{387}$$

> **変数分離:**
> 式(387)を見ると，左辺は f_j だけ，右辺は x_j だけと，変数がキレイに分かれてしまっている．このように，等号をはさんで変数を「仕分け」してしまうことを**変数分離**と呼ぶ．

両辺をそれぞれ，$j=0$ から $j=N-1$ まで足し合わせると，「どこかで見た式」が現れる．

$$\sum_{j=0}^{N-1}\frac{2}{f_{j+1}+f_j}(f_{j+1}-f_j) \sim \sum_{j=0}^{N-1} a(x_{j+1}-x_j) \tag{388}$$

右辺は，ほとんどの項が打ち消し合った後で $a(x_N-x_0)=ax$ だけが残る．左辺はどうだろうか？ $f_{j+1}-f_j$ を Δf と書き表して，「f についての微小区間の幅」と考えよう．（ただし Δf の値は j によって異なる．）また，平均値 $\dfrac{f_j+f_{j+1}}{2}$ の逆数 $\dfrac{2}{f_j+f_{j+1}}$ を「高さ」と考えると $\Delta S = \dfrac{2}{f_{j+1}+f_j}(f_{j+1}-f_j)$ は**微小**

---

5) Δx が正か負かは，特に決めていなかった．$f(x)=ce^{ax}$ は $x<0$ でもちゃんと解になっている．
6) 実は，べつに「等分」しなくてもよい．
7) 後で $\Delta x\to 0$ の極限を取ると，この差は消えてしまう．ただし，式(386)のように「平均値」を使った方が収束が速い．あ，**収束の速さ**については何も議論してこなかった…．

な長方形の面積になる．どうだろうか，定積分が見えてきただろうか？

区間の数 N を増やして行くと，$\Delta x = x_{j+1} - x_j$ も $\Delta f = f_{j+1} - f_j$ もドンドン小さくなってゆく．そして $N \to \infty$ の極限で，式(388)の左辺の和は $\dfrac{1}{f}$ を

- $f = f_0 = f(0)$ から $f = f_N = f(x)$ までの，f についての区間 $[f(0), f(x)]$ で定積分したもの

になるのだ．数式で表しておこう．

$$\lim_{\substack{N \to \infty \\ \Delta f \to 0}} \sum_{j=0}^{N-1} \frac{2}{f_{j+1} + f_j}(f_{j+1} - f_j) = \int_{f(0)}^{f(x)} \frac{1}{f} df \tag{389}$$

左辺の極限記号は $\Delta x = \dfrac{x}{N}$ を保ちつつ N を無限大へと持ってゆくことを表した(つもりだ)．

独立なものは何か？：
式(389)の右辺では，被積分関数 $\dfrac{1}{f}$ を「変数 f で」積分している．つまり，積分の上限や下限はともかくとして，f が x の関数であることは(しばらくの間)忘れ去っているのだ．

さて，関係 $\dfrac{d}{df}\log f = \dfrac{1}{f}$ が成り立つので $\dfrac{1}{f}$ の原始関数の一つは $\log f$ だ．これを使えば式(389)の定積分は

$$\left[\log f\right]_{f(0)}^{f(x)} = \log f(x) - \log f(0) \tag{390}$$

と求められる．この値は，式(388)の下で考えたとおり ax に等しい．したがって関数方程式が得られる．

$$\log \frac{f(x)}{f(0)} = ax \longrightarrow \frac{f(x)}{f(0)} = e^{ax} \tag{391}$$

これは簡単に解くことができて「微分方程式の解」$f(x) = f(0)e^{ax} = ce^{ax}$ へと到達する．

実にとても長い議論の後で式(391)に到達したものだ．不定積分を使えば，もう少しエレガントに(?!)計算を進めることができる．

> **より簡単に変数分離:**
> まず,形式的な式変形を通じて変数を分離する.
> $$\frac{df}{dx} = af \longrightarrow \frac{df}{f} = a\,dx \tag{392}$$
> 次に,両辺に積分記号をくっつける.
> $$\int \frac{df}{f} = \int a\,dx \tag{393}$$
> これらの不定積分が実行できれば,微分方程式は解けたようなものだ.

式(393)の両辺の計算を進めよう.
$$\log f + c' = ax + c'' \tag{394}$$
ここに現れる c' や c'' は,不定積分にくっついてくる積分定数だ.式(394)を変形すると f の一般形は $f(x) = e^{c''-c'}e^{ax}$ となり,$c = e^{c''-c'}$ とおけば先に求めておいた $f(x) = ce^{ax}$ と一致する.

受験参考書を開くと,変数分離については式(392)–(393)のように説明してある.それで「理解したつもり」になっていると,「どうしてそれで良いの?」と突っ込まれたときに困る(かもしれない).疑問が生じたら,式(385)–(391)のように定積分まで立ち戻ることをお勧めする.

● **力試し**

ウンチクはさておき,練習問題を一つ.
$$\frac{d}{dx}f(x) = x^2 f(x) \tag{395}$$
簡単に変数分離できて,答えは
$$f(x) = c\exp\left(\frac{x^3}{3}\right)$$
となる.代入して検算するだけでもよいだろう.

例解
まず,変数分離が「見える」形に式を整理しておこう.

$$\frac{df}{dx} = x^2 f \longrightarrow \frac{df}{f} = x^2 dx \longrightarrow \int \frac{df}{f} = \int x^2 dx \tag{396}$$

両辺を不定積分しよう．積分定数 c' は，どちらか一方に入れておけば充分だ．そして $c = e^{c'}$ と置くと，出題文の形で解を書くことができる．

$$\log f = \frac{x^3}{3} + c' \longrightarrow f = e^{c'} \exp\left(\frac{x^3}{3}\right) = c \exp\left(\frac{x^3}{3}\right) \tag{397}$$

●難解演習（←初めて読む人は読み飛ばすこと．）

問題
微分方程式には「中身が行列」であるタイプ(?)のものもある．行列要素が t の関数である 2 行 2 列の行列 $A(t) = \begin{pmatrix} a_{11}(t) & a_{12}(t) \\ a_{21}(t) & a_{22}(t) \end{pmatrix}$ を考えよう．次の微分方程式の解を「何とかして」見つけなさい．

$$\frac{d}{dt} A(t) = -i\omega \begin{pmatrix} 0 & 1 \\ 1 & 0 \end{pmatrix} A(t) \tag{398}$$

ただし $\frac{d}{dt} A(t)$ は，要素それぞれを t によって微分して $\begin{pmatrix} a'_{11}(t) & a'_{12}(t) \\ a'_{21}(t) & a'_{22}(t) \end{pmatrix}$ と求めたものだ．また，$t=0$ の**初期条件**は $A(0) = \begin{pmatrix} 1 & 0 \\ 0 & 1 \end{pmatrix} = I$ で与えることにする．（I は単位行列を表す．）

例解
スペースを節約するために，行列 $\begin{pmatrix} 0 & 1 \\ 1 & 0 \end{pmatrix}$ を σ と書くことにしよう．この「行列の微分方程式」を短く書くと $A'(t) = -i\omega\sigma A(t)$ となる．何だか見覚えのある形だ，何となく

$$A(t) = c\, e^{-i\omega\sigma t} \longrightarrow A'(t) = -i\omega\sigma c\, e^{-i\omega\sigma t} = -i\omega\sigma A(t) \tag{399}$$

で，初期条件を満たす（だろう）$c = 1$ の場合が解であるような気がする．でも行列の指数関数って何だろうか？ 指数関数の定義を使って考えることも可能だけれども，ここではテイラー展開を使うことにしよう．まず，展開を**偶数次**の項と**奇数次**の項に分ける．

$$\begin{aligned} e^{-i\omega\sigma t} &= \sum_{\ell=0}^{\infty} \frac{(-i\omega\sigma t)^\ell}{\ell!} \\ &= \sum_{\ell=0,2,4,6,\cdots} \frac{(-i\omega\sigma t)^\ell}{\ell!} + \sum_{\ell=1,3,5,7,\cdots}^{\infty} \frac{(-i\omega\sigma t)^\ell}{\ell!} \end{aligned} \tag{400}$$

ここで，関係式 $\sigma^2 = I$ に注意すると，偶数次はすべて単位行列 I に，奇

数次は σ に比例することがわかる．そして，I や σ にかかる係数は，三角関数のテイラー級数になっているのだ．計算を進めよう．

$$e^{-i\omega\sigma t} = \left[\sum_{\ell=0,2,4,6,\cdots} \frac{(-i\omega t)^\ell}{\ell!}\right]I + \left[\sum_{\ell=1,3,5,7,\cdots} \frac{(-i\omega t)^\ell}{\ell!}\right]\sigma$$

$$= \cos\omega t \begin{pmatrix} 1 & 0 \\ 0 & 1 \end{pmatrix} - i\sin\omega t \begin{pmatrix} 0 & 1 \\ 1 & 0 \end{pmatrix}$$

$$= \begin{pmatrix} \cos\omega t & -i\sin\omega t \\ -i\sin\omega t & \cos\omega t \end{pmatrix} \tag{401}$$

このように，行列の指数関数というものには，ちゃんと意味があるわけだ．さて，いま求めた行列が与えられた微分方程式の解であるかどうか，t で微分して検算してみよう．

$$\frac{d}{dt}\begin{pmatrix} \cos\omega t & -i\sin\omega t \\ -i\sin\omega t & \cos\omega t \end{pmatrix} = \begin{pmatrix} -\omega\sin\omega t & -i\omega\cos\omega t \\ -i\omega\cos\omega t & -\omega\sin\omega t \end{pmatrix}$$

$$= -i\omega \begin{pmatrix} i\sin\omega t & \cos\omega t \\ \cos\omega t & i\sin\omega t \end{pmatrix}$$

$$= -i\omega \begin{pmatrix} 0 & 1 \\ 1 & 0 \end{pmatrix}\begin{pmatrix} \cos\omega t & i\sin\omega t \\ i\sin\omega t & \cos\omega t \end{pmatrix} \tag{402}$$

たしかに，微分方程式 $A'(t) = -i\omega\sigma A(t)$ の解になっている．

④ 2次方程式との関わり

微分方程式にもいろいろな種類がある．こんどは $f(x)$ の **2階微分** $f''(x)$ を含むものを考えてみよう．

$$\frac{d^2}{dx^2}f(x) - 3\frac{d}{dx}f(x) + 2f(x) = 0 \tag{403}$$

2階微分を含むので，このような微分方程式は **2階微分方程式** と呼ばれる[8]．解となる $f(x)$ の形を探す作業は「行き当たりばったり」だ．理由はともかく「やま勘に頼って」$f(x) = ce^{ax}$ を代入してみる．

$$ca^2 e^{ax} - 3cae^{ax} + 2ce^{ax} = 0 \tag{404}$$

整理すると $c(a^2 - 3a + 2)e^{ax} = 0$ となるので，

---

[8] 3階, 4階, から無限階(!)まで，さまざまな階数を考えることができる．

- **2次方程式** $a^2-3a+2=0$ が成立すれば

ce^{ax} は式(403)の解になっている。**因数分解**すれば $(a-1)(a-2)=0$ だから、$a=1$ に対応する $f(x)=ce^x$ と、$a=2$ に対応する $f(x)=c'e^{2x}$ は**独立な解**だ。任意定数が c と c' の2個であることにも注目しよう。

> **線形微分方程式：**
> いま求めた解 ce^x と $c'e^{2x}$ を足し合わせた
> $$f(x) = ce^x + c'e^{2x} \tag{405}$$
> も解であることを、式(403)へ代入して確かめてみるのは容易だ。
>
> - **二つの解を足し合わせると再び解となる**
>
> のはナゼかというと、式(403)では $f(x), f'(x), f''(x)$ の係数が「単なる定数」だったからだ。このような微分方程式は**線形微分方程式**と呼ばれ、独立な解がいくつかあれば、それらの**線形結合**も解なのだ。

少しは「勘に頼らない」方法も考えよう。まずは式(403)を（形式的に）$\dfrac{d}{dx}$ の多項式で書き表してみる。

$$\left[\frac{d^2}{dx^2} - 3\frac{d}{dx} + 2\right]f(x) = 0 \tag{406}$$

左辺のカッコの中身を、因数分解(?)しよう。

$$\left[\frac{d}{dx} - 1\right]\left[\frac{d}{dx} - 2\right]f(x) = 0 \tag{407}$$

$f(x)$ に作用する順番は $\dfrac{d}{dx}-1$ が先でも $\dfrac{d}{dx}-2$ が先でも、どちらでもよい。二つの1階微分方程式

$$\left[\frac{d}{dx} - 1\right]f(x) = 0 \quad \text{と} \quad \left[\frac{d}{dx} - 2\right]f(x) = 0 \tag{408}$$

のいずれかが成立すれば、それを満たす $f(x)$ は式(407)を満たすのだ。$f(x)=ce^x$ は前者の解、$f(x)=c'e^{2x}$ は後者の解になっていたわけだ。

2次方程式と聞くと**判別式**を反射的に(?)思い出すことだろう。判別式が負

であれば，方程式の解は二つの**共役な複素数**となる．例を見よう．

複素解の場合：

こんな微分方程式の解を求めてみよう．
$$\left[\frac{d^2}{dx^2}+1\right]f(x) = \left[\frac{d}{dx}+i\right]\left[\frac{d}{dx}-i\right]f(x) = 0 \tag{409}$$

この場合の解は，次の線形結合で与えられる．
$$f(x) = ce^{ix}+c'e^{-ix} \tag{410}$$

複素数と聞くと拒否反応を示す人がいるかもしれない．実は，この微分方程式は**実数解**も持っている．たとえば $c=c'=\frac{1}{2}$ とおくと $f(x)=\cos x$ だし，$c=-c'=\frac{1}{2i}$ とおくと $f(x)=\sin x$ となる．

● 難解演習

問題

2次元のベクトル $\boldsymbol{f}(x) = \begin{bmatrix} f(x) \\ f'(x) \end{bmatrix}$ を使って微分方程式を書き表すこともできる．例えば式(409)の2階微分方程式は

$$\frac{d}{dx}\begin{bmatrix} f(x) \\ f'(x) \end{bmatrix} = \begin{pmatrix} 0 & 1 \\ -1 & 0 \end{pmatrix}\begin{bmatrix} f(x) \\ f'(x) \end{bmatrix} = i\begin{pmatrix} 0 & -i \\ i & 0 \end{pmatrix}\begin{bmatrix} f(x) \\ f'(x) \end{bmatrix} \tag{411}$$

とも書ける．2次元のベクトルを導入したら，見かけ上は1階の微分方程式になってしまった．これは，どう考えて解けば良いだろうか？

例解

まず，行列を表す記号 $\mu = \begin{pmatrix} 0 & -i \\ i & 0 \end{pmatrix}$ を定義しておこう．そして適当なベクトル $\boldsymbol{v} = \begin{bmatrix} v \\ v' \end{bmatrix}$ を用意しておいて，例のごとく「山勘を働かせて」次のような解の候補を立ててみる．

$$\boldsymbol{f}(x) = ? = e^{i\mu x}\boldsymbol{v}$$

またまた「行列の指数関数」$e^{i\mu x}$ が出て来た．μ の2乗は $\mu^2 = I$ と単位行列になることに注意すると，テイラー展開を使って

$$e^{-i\mu x} = \sum_{\ell=0,2,4,\cdots} \frac{(ix)^\ell}{\ell!} I + \sum_{\ell=1,3,5,\cdots} \frac{(ix)^\ell}{\ell!} \mu = \cos x\, I + i\sin x\, \mu$$
$$= \begin{pmatrix} \cos x & \sin x \\ -\sin x & \cos x \end{pmatrix} \tag{413}$$

と計算を進めることができる．これを使って，$e^{i\mu x}\boldsymbol{v}$ が解になっているかどうか，検算してみよう．

$$\frac{d}{dx}\begin{pmatrix} \cos x & \sin x \\ -\sin x & \cos x \end{pmatrix}\begin{bmatrix} v \\ v' \end{bmatrix} = \begin{pmatrix} -\sin x & \cos x \\ -\cos x & -\sin x \end{pmatrix}\begin{bmatrix} v \\ v' \end{bmatrix}$$
$$= \begin{pmatrix} 0 & 1 \\ -1 & 0 \end{pmatrix}\begin{pmatrix} \cos x & \sin x \\ -\sin x & \cos x \end{pmatrix}\begin{bmatrix} v \\ v' \end{bmatrix} \tag{414}$$

みごとに，微分方程式 $\frac{d}{dx}\boldsymbol{f}(x) = i\mu\,\boldsymbol{f}(x)$ の解を与えることが確認できた．ここで求めた $f(x) = v\cos x + v'\sin x$ は，ついさっき求めた式(409)の二つの解 $f(x) = \cos x$ や $f(x) = \sin x$ の線形結合になっている．微分方程式には，いろいろな解き方があるものだ．

⑤ 重根の意地悪

2階線形微分方程式はマスターした！と自信を持ったら，次の微分方程式を眺めよう．

$$\left[\frac{d^2}{dx^2} - 2\frac{d}{dx} + 1\right]f(x) = \left[\frac{d}{dx} - 1\right]^2 f(x) = 0 \tag{415}$$

これは**重根**の場合である[9]．この場合，$f(x) = ce^x$「のみ」が解だと思うだろう．すこし用心深く，

$$f(x) = g(x)e^x \tag{416}$$

という形の解がないかどうか，確かめてみよう．

> **定数変化法**：
> 任意定数 c を「x の関数 $g(x)$」で置き換えるので，このような解の探し方は**定数変化法**と呼ばれる．

式(416)を式(415)に代入しよう．まずは $\frac{d}{dx}-1$ を一度だけ作用させて

$$\left[\frac{d}{dx}-1\right]g(x)e^x = [g'(x)+g(x)-g(x)]e^x = g'(x)e^x \tag{417}$$

と計算する．もう一度 $\frac{d}{dx}-1$ を作用させると，今度は $g''(x)e^x = 0$ という条件を得る．これは $g(x)$ に対する2階微分方程式 $g''(x) = 0$ を意味するので，

$$g(x) = c_0+c_1x \tag{418}$$

が $g(x)$ に「許される」関数形となる．ただし c_0 と c_1 は任意定数である．結果として $f(x) = (c_0+c_1x)e^x$ が式(415)の解であることがわかった．

「重根のとき<u>だけ</u>」特に**意地悪で妙なこと**が起きているように思えてくる．ホントだろうか?! そこで次の微分方程式を考えてみる．

$$\left[\frac{d}{dx}-1-\varepsilon\right]\left[\frac{d}{dx}-1+\varepsilon\right]f(x) = \left[\frac{d^2}{dx^2}-2\frac{d}{dx}+1-\varepsilon^2\right]f(x) = 0 \tag{419}$$

ただし ε は「適度に小さな数」だと考えよう．この微分方程式は既に因数分解された形になっているので，

$$f(x) = ce^{(1+\varepsilon)x}+c'e^{(1-\varepsilon)x} = [ce^{\varepsilon x}+c'e^{-\varepsilon x}]e^x \tag{420}$$

が解であることは明らかだ．では，カッコの中身 $ce^{\varepsilon x}+c'e^{-\varepsilon x}$ をテイラー展開してみよう．

$$(c+c')+(c-c')\varepsilon x+\frac{c+c'}{2}\varepsilon^2 x^2+\cdots \tag{421}$$

ここで**勘を働かせて**次の置き換えを行う．

$$c = \frac{c_0}{2}+\frac{c_1}{2\varepsilon}, \qquad c' = \frac{c_0}{2}-\frac{c_1}{2\varepsilon} \tag{422}$$

こうしておけば $c+c' = c_0$ および $c-c' = \frac{c_1}{\varepsilon}$ が成立するので，代入すれば式(421)は

$$c_0+\frac{c_1}{\varepsilon}\varepsilon x+\frac{c_0}{2}\varepsilon^2 x^2+\frac{c_1}{3!\varepsilon}\varepsilon^3 x^3+\cdots \tag{423}$$

と書き換えられる．$\varepsilon \to 0$ の極限を取れば，さっき求めた $g(x) = c_0+c_1x$ がコロリと出てくるわけだ[10]．決して「重根のときだけ仲間はずれ」というわけで

---

9) 民法732条：配偶者のある者は，重ねて婚姻をすることができない．—— という**重婚の禁止**も覚えておこう．この条文をよく読めば「婚姻することができない」と書かれているだけなので，何らかの理由により「重婚状態」になってしまった場合(!)には，民法744条に従ってその状態を「必要に応じて」解消することになる．法律は難儀なものだ．

10) **双曲線関数**を使うと，式(423)は $c_0\cosh\varepsilon x+c_1\frac{\sinh\varepsilon x}{\varepsilon}$ と表される．

はないことを理解しておこう．こういう「重箱の隅を突く」ことは，**受験数学**（?）では（たぶん）教えてくれない．

● 力試し

次の n 階線形微分方程式の解を求めてみよ．
$$\left[\frac{d}{dx}-1\right]^n f(x) = 0 \tag{424}$$

定数変化法を使えば $n \geq 3$ の場合もラクラク解が求められるはずだ．

例解
$f(x) = g(x)e^x$ と置けば，$\frac{d^n}{dx^n}g(x) = 0$ が得られる．これは，$g(x)$ が任意の $n-1$ 次多項式 $c_0 + c_1 x + c_2 x^2 + \cdots c_{n-1}x^{n-1}$ で与えられることを示している．この例にも現れているように，n 階の微分方程式の解は，一般に n 個の任意定数を含む．

そういえば，今回は「図」を一つも描かなかった．微分方程式で図を描くとすれば**特異点**に関係したものが一番重要だ．これから先，特異点に出会うことがあれば，そのときには図を描いてみよう．

⑥ 何でもかんでも教えた者の末路

B子さんはめでたく大学受験に合格して，A君の家庭教師も終わった．だが，学期末になると必ずB子さんからA君にメールが届くのだ，「レポートの答え教えて♡」と．これに答えてしまったのがA君の運の尽き[11]．それから数年の後，A君とB子さんは結婚した．日曜日の朝も，A君のお目覚めはB子さんの質問で始まる，「ごはんの作り方，教えて！」と．枕を抱えて，這々（ほうほう）の体（てい）で逃げ出すA君．やがては子供たちから「算数教えて！」の大合唱を浴びることだろう．彼に再び安眠が訪れることはない．

● **例解演習**

微分方程式があるならば**積分方程式**というものもあるはずだ．こんな方程式は解けるだろうか？

$$a\int f(x)dx = f(x)+d \tag{424}$$

左辺は不定積分で与えられていて，a や d は適当な定数である．

例解

これは，簡単に微分方程式へと変形できる「超簡単な積分方程式」だ．両辺の微分を取ってみよう．

$$a\frac{d}{dx}\int f(x)dx = \frac{d}{dx}f(x) \tag{425}$$

関数の不定積分を微分すると，$f(x)$ が「特に妙な性質」を持たなければもとの関数に戻って来ることを思い出そう．結果として $af(x) = f'(x)$ という微分方程式が得られる．これを解けば，既に知っているとおり $f(x) = ce^{ax}$ を得る．なお，同じ問題を，不定積分ではなくて定積分で書いてしまうこともできる．

$$\int_b^x f(y)dy = af(x)+c \tag{426}$$

---

11) B子さんは，お礼に「食事に付き合ってあげる」とA君を誘ったものの，酔ってしまって支払いはA君が済ませたとか．

微分方程式はリンゴの木から？

微分積分はライプニッツとニュートンから始まる．ニュートンはリンゴが木から落ちるのを見て思索を巡らせた，という伝説（?）をよく耳にする．この出来事がホントかどうかは別として，リンゴの木はマトモな実がつくまでに，次々と未熟な果実を落として行く．そして残ったものだけが充実した美味しいリンゴになる．落ちた実も，動物たちよりも先に拾い集めると，ジャムや酢を造るのに使える[12]．さて，リンゴが木から落ちる運動を現代人の我々も観察しよう．そこには，微分方程式がある．

ある1個のリンゴの位置を，その「XYZ-座標」を縦に並べた**位置ベクトル$r(t) = \begin{bmatrix} x(t) \\ y(t) \\ z(t) \end{bmatrix}$** で表そう．ベクトルの成分を横に並べる書き方もあるにはあるのだけれども，物理屋さん達はなぜか縦に並べたがる．さて，落ちるリンゴを記述するのは，次の**ニュートン方程式**だ．

$$\frac{d^2}{dt^2}r(t) = \begin{bmatrix} x''(t) \\ y''(t) \\ z''(t) \end{bmatrix} = -mg\,e_z = \begin{bmatrix} 0 \\ 0 \\ -mg \end{bmatrix} \tag{427}$$

右辺に現れる m はリンゴの質量，g は重力加速度，e_z は鉛直下向きの**単位ベクトル**，この辺りのことは，理工系ならば大学1年生の入学直後に習う定番メニューだ．この方程式は3元連立2階微分方程式だ，と書きたいところだけれども，成分ごとに書いてみると

$$x''(t) = 0, \quad y''(t) = 0, \quad z''(t) = -mg \tag{428}$$

となっていて，連立方程式ならぬ「成分ごとに独立な方程式」だ．したがって，その解は暗算でも求めることができる．

$$\begin{aligned} x(t) &= x(0) + x'(0)t, \\ y(t) &= y(0) + y'(0)t, \\ z(t) &= z(0) + z'(0)t - \frac{g}{2}t^2 \end{aligned} \tag{429}$$

初期位置 $r(0)$ の成分 $x(0), y(0), z(0)$ と，初期速度 $r'(0)$ の成分 $x'(0), y'(0), z'(0)$ が「$t=0$ での運動の様子」を決める**初期条件**だ．いま求めた解は「ニュートン方程式の放物線解」として有名だ[13]．

　たったこれだけ？　のことに到達するまでに，人類の歴史が始まって以来，どれだけの時間が過ぎ去ったことだろうか？ ニュートン以後，というか，微分積分が自由自在に使えるようになった後の時代，科学の姿は随分と変わった．「理工系」という考え方が確立して行ったのは，この頃ではないだろうか．

---

[12] お巡りさんの目の前で「未熟な果実こそ美味しい」と叫ばないように，何でも熟した方が美味しいに決まっているではないか．そもそも，落ちているからといって，無断でリンゴを拾って行くのは犯罪である．

[13] 望遠鏡には，ガリレオ・ガリレイやケプラーが改良した，レンズを使う屈折式と，ニュートンが改良した反射式がある．反射望遠鏡の表面にも放物線が現れる．これと，さっきの放物運動の間には，どんな関係があるだろうか？　これは，物理の先生にイキナリ質問すると「うっ」と回答に詰まるものの代表例である．

10章 大波小波でフーリエ級数

「理絵ちゃん，なんか波，高いねぇ．」
　　──「うん，荒れそうな海だねぇ，風ちゃん．」
　日の出前の魚港で，みそ汁とご飯の下準備をしながら船を待つのは，仲のよい双子の姉妹．それぞれ，父ちゃん[1]の無事と大漁を祈る毎朝なのだ．
　「大波が来た！」──「小波も**重なってる**よ?!」
そうそう，**海面**をよく眺めると，大きな波に中くらいの波に小さな波，それぞれが重なっている．
　「父ちゃん，沖から私たち見分けられっかな？」
　　──「帽子，とりかえっこしてみよっか．」
そっくりな双子ならではのイタズラだ．題して「風・理絵変換」[2]．え〜っ，そろそろ本題（という大海原）に入ろうか．

① 周期のある関数

　関数 $f(x) = \sin x$ の大事な性質の一つが**周期性**だ．変数 x に，2π の整数倍 $2\ell\pi$ を足しても関数の値は変わらない．（ただし ℓ は整数．）
$$\sin(x+2\ell\pi) = \sin x \tag{430}$$
グラフに描いてみると，x 軸方向へ 2π 進むごとに，まったく同じ「波の形」が

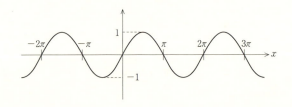

繰り返されている．

その他の三角関数，例えば $\cos x$ や $\tan x$ も，同じように 2π 進むごとにもとの値に戻ってくる．（注：$\tan x$ は π(パイ) 進むともとに戻る．）

> **周期関数：**
> 関数 $f(x)$ が $f(x+a) = f(x)$ を満たす場合，$f(x)$ を **周期** a の **周期関数** と呼ぶ．この場合，自然数 n に対して $g(x) = f(nx)$ を定義すると，その周期は $\dfrac{a}{n}$ だ．
> $$g\left(x+\frac{a}{n}\right) = f(nx+a) = f(nx) = g(x) \tag{431}$$

たとえば $\sin 2x$ の周期は π で，$\sin nx$ の周期は $\dfrac{2\pi}{n}$ である．$\sin nx$ は次の性質も満たすので

$$\sin n(x+2\ell\pi) = \sin(nx+2n\ell\pi) = \sin nx \tag{432}$$

「**大は小を兼ねる**[3]」の言葉どおり，2π も $\sin nx$ の周期として考えてよい．（――周期の倍数は再び周期となるのだ．）

●例解演習：周期関数かい？

三角関数だけだと面白くない（?!）ので「力試し」をやろう．次の $f(x)$ は周期関数だろうか？[4]

$$\begin{aligned}
f(x) &= \cdots\left[1-\frac{x}{2\pi}\right]\left[1-\frac{x}{\pi}\right]x\left[1+\frac{x}{\pi}\right]\left[1+\frac{x}{2\pi}\right]\cdots \\
&= x\left[1-\frac{x^2}{\pi^2}\right]\left[1-\frac{x^2}{(2\pi)^2}\right]\left[1-\frac{x^2}{(3\pi)^2}\right]\cdots \\
&= x\prod_{j=1}^{\infty}\left[1-\frac{x^2}{(j\pi)^2}\right]
\end{aligned} \tag{433}$$

---

1) 父ちゃんというのは，一緒にお風呂に入る人のこと．
2) 父ちゃん達がもし間違えたら，お風呂はどうしようか?!
3) 「トイレと同じ」と聞いて笑うのは，男の子だけらしい．
4) こんなキワモノを**入門講座**に持ち出していいのか？　と思った人は，今どきの「保健体育の教科書」でも開いてみよ．

このように無限個の数を「かけ合わせた」ものを**無限乗積**と呼ぶ.「こんな物が有限の値を持つの?」と, 一瞬疑問に思うかもしれない. まず $-\pi < x < \pi$ の範囲内で考えてみると, $0 < 1 - \frac{x^2}{(j\pi)^2} < 1$ (ただし $j = 1, 2, \cdots$) なので, この範囲で $\frac{f(x)}{x} < 1$ が成立する. また,「ずーっとゼロ」ではないことは, ちょっと後で示そう. さて, 見通しをよくするために通分しよう.

$$f(x) = \cdots \frac{2\pi - x}{2\pi} \frac{\pi - x}{\pi} x \frac{\pi + x}{\pi} \frac{2\pi + x}{2\pi} \cdots \tag{434}$$

この形にしておくと $f(\ell\pi) = 0$ は明らかだ. 次に, $x + \pi$ での値を求めてみる. ズラリと並ぶ分数の分母を「一つずつ左に」ズラして計算を進めると

$$\begin{aligned} f(x+\pi) &= \cdots \frac{\pi - x}{2\pi} \frac{-x}{\pi} (x+\pi) \frac{2\pi + x}{\pi} \frac{3\pi + x}{2\pi} \cdots \\ &= \cdots \frac{\pi - x}{\pi} (-x) \frac{x + \pi}{\pi} \frac{2\pi + x}{2\pi} \frac{3\pi + x}{3\pi} \cdots \\ &= -f(x) \end{aligned} \tag{435}$$

となり, π 進むと符号がひっくり返る. したがって, もう π だけ進むともとに戻って $f(x+2\pi) = f(x)$ が成立する. 見かけによらず(?!)$f(x)$ は周期関数なのだ.

ついでに導関数 $f'(x)$ も求めてみよう. $f(x)$ は積で与えられているので, 部分ごとに微分すればよい.

$$\begin{aligned} f'(x) &= \frac{d}{dx} \left\{ x \prod_{j=1}^{\infty} \left[1 - \frac{x^2}{(j\pi)^2} \right] \right\} \\ &= \prod_{j=1}^{\infty} \left[1 - \frac{x^2}{(j\pi)^2} \right] + x \frac{d}{dx} \prod_{j=1}^{\infty} \left[1 - \frac{x^2}{(j\pi)^2} \right] \end{aligned} \tag{436}$$

ここで $x = 0$ を代入すると, 最初の項は 1 に, 2 番目の項は 0 になる. つまり $f'(0) = 1$ を得て, 関数 $f(x)$ は $x = 0$ 近辺で $f(0) = 0$ から増加して行くことがわかる. さっきの $f(x+\pi) = -f(x)$ を使うと $f'(2\ell\pi) = 1$ と $f'(2\ell\pi + \pi) = -1$ も明らかだろう. これらの性質は, なんだか $\sin x$ に似てるなぁ….

② 直交する関数へと直行する

自然数 $n = 1, 2, 3, \cdots$ に対して,次のような周期関数を考えてみよう[5]．

$$c_0(x) = \frac{1}{\sqrt{2\pi}}, \quad c_n(x) = \frac{1}{\sqrt{\pi}} \cos nx$$
$$s_n(x) = \frac{1}{\sqrt{\pi}} \sin nx \tag{437}$$

「ただの三角関数じゃないか」という声が聞こえてきそうだ．じつは少し工夫してあって，これらの関数の 2 乗を区間 $[-\pi, \pi]$ で積分すると 1 になる．

$$\int_{-\pi}^{\pi} [c_0(x)]^2 dx = \int_{-\pi}^{\pi} c_0(x) c_0(x) dx = \int_{-\pi}^{\pi} \frac{1}{2\pi} dx = 1$$

$$\int_{-\pi}^{\pi} [c_n(x)]^2 dx = \int_{-\pi}^{\pi} c_n(x) c_n(x) dx = \int_{-\pi}^{\pi} \frac{\cos^2 nx}{\pi} dx$$
$$= \int_{-\pi}^{\pi} \frac{1 + \cos 2nx}{2\pi} dx = 1 \tag{438}$$

$$\int_{-\pi}^{\pi} [s_n(x)]^2 dx = \int_{-\pi}^{\pi} s_n(x) s_n(x) dx = \int_{-\pi}^{\pi} \frac{\sin^2 nx}{\pi} dx$$
$$= \int_{-\pi}^{\pi} \frac{1 - \cos 2nx}{2\pi} dx = 1$$

> **計算のコツ：**
> $\cos nx$ や $\sin nx$ を $[-\pi, \pi]$ で積分すると
>
> $$\int_{-\pi}^{\pi} \cos nx \, dx = \left[\frac{\sin nx}{n} \right]_{-\pi}^{\pi} = 0$$
> $$\int_{-\pi}^{\pi} \sin nx \, dx = \left[-\frac{\cos nx}{n} \right]_{-\pi}^{\pi} = 0 \tag{439}$$
>
> と，ゼロになる．このパターンを使い回して「ゼロになるものを見つけて落とす」のが計算のコツだ．式(438)では三角関数の**半角公式**を使って，このパターンへと持ち込んである．

---

[5] **定数関数**である $c_0(x)$ は「任意の周期を持つ関数」だ．

式(439)を使うと，定数関数である $c_0(x)$ と，$c_n(x)$ や $s_n(x)$（ただし $n=1,2,3,$ $\cdots$）の積を区間 $[-\pi,\pi]$ で積分すると 0 になることもただちに示せる．

$$\int_{-\pi}^{\pi} c_0(x) c_n(x) dx = \int_{-\pi}^{\pi} \frac{\cos nx}{\sqrt{2\pi}} dx = 0$$
$$\int_{-\pi}^{\pi} c_0(x) s_n(x) dx = \int_{-\pi}^{\pi} \frac{\sin nx}{\sqrt{2\pi}} dx = 0$$
(440)

また，**積和の公式**

$$\cos nx \cos n'x = \frac{\cos(n+n')x + \cos(n-n')}{2}$$
$$\sin nx \sin n'x = -\frac{\cos(n+n')x - \cos(n-n')}{2}$$
$$\sin nx \cos n'x = \frac{\sin(n+n')x + \sin(n-n')}{2}$$
(441)

を式(439)と組み合わせて使うと，互いに異なる n と n' について次の関係式も容易に示せるだろう．（← 超簡単演習）

$$\int_{-\pi}^{\pi} c_n(x) c_{n'}(x) dx = \int_{-\pi}^{\pi} \frac{\cos nx \cos n'x}{\pi} dx = 0$$
$$\int_{-\pi}^{\pi} s_n(x) s_{n'}(x) dx = \int_{-\pi}^{\pi} \frac{\sin nx \sin n'x}{\pi} dx = 0$$
$$\int_{-\pi}^{\pi} s_n(x) c_{n'}(x) dx = \int_{-\pi}^{\pi} \frac{\sin nx \cos n'x}{\pi} dx = 0$$
(442)

> **正規直交関係：**
> 線形代数を習ったことがある人は，式(438)・(440)・(442)の関係式が「**ベクトルの正規直交関係**」に見えるだろう．ちょうど積分が「基底ベクトル」同士の**内積**を取る働きをしているのだ．そういう意味を込めて式(437)に並べた関数を**基底関数**とも呼ぶ．

線形代数は苦手！ という人も，式(438)以外の組み合わせで「積を取って積分するとゼロになる」ことは覚えておこう[6]．

3 波の重ね合わせ

式(437)に並べた基底関数 $c_0(x), c_n(x), s_n(x)$ に，適当な係数 $a_0, a_1, a_2, a_3, \cdots$, $b_1, b_2, b_3, \cdots$ をかけて足し合わせた，**線形結合**を作ってみる[7]．

$$f(x) = a_0 c_0(x) + \sum_{n=1}^{\infty} a_n c_n(x) + \sum_{n=1}^{\infty} b_n s_n(x)$$
$$= a_0 \frac{1}{\sqrt{2\pi}} + \sum_{n=1}^{\infty} a_n \frac{\cos nx}{\sqrt{\pi}} + \sum_{n=1}^{\infty} b_n \frac{\sin nx}{\sqrt{\pi}} \quad (443)$$

いろいろな周期を持つ三角関数を足し合わせるので，このような和を取ることを「波を**重ね合わせる**」と表現する．すべての $a_j\,(j=0,1,2,\cdots)$ がゼロであれば，関数 $f(x)$ は $f(-x) = -f(x)$ を満たす**奇関数**になる．また，すべての $b_j\,(j=1,2,3,\cdots)$ がゼロであれば，$f(-x) = f(x)$ を満たす**偶関数**になる．これは容易に確認できるだろう．用語を一つ学ぼう．

> **フーリエ級数：**
> 式(443)の右辺が有限個の項で表される場合を**フーリエ多項式**，無限個の項がある場合を**フーリエ級数**と呼ぶ．（有限・無限の区別なくフーリエ級数と呼ぶことも多い．）

…そうは言われても，ピンと来ない．一つ実例を見てから考えよう．これはどんな関数だろうか？

$$f(x) = \frac{4}{\pi}\sin x - \frac{4}{3^2\pi}\sin 3x + \frac{4}{5^2\pi}\sin 5x - \cdots$$
$$= \sum_{n=1,3,5,\cdots} (-1)^{\frac{n-1}{2}} \frac{4}{n^2\pi} \sin nx \quad (444)$$

---

[6] 意中の彼女に「せいき直交関係になろう」とメールしてみよ．その後でどんな災難が降りかかってきても私は知らない．

[7] 式(443)を見て，**教科書に書いてある定義**と $\sqrt{\pi}$ だけズレていることに気付いただろうか．この違いは既に式(437)から始まっていたのである．フーリエ級数にはイロイロな定義があって，本を開くごとに定義が異なるので注意しよう．

n が奇数のところだけ和を取って行く．$\sin nx$ の周期を考えると $f(x+\pi) = -f(x)$ が成立することは容易にわかる．もう少し調べると「より面白い」のだけれど，答えに直行(ちかみち)しよう．コンピューターを叩いて $f(x)$ のグラフを描くと，こんな形になる．

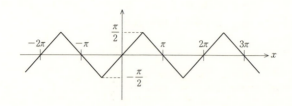

三角波：
この関数は，グラフの形そのままの名前で**三角波**(さんかくは)と呼ばれる．
波のてっぺんや谷底では折れ曲がっていて，そこでは導関数が
不連続なのが特徴だ．

でも，ちょっと待った．曲線で表される $\sin x, \sin 3x$ などを「足し合わせただけ」の式(444)が，

● ホントにこんな形のグラフになるの？

と誰でも疑問に思うだろう．これについては，後からもうチョットだけ(?)検証しよう．

④ フーリエ級数展開

いくつか**難儀な条件**がつくのだけれども，

「高校で習うような連続関数であれば，たいていの周期関数をフーリエ級数で表せる．」

と考えても，大間違いではない[8]．もう少しだけ正確に言うと，いま考えてい

る関数の「1周期ぶん」の区間 $-\pi \leqq x \leqq \pi$ で定積分

$$I = \int_{-\pi}^{\pi} |f(x)|^2 dx$$

を考えた場合に，この I が無限大になったりしないことが条件として付く．ともかくも，周期が 2π の関数 $f(x)$ が与えられれば，式(443)のフーリエ級数へと式変形する道筋があるはずだ．そこで…．

フーリエ係数 と呼ばれる $a_0, a_1, a_2, \cdots, b_1, b_2, \cdots$ を $f(x)$ から求められるか？という問題をまず考えよう．その答えは以下のとおりだ．

●宿題 1

次の関係式が成立することを確かめよ．

$$\begin{aligned} a_0 &= \int_{-\pi}^{\pi} f(x) c_0(x) dx = \int_{-\pi}^{\pi} f(x) \frac{1}{\sqrt{2\pi}} dx \\ a_n &= \int_{-\pi}^{\pi} f(x) c_n(x) dx = \int_{-\pi}^{\pi} f(x) \frac{\cos nx}{\sqrt{\pi}} dx \\ b_n &= \int_{-\pi}^{\pi} f(x) s_n(x) dx = \int_{-\pi}^{\pi} f(x) \frac{\sin nx}{\sqrt{\pi}} dx \end{aligned} \quad (445)$$

略解(?)

式(443)のように「フーリエ級数で表された $f(x)$」を上の式(445)に代入して，積分の計算の過程で式(438)・(440)・(442)の直交関係を使うと，$f(x)$ からフーリエ係数を「抽出」する過程を検証できる．導出の過程を，いちいち紙に書いて理解しておくことが大切だ．ともかく，式(445)を使えば「フーリエ係数」はすべて求められるのである…原理的には．

> **フーリエ級数展開：**
> (フーリエ級数が未知の)周期関数 $f(x)$ を式(445)に放り込んで，フーリエ係数を求め，$f(x)$ をフーリエ級数で表すことを「フーリエ級数展開」と呼ぶ．

---

8) 三角波の導関数(式(454))は不連続なのだけれどフーリエ級数でおおよそ表せる．$f(x) = \tan x$ は，さすがに無理だ．

よし，さっきの三角波をフーリエ級数展開してみよう．この三角波は，区間 $[-\pi, \pi]$ では

$$f(x) = \begin{cases} -x-\pi & \left(-\pi \leqq x \leqq -\dfrac{\pi}{2}\right) \\ x & \left(-\dfrac{\pi}{2} \leqq x \leqq \dfrac{\pi}{2}\right) \\ -x+\pi & \left(\dfrac{\pi}{2} \leqq x \leqq \pi\right) \end{cases} \tag{446}$$

と書ける．これを見ればわかるように，$f(x)$ は $f(-x) = -f(x)$ を満たす奇関数だ．一方で $\cos nx$ は偶関数なので，ただちに $a_0 = 0$ と $a_n = 0$ がわかる．

奇関数の定積分：

まず，奇関数 $f(-x) = -f(x)$ と偶関数 $g(-x) = g(x)$ の積 $h(x) = f(x)g(x)$ は奇関数であることがわかる．

$$h(-x) = f(-x)g(-x) = -f(x)g(x) = -h(x) \tag{447}$$

また，区間 $[-\pi, \pi]$ での奇関数 $h(x)$ の定積分

$$\int_{-\pi}^{\pi} h(x)dx = \int_{-\pi}^{0} h(x)dx + \int_{0}^{\pi} h(x)dx \tag{448}$$

は，右辺の最初の項で $x = -y$ と積分変数を置き換えればわかるようにゼロである．

あとは残った b_n の計算だ．式(445)に，式(446)の三角波を代入して，次のように計算を進める．

$$\begin{aligned} b_n &= \int_{-\pi}^{\pi} f(x) \frac{\sin nx}{\sqrt{\pi}} dx \\ &= -\int_{-\pi}^{-\frac{\pi}{2}} (x+\pi) \frac{\sin nx}{\sqrt{\pi}} dx + \int_{-\frac{\pi}{2}}^{\frac{\pi}{2}} x \frac{\sin nx}{\sqrt{\pi}} dx - \int_{\frac{\pi}{2}}^{\pi} (x-\pi) \frac{\sin nx}{\sqrt{\pi}} dx \end{aligned} \tag{449}$$

$f(x)$ の定義に合わせる形で，積分も3つの項に分かれた．第1項で $y = x+\pi$，第3項で $z = x-\pi$ と変数を置き換え，関係式

$$\sin nx = \sin n(y-\pi) = (-1)^n \sin ny$$
$$= \sin n(z+\pi) = (-1)^n \sin nz \tag{450}$$

を使うと，被積分関数の形がそろう．

$$b_n = -(-1)^n \int_0^{\frac{\pi}{2}} y\frac{\sin ny}{\sqrt{\pi}}dy + \int_{-\frac{\pi}{2}}^{\frac{\pi}{2}} x\frac{\sin nx}{\sqrt{\pi}}dx - (-1)^n \int_{-\frac{\pi}{2}}^0 z\frac{\sin nz}{\sqrt{\pi}}dz \tag{451}$$

定積分なので，積分変数を y と書こうと x と書こうと値は変わらない．積分変数はすべて x にそろえ，右辺の 3 項をまとめよう．

$$b_n = [1-(-1)^n] \int_{-\frac{\pi}{2}}^{\frac{\pi}{2}} x\frac{\sin nx}{\sqrt{\pi}}dx \tag{452}$$

n が偶数なら $b_n = 0$ であることは明らかだ．n が奇数の場合，$b_n = 2\int_{-\frac{\pi}{2}}^{\frac{\pi}{2}} x\frac{\sin nx}{\sqrt{\pi}}dx$ を計算しよう．

$$b_n = \left[2x\frac{-\cos nx}{n\sqrt{\pi}}\right]_{-\frac{\pi}{2}}^{\frac{\pi}{2}} - \int_{-\frac{\pi}{2}}^{\frac{\pi}{2}} \frac{-2\cos nx}{n\sqrt{\pi}}dx = \left[\frac{2\sin nx}{n^2\sqrt{\pi}}\right]_{-\frac{\pi}{2}}^{\frac{\pi}{2}} \tag{453}$$

このようにして b_n の値は $n = 1, 5, 9, \cdots$ で $\dfrac{4}{n^2\sqrt{\pi}}$，$n = 3, 7, 11, \cdots$ で $-\dfrac{4}{n^2\sqrt{\pi}}$ と求められた．

●宿題 2

いま求めたフーリエ係数 b_n を式(443)に代入すれば，式(444)で表される三角波のフーリエ級数と一致することを確認しなさい．

…これは代入して確かめるだけなので，わざわざ解答を書くまでもないだろう．

⑤ あぶない三角波

漁師さん達が「三角波(さんかくなみ)」と呼ぶのは，海に突然現れる「山がとがった大波」のことで，船がこれに突っ込むと危ない．いままで相手にしてきた三角波(さんかくは)も，負けず劣らずアブナイ側面を持つ．そもそも，式(444)のフーリエ級数が「グラ

フに描いた三角波である」ことの確認さえ，まだであった．

ジタバタと探りを入れる手始めとして，導関数の値から求めてみよう．式(444)を微分すると

$$f'(x) = \sum_{n=1,3,5,\cdots} (-1)^{\frac{n-1}{2}} \frac{4}{n\pi} \cos nx$$
$$= \frac{4}{\pi}\cos x - \frac{4}{3\pi}\cos 3x + \frac{4}{5\pi}\cos 5x - \cdots \qquad (454)$$

を得る．これもフーリエ級数だ．$x=0$ では $\cos nx = 1$ なので，導関数の値は次のように表される[9]．

$$f'(0) = \frac{4}{\pi}\left[1 - \frac{1}{3} + \frac{1}{5} - \frac{1}{7} + \frac{1}{9} - \cdots\right] \qquad (455)$$

さて，その値は？　こんな公式がある．

> **ライプニッツの公式：**
> $x = \tan\theta$ の逆関数 $\theta(x) = \tan^{-1} x$ をテイラー展開して計算を進めれば，次の式が得られる．
> $$1 - \frac{1}{3} + \frac{1}{5} - \frac{1}{7} + \frac{1}{9} - \cdots = \frac{\pi}{4} \qquad (456)$$

計算の詳細は「とりあえず」必要ないので，ちゃっかりと (??!) 値を借りてこよう．すると，$f'(0) = 1$ が得られる．$f(x+\pi) = -f(x)$ だったから，$f'(2\ell\pi) = 1$ および $f'(2\ell\pi+\pi) = -1$ も成立している．

もっと一般的な x について $f'(x)$ はどんな値を持つだろうか？　手がかりは2階微分にある．

$$f''(x) = \sum_{n=1,3,5,\cdots} (-1)^{\frac{n-1}{2}} \frac{-4}{\pi}\sin nx = -\frac{4}{\pi}[\sin x - \sin 3x + \sin 5x - \cdots] \qquad (457)$$

$x = \frac{\pi}{2}$ での値は $-\frac{4}{\pi}[1+1+1+\cdots]$ で負の無限大になる．同様に，$x = \pm\frac{\pi}{2}$, $\pm\frac{3\pi}{2}$, $\pm\frac{5\pi}{2}$, $\cdots$ で $f''(x)$ は発散している．これは，「波の角」にあたる部分では導関数 $f'(x)$ が不連続であることに対応している．さてここで，オイラーの公式を思い出そう．

> **三角関数と指数関数：**
> オイラーの公式 $e^{ix} = \cos x + i \sin x$ を使えば三角関数を指数関数で表すことができる．
> $$\cos x = \frac{e^{ix}+e^{-ix}}{2}, \quad \sin x = \frac{e^{ix}-e^{-ix}}{2i} \tag{458}$$
> また，$-1 = e^{i\pi}$ や $i = e^{i\frac{\pi}{2}}$ もよく使われる．

式(458)を式(457)に代入して式変形を続ける．
$$f''(x) = -\frac{2}{\pi i}[e^{ix}-e^{3ix}+e^{5ix}-e^{7ix}+\cdots]$$
$$+\frac{2}{\pi i}[e^{-ix}-e^{-3ix}+e^{-5ix}-e^{-7ix}+\cdots] \tag{459}$$

2項目は1項目の**複素共役**だ．ここで危ない橋を渡る．1よりも少し小さな実数 α を持ってきて
$$S_\alpha = e^{ix} - \alpha e^{3ix} + \alpha^2 e^{5ix} - \alpha^3 e^{7ix} + \cdots \tag{460}$$
を定義しよう．これは等比級数なので，その値は
$$S_\alpha = \frac{e^{ix}}{1+\alpha e^{2ix}}, \quad \lim_{\alpha \to 1} S_\alpha = \frac{e^{ix}}{1+e^{2ix}} \tag{461}$$
と求められる[10]．これを式(459)に代入すれば
$$f''(x) = -\frac{2}{\pi i}\frac{e^{ix}}{1+e^{2ix}} + \frac{2}{\pi i}\frac{e^{-ix}}{1+e^{-2ix}}$$
$$= -\frac{2}{\pi i}\left[\frac{1}{e^{-ix}+e^{ix}} - \frac{1}{e^{-ix}+e^{ix}}\right] = 0 \tag{462}$$

となり，$f'(x)$ が不連続な点 $x = \pm\frac{\pi}{2}, \pm\frac{3\pi}{2}, \pm\frac{5\pi}{2}, \cdots$ をのぞいて $f''(x)$ はゼロになる．ということは，$f'(x)$ は $-\frac{\pi}{2} < x < \frac{\pi}{2}$ で $f'(0) = 1$ と同じ値1を取り，$\frac{\pi}{2} < x < \frac{3\pi}{2}$ で $f'(\pi) = -1$ と同じ値 -1 となるような周期関数だ．

---

9) このように，符号がプラス，マイナス，プラスと交代しながら，項の絶対値が小さくなって行く級数は必ず収束する．
10) ちょっと**火遊び**をしてしまった．ふつうに考えると式(459)に現れる級数は，収束条件を満たしていないのだ．あまり道具を大袈裟にしたくなかったので，多少の無理には目をつむった——**物理屋さん**はもっと無理なこともよく行なう．

$f'(x)$ のグラフは，実は次のような形をしている．

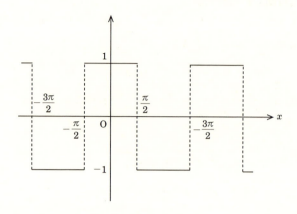

見ての通り四角い形をしている周期関数なので，このような「波」を方形波と呼ぶ[11]．こんな $f'(x)$ を与える関数で，$f(0) = 0$ を満たすものは，最初に考えた「三角波」しかない．ちょっと不思議な気もするけれども，三角関数を適当に(!)足し合わせるだけで，三角波になってしまった．

●難解演習

式(457)で求めた $f''(x)$ はどんな関数だろうか？
例解
まず小さな正の数 ε を用意しよう．グラフで示したように，$x = \frac{\pi}{2} - \varepsilon$ では $f'(x) = 1$ で，$x = \frac{\pi}{2} + \varepsilon$ であれば $f'(x) = -1$ となる．ここで関係式

$$\int_{\frac{\pi}{2}-\varepsilon}^{\frac{\pi}{2}+\varepsilon} f''(x)\, dx = \left[f'(x)\right]_{\frac{\pi}{2}-\varepsilon}^{\frac{\pi}{2}+\varepsilon} = -2 \tag{463}$$

を見ると，ε の値がどんなに小さくても左辺の定積分の値は -2 になることがわかる．これは，少し前に習った**デルタ関数**が持つ性質だ．係数まで含めてもう少し正確に言うと，$f''(x)$ は $x = \frac{\pi}{2}$ の周囲で $-2\delta\left(x - \frac{\pi}{2}\right)$ と一致する．x についてもっと広い範囲を考えると，$+2$ の係数がかかったデルタ関数と -2 の係数がかかったデルタ関数が交互

にならんだものが $f''(x)$ で，強引に数式にするならば

$$f''(x) = -\sum_{\ell=-\infty}^{\infty} 2(-1)^\ell \delta\left(x - \frac{\pi}{2} + \ell\pi\right) \tag{464}$$

と書くことができる．

6 不思議な関係式

式(456)で**説明を飛ばして**ライプニッツの公式を持ち出したのは「インチキだ」と言われれば実もフタもない．罪滅ぼしに，$f(0)$ と $f\left(\dfrac{\pi}{2}\right)$ を求めてみるのはどうだろうか？ 式(462)より $f(x)$ は(部分的には)直線であることがわかっているので，$f(0)$ と $f\left(\dfrac{\pi}{2}\right)$ の間を直線で結び，その傾きから $f'(x)$ を逆算できるからだ．

まず，式(444)のフーリエ級数で $f(0) = 0$ が成立していることは明らかだ．では $x = \dfrac{\pi}{2}$ は？

$$\begin{aligned} f\left(\frac{\pi}{2}\right) &= \frac{4}{\pi} + \frac{4}{3^2\pi} + \frac{4}{5^2\pi} + \frac{4}{7^2\pi} + \frac{4}{9^2\pi} + \cdots \\ &= \frac{4}{\pi}\left[1 + \frac{1}{3^2} + \frac{1}{5^2} + \frac{1}{7^2} + \frac{1}{9^2} + \cdots\right] \end{aligned} \tag{465}$$

う〜ん，またまた級数が出てきてしまった．ここで意外なものが役に立つ．

正弦関数を無限乗積で表す：

式(433)の無限乗積は $\sin x$ に一致する．

$$\sin x = x \prod_{j=1}^{\infty}\left[1 - \frac{x^2}{(j\pi)^2}\right] \tag{466}$$

証明には「関数論」の**一致の定理**などを使うのだけれど，少し長い話になるので(?!)省略する．

---

11) 電車の中で「セーホーケー！」と叫んでも誰も気にしないのに，どう言うわけか「ホーケーハ！」と小声でささやくと周囲の視線が厳しかった．

式(466)の右辺を展開してみよう．積の中から1ばかり拾ってくる最小次の項は x，一度だけ x^2 を拾ってくるのが次の項，その辺りまで書けばよい．

$$f(x) = x - \left[\frac{1}{\pi^2} + \frac{1}{(2\pi)^2} + \frac{1}{(3\pi)^2} + \cdots\right]x^3 + \cdots$$
$$= x - \left[\frac{1}{\pi^2}\sum_{n=1}^{\infty}\frac{1}{n^2}\right]x^3 + \cdots \tag{467}$$

左辺の $\sin x$ も**テイラー級数**として

$$\sin x = x - \frac{1}{3!}x^3 + \frac{1}{5!}x^5 - \frac{1}{7!}x^7 + \cdots \tag{468}$$

と表される．式(467)と式(468)の，x^3 の係数は等しいはずだから，次の公式が得られる[12]．

$$\frac{1}{3!} = \frac{1}{\pi^2}\sum_{n=1}^{\infty}\frac{1}{n^2} \quad \text{つまり} \quad \sum_{n=1}^{\infty}\frac{1}{n^2} = \frac{\pi^2}{6} \tag{469}$$

> **ゼータ関数：**（← 再登場）
> 次の級数で与えられる**重要な関数**がある．
> $$\zeta(x) = 1 + \frac{1}{2^x} + \frac{1}{3^x} + \frac{1}{4^x} + \cdots = \sum_{n=1}^{\infty}\frac{1}{n^x} \tag{470}$$
> これが有名な**ゼータ関数**だ．式(469)で求めたのは $\zeta(2) = \frac{\pi^2}{6}$ だったわけだ．

ゼータ関数を使って，式(465)の値を求めよう．

$$f\left(\frac{\pi}{2}\right) = \frac{4}{\pi}\left[\zeta(2) - \frac{1}{2^2}\zeta(2)\right] = \frac{4}{\pi}\frac{3}{4}\frac{\pi^2}{6} = \frac{\pi}{2} \tag{471}$$

式(462)で示したように，$f(0) = 0$ と $f\left(\frac{\pi}{2}\right) = \frac{\pi}{2}$ を結ぶ線は直線だったから，この区間で $f'(x) = 1$ である事実がめでたく明らかとなった．いや…微分積分入門編という「使える道具が少ない状態」の下，式の導出の数々に対して無理を重ねたかもしれない．ジタバタするのも，これ，数学を習う者の日常である．

7 もっと大波，フーリエ変換

周期が 2π の「周期関数」に対してフーリエ級数展開を理解したら，周期が 2π よりも長い関数をフーリエ級数で表すこともできる．今度は**複素関数**を使ってみよう．任意の整数 ℓ に対して，$\dfrac{1}{\sqrt{2\pi L}}e^{i\frac{\ell x}{L}}$ を区間 $[-\pi L, \pi L]$ での**基底関数**と定めるのだ．これもまた**直交関係**

$$\delta_{\ell\ell'} = \int_{-\pi L}^{\pi L} \frac{1}{\sqrt{2\pi L}}e^{-i\frac{\ell x}{L}} \frac{1}{\sqrt{2\pi L}}e^{i\frac{\ell' x}{L}} dx \tag{472}$$

を満たす．

● 例解演習

式(472)を確認しなさい．

例解

次のように計算する．

$$\int_{-\pi L}^{\pi L} \frac{1}{2\pi L} e^{i\frac{(\ell'-\ell)}{L}x} dx$$

$$(\ell' = \ell \text{ の場合}) = \int_{-\pi L}^{\pi L} \frac{1}{2\pi L} dx = 1$$

$$(\ell' \neq \ell \text{ の場合}) = \frac{1}{2\pi L}\left[\frac{L}{i(\ell'-\ell)}e^{i\frac{(\ell'-\ell)}{L}x}\right]_{-\pi L}^{\pi L} = 0 \tag{473}$$

後は，いままで求めて来たフーリエ展開の式に「長さ L」を放り込んで行くだけだ．フーリエ係数を d_ℓ と書くことにすると，周期が $2\pi L$ の関数 $f(x)$ のフーリエ展開式は次のように書ける．

$$f(x) = \sum_{l=-\infty}^{\infty} d_\ell \frac{e^{i\frac{\ell x}{L}}}{\sqrt{2\pi L}}, \quad d_\ell = \int_{-\pi L}^{\pi L} \frac{e^{-i\frac{\ell x}{L}}}{\sqrt{2\pi L}} f(x) dx \tag{474}$$

$L \to \infty$ の極限を取ると「周期を持たない関数」にもフーリエ級数を拡張できそうだ．ただし，そのまま $L \to \infty$ の極限を取ると，両辺がゼロに

---

12) $\zeta(-1) = 1+2+3+4+\cdots = -\dfrac{1}{12}$ という実に**信じ難い**(!)公式もある．その導出は，式(466)と同じように「関数論」を習ってからのお楽しみに．

なるなど都合が悪いことが起きる．そこで，少し「工夫の式変形」をしておこう．

$$f(x) = \frac{1}{\sqrt{2\pi}} \left[\frac{1}{L} \sum_{\ell=-\infty}^{\infty} (\sqrt{L} d_\ell) e^{i\frac{\ell x}{L}} \right],$$
$$\sqrt{L} d_\ell = \frac{1}{\sqrt{2\pi}} \int_{-\pi L}^{\pi L} e^{-i\frac{\ell x}{L}} f(x) dx \tag{475}$$

$\sqrt{L}$ を d_ℓ にかけ合わせて整理したわけだ．この段階で，**波数**(はすう)と呼ばれる $k_\ell = \dfrac{l}{L}$ を導入して $\sqrt{L} d_\ell$ を $F(k_\ell)$ と書いてみる．というのも，式(475)の2番目の式を見ると，$\sqrt{L} d_\ell$ が k_ℓ を含む積分で与えられているからだ．また，k_ℓ と $k_{\ell+1}$ の差 $\Delta k = k_{\ell+1} - k_\ell = \dfrac{1}{L}$ は，いま定義した波数の「微少な変化」とみなせる．式(475)の最初の式をよく見ると，$L \to \infty$ の極限で「定積分の形」になっていることが，次のように示せる．

$$\lim_{L \to \infty} \frac{1}{\sqrt{2\pi}} \left[\frac{1}{L} \sum_{\ell=-\infty}^{\infty} \left(\sqrt{L} d_\ell \right) e^{i\frac{\ell x}{L}} \right] = \lim_{L \to \infty} \frac{1}{\sqrt{2\pi}} \left[\sum_{\ell=-\infty}^{\infty} F(k_\ell) e^{ik_\ell x} \right] \Delta k$$
$$= \frac{1}{\sqrt{2\pi}} \int_{-\infty}^{\infty} F(k) e^{ikx} dk$$

ここに出てくる関数 $f(x)$ と $F(k)$ は，両方とも特に周期を持たないものである[13]．

フーリエ変換：
次の関係を満たす $F(k)$ を，関数 $f(x)$ のフーリエ変換（あるいはフーリエ成分）と呼ぶ．

$$f(x) = \frac{1}{\sqrt{2\pi}} \int_{-\infty}^{\infty} F(k) e^{ikx} dk,$$
$$F(k) = \frac{1}{\sqrt{2\pi}} \int_{-\infty}^{\infty} f(x) e^{-ikx} dx \tag{477}$$

上の二つの式の，上側は $F(k)$ からもとの関数 $f(x)$ を求める**フーリエ逆変換**，下側は $f(x)$ から $F(k)$ を求める**フーリエ変換**である．

ここから先に「わけ入る」と，式(472)を変形した**デルタ関数**に付き合うことになる．状況は**天気晴朗なれど波高し**だ．手こぎ船で大海に出ると遭難する．Z旗を掲げつつ…じゃなかった，Z平面とも呼ばれるリーマン面の上で，**複素関数**を扱う道具をいろいろと揃えてから再攻略するべきだろう．

——さて，風ちゃんと理恵ちゃんが待つ港に帰ろうか．

●例解演習

問題
ガウス関数 $f(x) = (2\pi)^{-\frac{1}{4}} e^{-\frac{x^2}{2}}$ をフーリエ変換してみなさい．

例解
まず，フーリエ変換の「定義通りの式」を書いておこう．

$$\begin{aligned} F(k) &= \frac{1}{\sqrt{2\pi}} \int_{-\infty}^{\infty} (2\pi)^{-\frac{1}{4}} e^{-\frac{x^2}{2}} e^{-ikx} dx \\ &= (2\pi)^{-\frac{3}{4}} \int_{-\infty}^{\infty} e^{-\frac{x^2}{2} - ikx} dx \end{aligned} \quad (478)$$

ここで，$-\frac{x^2}{2} - ikx$ を x について平方完了する．

$$\begin{aligned} F(k) &= (2\pi)^{-\frac{3}{4}} \int_{-\infty}^{\infty} e^{-\frac{1}{2}(x+ik)^2 - \frac{k^2}{2}} dx \\ &= e^{-\frac{k^2}{2}} (2\pi)^{-\frac{3}{4}} \int_{-\infty}^{\infty} e^{-\frac{1}{2}(x+ik)^2} dx \end{aligned} \quad (479)$$

積分は $y = x + ik$ と置き換えてみると「ガウス積分」になってしまうので[14]，その値は $\sqrt{2\pi}$ だ．したがって求める答えは $F(k) = (2\pi)^{-\frac{1}{4}} e^{-\frac{k^2}{2}}$ で与えられる．あらあら，もとと同じ，ガウス関数の形に戻って来てしまった．

---

[13] $L \to \infty$ の極限を取る前の段階では，$f(x)$ は周期が L の関数だと思っていたわけだ．したがって $L \to \infty$ の極限を取った後で取り扱う関数 $f(x)$ は「無限だけ進む」と $f(x+\infty) = f(x)$ と(?!)もとの値に戻って，「無限の2倍だけ進む」とやっぱりもとの値に戻るんじゃないか？ という気がする．こんなふうに考えられるかどうか，学校の先生に聞いてみると面白い．親切な先生ならば「集合」から始まって延々と教えてくれるだろう．

[14] ガウス積分に「なってしまう」とサラリと書くと，目クジラ立てる人が居るかもしれない．置き換え $y = x + ik$ が安全に行えることを保証するには，複素関数のことを先に知っておく必要がある．今は，その安全保障(?)をスッ飛ばそう．

問題

デルタ関数 $f(x) = \delta(x)$ のフーリエ変換を求めなさい．

例解

フーリエ変換の公式に代入すると

$$F(k) = \frac{1}{\sqrt{2\pi}}\int_{-\infty}^{\infty}\delta(x)e^{-ikx}dx = \frac{1}{\sqrt{2\pi}} \tag{480}$$

を得る．したがって，デルタ関数が次のようにも表せることもわかる．

$$\delta(x) = \frac{1}{\sqrt{2\pi}}\int_{-\infty}^{\infty}\frac{1}{\sqrt{2\pi}}e^{ikx}dk = \frac{1}{2\pi}\int_{-\infty}^{\infty}e^{ikx}dk \tag{481}$$

この積分を見て「妙だな？」と思う人は勘がいい．$x=0$ では，積分の値が無限大になるし，$x \neq 0$ では，積分区間を $|k| \to \infty$ へと広げる極限の取り方が問題になって来る．

そこで，ちょっと工夫してみよう．正の定数 a を含むガウス関数 $f(x) = \frac{1}{\sqrt{2\pi a}}e^{-\frac{x^2}{2a}}$ をグラフに描くと，a が小さければ原点で値 $\frac{1}{\sqrt{2\pi a}}$ を持つ「狭くて高い山」になる．そして，$a \to 0$ の極限を取ると「山の幅」は限りなく(?)狭くなり，この関数は $\delta(x)$ を与える．(←次の章で説明する．) さて，$f(x)$ をフーリエ変換すると，$F(k) = \frac{1}{\sqrt{2\pi}}e^{-\frac{ak^2}{2}}$ となるので，フーリエ逆変換は

$$\frac{1}{\sqrt{2\pi}}\int_{-\infty}^{\infty}\frac{1}{\sqrt{2\pi}}e^{-\frac{ak^2}{2}}e^{ikx}dk = \frac{1}{2\pi}\int_{-\infty}^{\infty}e^{-\frac{ak^2}{2}+ikx}dk \tag{482}$$

と表される．この式で $a \to 0$ の極限を取ることには，あまり抵抗を感じないだろう．結果として，さっき見たばかりの式(481)を得るわけだ．もっとも，この辺りの話になると，やっぱり**複素関数**の知識があるに越したことはない．

問題

フーリエ逆変換がフーリエ変換の「逆変換」であることを示しなさい．

例解

ともかく計算してみよう．

$$\frac{1}{\sqrt{2\pi}}\int_{-\infty}^{\infty}F(k)\,e^{ikx}dk = \frac{1}{\sqrt{2\pi}}\int_{-\infty}^{\infty}\left[\frac{1}{\sqrt{2\pi}}\int_{-\infty}^{\infty}f(y)\,e^{-iky}dy\right]e^{ikx}dk$$

$$= \int_{-\infty}^{\infty}f(y)\left[\frac{1}{2\pi}\int_{-\infty}^{\infty}e^{ik(x-y)}dk\right]dy$$

$$= \int_{-\infty}^{\infty}f(y)\,\delta(x-y)\,dy = f(x) \quad (483)$$

さっき求めておいた, デルタ関数のフーリエ変換を使ったわけだ. $\delta(x-y)$ は, y の値が x の場所での $f(y)$ の値を「引っ張り出す」働きを持っている. 同様に, フーリエ変換がフーリエ逆変換の「逆変換」であることもデルタ関数を使って示せる.

11章 夜明けのコーヒーは底が甘い

　寒い朝でも，A君の1日の始まりはアイスコーヒーと決まっている．それも，ちょっと変わった飲み方をする．グラスの底に角砂糖を置き，その上からアイスコーヒーを注いで，じーっと待つのである．ガールフレンドがやって来た朝にも，同じように冷たいコーヒーを入れて勧めた．幸か不幸か，二度とやって来なかったのだそうだ，その彼女は．A君が言うには，飲み始めが苦くて，だんだん甘く，最後にジャリジャリの「コーヒー砂糖」を甘く甘く味わうのがイイのだそうな．彼は将来，そんな甘い家庭を築くのであろうか？

1 砂糖の拡散

　学校で微分積分を習うのは，微分積分の考え方自体が面白いことはもちろん，いろいろな場面で役に立つからだ．日常生活でよく出会う「拡散現象」を例に取って，微分や積分の活躍を楽しんでみよう[1]．
　ここで話題にするのは，相変わらず冷めたコーヒーである．ただし，砂糖を加えるタイミングが，さっきの話とは少し違う．まず縦長のコップを用意しておいて，そこへ熱くも冷たくもない「ぬるいコーヒー」を注ぐ．そして，少し待ってからパラパラと砂糖を振る．砂糖がまんべんなく底に沈んだら，とけてしまうまで「じーっと待つ」のである．こうすれば間違いなく「底が甘くて上が苦い室温のコーヒー」ができあがる．話を単純にするために，コップの中でコーヒーは流れることなく「静止している」と仮定しておこう．砂糖はコップの底で濃く，上へ行くにつれて薄くなる．また，その濃さは水平方向に移動しても変わらないと仮定しよう．ところで**濃さ**というものは，どういう量なのだろうか？

化学屋さんが濃度を語ったら

化学実験で「何かの溶液」を取り扱うときには，その濃さを**モル濃度**で表すことが多い．それは1リットル[ℓ]の溶液中に，分子が何モル[mol]だけ入っているか？ を表す数値[mol/ℓ]である（と昔の高校の教科書には書いてあった．ちなみに，リットルの単位は現在はLで習うらしい）．「モルって何じゃい？」と思ったら，1モルの砂糖はおおよそ340グラム[g]だと考えておけば良いだろう[2]．**物理屋さん**は1立方メートルの溶液を考えて，そこに含まれるモル数[mol/m³]を考えることがある．要するに，濃度の定義と使い分けは時と場合によりけりなのである．どのように濃度を定めても，濃度を表す数字に「定数倍の違い」が生じるだけなので，これから先の話では，濃度の定義を気にする必要はない…だろう．

どんな単位で濃度を表すか，それは「好みに任せる」ことにして，ともかく砂糖の濃度を「高さ z」の関数 $\phi(z)$ で表すことにしよう．ただし，コップの底を**高さの原点**に選んで，そこを $z=0$ と定める．濃度 $\phi(z)$ は 0 以上の値を持

---

[1] この辺りから先の章は，気に入ったところから「つまみ読み」してもらってまったく問題ない．微分積分の応用範囲は実に広いのだ．
[2] 1モルはアボガドロ数（〜 6.02×10^{23}）個の分子の集まりだ．

つ「高さ z の関数」で，砂糖の濃さ・甘さを表すモノだと**素朴に考えるわけだ**[3]．さて砂糖を沈めたコップについて

- コップの中に流れがまったくなくても，砂糖は待てば待つほどコップ全体へと「じわじわーっと」広がって行く

ということは誰でも経験的に知っているだろう．つまり，濃度 $\phi(z)$ は時間とともに変化するのだ．したがって時刻 t も「濃度分布関数 ϕ」の変数と考えておく必要がある．そこでこれから先は，砂糖の濃度を $\phi(z,t)$ と **2 変数関数で書き表す**ことにする．濃度 $\phi(z,t)$ の時間変化は，どんな方程式で与えられるのだろうか？ …これは話し始めると説明が長くなるから，**もしも「方程式の導出」に興味がなければ**，次の節まで飛ばし読みしても良い．
(→→ 拡散方程式(500)へお急ぎの方は p.182 へ →→)

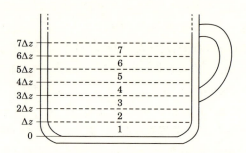

関数 $\phi(z,t)$ をいくら眺めても，$\phi(z,t)$ の時刻変化を記述できそうな式はなかなか得られない．考えがまとまらないときには，微分や積分が**区切って考える数学**であったことを思い出そう．この基本にしたがって，コップを「厚さ Δz の薄い円板」に区切り，底から

- 1番目　　$0 \leq z < \Delta z$
- 2番目　　$\Delta z \leq z < 2\Delta z$
- 3番目　　$2\Delta z \leq z < 3\Delta z$

と番号を付ける．ℓ 番目 $(\ell-1)\Delta z \leq z < \ell \Delta z$ の「中央の高さ」が

$$z_\ell = \left(\ell - \frac{1}{2}\right)\Delta z \tag{484}$$

であることは，わざわざ言わなくても良いだろう．この高さでの濃度 $\phi(z_\ell, t)$

はおおよそ

- ℓ 番目の円板中の砂糖の濃度を代表する値（～ 平均した値）

だと考えて良い．円板の底と上では多少の濃度の差があるとしても，その間で濃度が乱高下する(?!)ことはないと考えるのである[4]．そして，ℓ 番目の円板に含まれる「砂糖の量」は，コップの断面積 S から求められる「円板の体積 $S\Delta z$」と「平均的な濃度 $\phi(z_\ell, t)$」の積

$$q_\ell(t) = \phi(z_\ell, t) S \Delta z \tag{485}$$

を使って近似的に表すことができる．

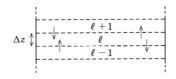

時刻が t から測って Δt だけ進んだ時には，それぞれの「円板」に含まれる砂糖が上下の面を通過して，上下に接する円板へと少しだけ逃げ出して行く[5]．砂糖の「濃度」が濃いほど，上下に逃げ出して行く分量も多いだろう．ここでは大胆に(!!)

- 逃げ出す量が $q_\ell(t) = \phi(z_\ell, t) S \Delta z$ に比例する

と仮定しよう．小さな正の比例定数 a を使って，「ℓ 番目の円板」から，一つ上にある「$\ell+1$ 番目の円板」へと逃げ出して行く砂糖の分量が

$$a\, q_\ell(t) = a\phi(z_\ell, t) S \Delta z \tag{486}$$

で与えられると考えるわけだ[6]．ここに Δz が現れるのは，ちょっとマズいような気がするかもしれないけれども，妙なことは係数 a に「押し付けてしまう」ことができる．また，一つ下の「$\ell-1$ 番目の円板」にも，ほぼ同じ量だけ砂糖

---

3) 砂糖の濃度は「何倍」と言えるけれども，砂糖水の「甘さ」について具体的に「何倍甘い」と舌で判断できるだろうか？

4) 「濃度」という自然界に存在するものを引き合いに出すと，$\phi(z, t)$ という「関数」を相手にするにしても，その変化に強い制限がかかって来るのだ．

5) どうして逃げ出して行くのか，その理由を知りたくなったら「ブラウン運動」をキーワードに検索してみよう．おおまかに説明すると，砂糖の分子が水の分子とぶつかり合いながら，だんだんとアチコチへと移動して行くのである．

6) 後で議論する(?)ように，a は Δt に比例して増えて行く係数だ．

が逃げ出すはずだ．逃げ出した分量は「もとの円板から減る」わけだから，その分だけを引き去った

$$q_\ell(t) - 2a\phi(z_\ell, t)S\Delta z = (1-2a)\phi(z_\ell, t)S\Delta z \tag{487}$$

が ℓ 番目の円板の内側に「とどまる」砂糖の分量と考えて良いだろう．

おっと，ℓ 番目の円板へと「流れ込んで来る」砂糖も忘れてはいけない．この円板に接している上下の円板から，Δt の間に流れ込んで来る砂糖の量は，「上下の円板から逃げ出す砂糖の量」を考えて

$$a\phi(z_{\ell+1}, t)S\Delta z + a\phi(z_{\ell-1}, t)S\Delta z \tag{488}$$

と勘定できる．式(487)で求めた「とどまる分量」に，いま求めた流入分を加えると，Δt だけ時間が経過した後に ℓ 番目の円板の中に含まれる砂糖の分量を表すことができる．

$$[\phi(z_\ell, t) + a\phi(z_{\ell+1}, t) - 2a\phi(z_\ell, t) + a\phi(z_{\ell-1}, t)]S\Delta z \tag{489}$$

さて次に，Δt 経過した後の ℓ 番目の円板内での濃度に着目しよう．その濃度は $\phi(z_\ell, t+\Delta t)$ と書く約束であったから，Δt 経過した後の円板内の砂糖の量は $q_\ell(t+\Delta t) = \phi(z_\ell, t+\Delta t)S\Delta z$ である．これは上の式で求めた値(489)に等しいはずだ．共通する因子 $S\Delta z$ を取り去ると，$\phi(z_\ell, t+\Delta t)$ を

$$\phi(z_\ell, t+\Delta t) \sim \phi(z_\ell, t) + a\phi(z_{\ell+1}, t) - 2a\phi(z_\ell, t) + a\phi(z_{\ell-1}, t) \tag{490}$$

と近似的に表せる．何度も出て来た係数 a は，実は Δt や Δz の選び方によって値が変わって来るものだ．（← どう関係しているかを，考えてみよう．）

以上が「自然現象についての考察」で，ここからが慣れ親しんだ微分の話になる．式(490)の両辺を Δt で割ってから，ちょっと移項してみよう．

$$\frac{\phi(z_\ell, t+\Delta t) - \phi(z_\ell, t)}{\Delta t} \sim \frac{a}{\Delta t}[\phi(z_{\ell+1}, t) - 2\phi(z_\ell, t) + \phi(z_{\ell-1}, t)] \tag{491}$$

この左辺は，$\Delta t \to 0$ の極限で，時刻 t による偏微分になる[7]．

$$\lim_{\Delta t \to 0} \frac{\phi(z_\ell, t+\Delta t) - \phi(z_\ell, t)}{\Delta t} = \frac{\partial \phi(z_\ell, t)}{\partial t} \tag{492}$$

式(491)の右辺は，もう少し込み入っている．見易いように整理しよう．

$$\frac{a(\Delta z)^2}{\Delta t} \frac{1}{\Delta z}\left[\frac{\phi(z_{\ell+1}, t) - \phi(z_\ell, t)}{\Delta z} - \frac{\phi(z_\ell, t) - \phi(z_{\ell-1}, t)}{\Delta z}\right] \tag{493}$$

微分を与えるような形になっていることが，見えるだろうか？

●例解演習：テイラー展開を思い出す

変数 x だけの関数 $f(x)$ に対して，次の量を考えよう．

$$\frac{1}{\Delta x}\left[\frac{f(x+\Delta x)-f(x)}{\Delta x}-\frac{f(x)-f(x-\Delta x)}{\Delta x}\right] \tag{494}$$

この式に，テイラー展開

$$f(x\pm\Delta x)=f(x)\pm f'(x)\Delta x+\frac{f''(x)}{2}(\Delta x)^2\pm\cdots \tag{495}$$

を代入して，整理しなさい．

例解

多くの項が互いに打ち消し合った後に，式(494)は次の形になり

$$f''(x)+\frac{f''''(x)}{12}(\Delta x)^2+\frac{f''''''(x)}{360}(\Delta x)^4+\cdots \tag{496}$$

これが $f(x)$ の2階導関数 $f''(x)$ の良い近似を与えていることは，式の形から明らかだろう．この近似は Δx が小さくなるほど「精度良く」なって行く．

高さについて $z_{\ell\pm 1}=z_\ell\pm\Delta z$ を思い出すと，いま「復習した」2階微分の導出を参考にして，式(491)の右辺を(式(493)を経て)

$$\frac{a(\Delta z)^2}{\Delta t}\frac{\partial^2}{\partial z^2}\phi(z,t) \tag{497}$$

と近似的に書いてしまうことができる．この偏導関数 $\frac{\partial^2}{\partial z^2}\phi(z,t)$ の値は ℓ 番目の円板の高さ $z=z_\ell$ で求めることになる．それぞれの高さで式(492)と式(497)が「おおよそ等しい」わけだから，一般的にどんな高さでも

$$\frac{\partial\phi(z,t)}{\partial t}\sim\frac{a(\Delta z)^2}{\Delta t}\frac{\partial^2}{\partial z^2}\phi(z,t) \tag{498}$$

という関係が成立していると考えて良い．

さて，ここで「係数 a」の**物理的な振る舞い**が初めて必要になる．実は a は「Δt にほぼ比例して $(\Delta z)^2$ にほぼ反比例する量」なのである．つまり，ある比例定数 D を使って

---

7) この時点では，まだ z_ℓ は z_ℓ のままの形で残っていることに注意しよう．

$$a \sim D\frac{\Delta t}{(\Delta z)^2}, \quad \frac{a(\Delta z)^2}{\Delta t} \sim D \tag{499}$$

と書けてしまうのだ．つまり，式(498)の右辺は $D\frac{\partial^2}{\partial z^2}\phi(z,t)$ で表される．そして，これまでに使って来た近似関係 "$\sim$" は，Δz と Δt を小さくすれば「より良く成立する」ようになり，それぞれをゼロに取る極限で，式(498)の左辺 $\frac{\partial}{\partial t}\phi(z,t)$ と $D\frac{\partial^2}{\partial z^2}\phi(z,t)$ は等号 "$=$" で結ばれるようになる．ともかくも，こうして砂糖水の濃度 $\phi(z,t)$ が従う**偏微分方程式**が導出できた．

$$\frac{\partial}{\partial t}\phi(z,t) = D\frac{\partial^2}{\partial z^2}\phi(z,t) \tag{500}$$

これは(1次元の)**拡散方程式**と呼ばれるものだ(D は**拡散係数**)．「自然界の面倒な話」はここまでにして，また数学に戻ろう．

② 拡散方程式の解：ガウス関数

拡散方程式(500)を満たす解 $\phi(z,t)$ は，実はいくらでも存在する．その中で，数式で書いてしまえる最も基本的な解に注目しよう．まず一番単純なものが，至るところで濃度 $\phi(z,t)$ が一定値 ρ で時間変化もしないという，当たり前の解だ．

$$\phi(z,t) = \rho \tag{501}$$

この**定数解**を拡散方程式(500)に代入すると，両辺ともにゼロとなるわけだ．コップの中の砂糖水が「均一に砂糖が混ざった状態」に相当していて，常識的に考えると，この状態から濃度が不均一な状態へと移り変わることはあり得ない[8]．

次に，少しは自明でない解の中から最も大切なものを取り上げよう．それは，

$$\phi(z,t) = \frac{A}{\sqrt{bt}}\exp\left[-\frac{z^2}{bt}\right] \tag{502}$$

という，ガウス関数の形で表されるものだ．ここでは，時刻 t として正の範囲 $t>0$ のみを考えることにする．この $\phi(z,t)$ はコップの底 $z=0$ で最大値 $\frac{A}{\sqrt{bt}}$ を取り，高さ z とともに濃度が減少して行く形の関数だ．これから定数 b の値を決定して行こう．また，話を簡単にする目的でコップの高さは充分に高いと仮定して，「高さ z の上限」を忘れてしまおうか．

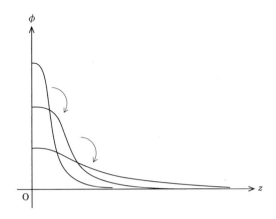

●例解演習

問題

式(502)の b の値を決定しなさい．

例解

式(502)の関数 $\phi(z,t)$ を拡散方程式(500)の両辺に代入してみよう．まずは左辺から．時刻 t による偏微分は

$$\frac{\partial}{\partial t}\phi(z,t) = -\frac{A}{2\sqrt{b}}t^{-3/2}\exp\left[-\frac{z^2}{bt}\right] + \frac{A}{\sqrt{bt}}\frac{z^2}{bt^2}\exp\left[-\frac{z^2}{bt}\right]$$

$$= b\left(-\frac{A}{2(bt)^{3/2}} + \frac{Az^2}{(bt)^{5/2}}\right)\exp\left[-\frac{z^2}{bt}\right] \quad (503)$$

と計算できる．右辺の，高さ z についての2階微分も地道に求めると

$$\frac{\partial^2}{\partial z^2}\phi(z,t) = -\frac{\partial}{\partial z}\frac{A}{\sqrt{bt}}\frac{2z}{bt}\exp\left[-\frac{z^2}{bt}\right]$$

$$= \left(-\frac{2A}{(bt)^{3/2}} + \frac{4Az^2}{(bt)^{5/2}}\right)\exp\left[-\frac{z^2}{bt}\right]$$

$$= \frac{4}{b}\frac{\partial}{\partial t}\phi(z,t) \quad (504)$$

---

8) 常識というものを捨てるのが数学，常識を大切にするのが物理学．混ざった砂糖水を放置したときに，それが勝手に砂糖の結晶と真水に戻ったとすれば奇跡どころではない天変地異だ．物理学では，このような不自然な変化は**エントロピー増大の法則**という「常識」を振り回して，排除するのである．

となって，式(503)の $\frac{4}{b}$ 倍になっている．したがって拡散方程式(500)と見比べると，直ちに $D = \frac{b}{4}$ つまり $b = 4D$ であることがわかる．

いま求めた結果 $b = 4D$ を使えば，拡散方程式(500)の解は

$$\phi(z, t) = \frac{A}{\sqrt{4Dt}} \exp\left[-\frac{z^2}{4Dt}\right] \tag{505}$$

と表せる．この解の特徴を考える場合，$C = A\sqrt{\pi}$ を導入して

$$\phi(z, t) = \frac{C}{\sqrt{4\pi Dt}} \exp\left[-\frac{z^2}{4Dt}\right] \tag{506}$$

と書いておくとさらに便利だ．砂糖の総量 M を求めてみると，この書き換えの意味が浮かんで来る．総量 M は積分を使って

$$\int_0^\infty \phi(z, t)\, S\, dz = \int_0^\infty \frac{C}{\sqrt{4\pi Dt}} \exp\left[-\frac{z^2}{4Dt}\right] S\, dz \tag{507}$$

と表される．右辺をよく見ると，これはガウス積分[9]（の半分）になっているから，

$$M = \frac{1}{2} \frac{C}{\sqrt{4\pi Dt}} \sqrt{\pi(4Dt)}\, S = \frac{C}{2} S \tag{508}$$

という単純な関係に到着するのだ．仮に積分範囲を $-\infty < z < \infty$ に拡大して考えると，$\int_{-\infty}^{\infty} \phi(z, t) S\, dz = CS$ となる．このように求めた総量 M は，時刻変化しないことに注意しよう．**物質は勝手に増えたり減ったりしない**という，自然界の法則が拡散方程式に隠されているのだ．

二項分布と係数 a の関係：

式(506)のようにガウス関数の解が得られるのはなぜか？ という疑問を「別の角度」から説明する簡単な**物理モデル**がある[10]．少し「道草」してみようか．砂糖の分子 1 個に目をつけて，その運動を追ってみよう．Z 方向の高さを，さっき考えた Δz よりも充分に小さな —— 原子レベルの —— 幅 δz で区切って考え，最初に砂糖の分子が「原点を含む区間」にいるとしよう．また，z の値は負にも広げて考えることにする．時間も同じように，Δt よりも充分に小さな間隔 δt で区切って考えよう．

そして，(砂糖の分子の「本当の(?)性質」はスッカリ忘れてしまって) δt だけ時間が経過すると，分子が「ひとつ隣の区間」のどちらかに，確率 $\frac{1}{2}$ で**必ず移動する**と仮定してしまう．この δt と，さっき定めた δz が「物理モデルの性質」を決めてしまうことが，すぐ後にわかる．

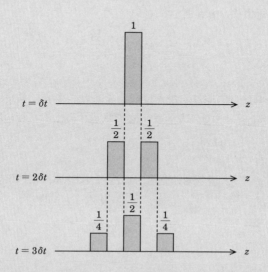

δt の n 倍だけ時間が経った後に，それぞれの区間に分子が存在する確率はどう与えられるだろうか？ 図を見れば，二項係数が現れていることに気づくだろう．簡単のため，n が偶数である場合に限って考察すると，m 番目の区間に分子が存在する確率 $p(m)$ は m が $-n \leq m \leq n$ の範囲の偶数である場合

$$p(m) = \frac{1}{2^n} \frac{n!}{\frac{(n-m)}{2}! \frac{(n+m)}{2}!} \tag{509}$$

となり，m が奇数であったり，範囲外の場合はゼロとなる．$m=0$ で $p(m)$ が最大となることは容易に示すことができる

---

9) ガウス積分 $\int_{-\infty}^{\infty} e^{-ax^2} dx = \sqrt{\frac{\pi}{a}}$ は「よく忘れられる公式」の代表格だ．
10) 「モデル」というものはあくまでモデルなので，自然界の現実を忠実に再現するものではない．…ファッションモデルもまた，世の中の人々を忠実に再現するものではない．

だろう．ここへ，**階乗の良い近似式であるスターリングの公式**

$$n! \sim \sqrt{2\pi n}\,\frac{n^n}{e^n} = \sqrt{2\pi}\exp\left[\left(n+\frac{1}{2}\right)\log n - n\right]$$

を代入して整理する．少し計算をすっ飛ばすけれども，こうして得られる式の指数部分を $m=0$ の周囲で展開すると，次の近似式へと到達する．

$$p(m) \sim \sqrt{\frac{2\pi}{n}}\exp\left[-\frac{n-1}{n^2}m^2\right] \sim \sqrt{\frac{2\pi}{n}}\exp\left[-\frac{1}{n}m^2\right] \tag{510}$$

最後の変形は n が 1 に対して充分に大きい場合の近似だ．ここへ，$t = n\delta t$ と $z = m\delta z$ を代入すると，右辺は次の形になり，

$$\sqrt{\frac{2\pi\delta t}{t}}\exp\left[-\frac{\delta t}{t}\left(\frac{z}{\delta z}\right)^2\right] \tag{511}$$

モデルの性質を決定していた δt と δz が，拡散係数 D を「関係式 $\frac{\delta t}{(\delta z)^2} = \frac{1}{4D}$ を通じて」与えることが自然と浮かび上がって来るのだ．

③ 拡散方程式とフーリエ変換

拡散方程式の解を，もう一つ学ぼう．次の関数を考えてみる．

$$\phi(z,t) = f(t)\sin kz \tag{512}$$

実数 k は $\phi(z,t)$ の「空間的な変化」，つまり z に対する変化を決める量で，**波数**と呼ばれる．ちょっと待った，関数 $\phi(z,t)$ は正の値の「濃度」だったのではないだろうか？ $\sin kz$ は負の値も取るではないか．いやまあ，それも許すことにしよう．コップの中の砂糖水から濃度についての拡散方程式へと話を進めて来たわけだけれども，これから先は「物理的な制約」を取り払って，拡散方程式の「数学的な性質」の探索へと頭を切り替えて行くのだ[11]．

さて，$f(t)$ は「まだ正体のわからない関数」なので，その形を探すために式 (500) を拡散方程式に代入してみよう．

$$\frac{\partial}{\partial t}[f(t)\sin kz] = f'(t)\sin kz,$$
$$D\frac{\partial^2}{\partial z^2}[f(t)\sin kz] = -Dk^2 f(t)\sin kz \tag{513}$$

縦に並ぶ右辺は「拡散方程式の両辺」であって互いに等しく，これより $f'(t) = -Dk^2 f(t)$ が成立することがわかる．この $f(t)$ についての「1 階線形微分方程式」の解は，任意の係数 a を含む $f(t) = ae^{-Dk^2 t}$ で与えられるので，関数

$$\phi(z,t) = f(t)\sin kz = ae^{-Dk^2 t}\sin kz \tag{514}$$

が拡散方程式の解を与えていることがわかる．

● 例解演習

式 (512) と同じように，

$$\phi(z,t) = be^{-Dk^2 t}\cos kz \quad \text{や} \quad \phi(z,t) = ce^{-Dk^2 t}e^{ikz} \tag{515}$$

もまた拡散方程式の解になっていることを確かめなさい．（← 簡単に示せるから例解は省略．） 最後の $ce^{-Dk^2 t}e^{ikz}$ では $\phi(z,t)$ の値を，複素数にまで拡張して考えたわけだ．

● 例解 ？かな？ 演習

式 (514) で，$a = \dfrac{g}{k}$ と置いて，$k \to 0$ の極限を取ってみなさい．
── さっそく極限を実行してみよう．

$$\lim_{k\to 0}\frac{g}{k}e^{-Dk^2 t}\sin kz = \lim_{k\to 0}e^{-Dk^2 t}\frac{g}{k}\left[kz - \frac{(kz)^3}{5} + \cdots\right] = gz \tag{516}$$

時刻 t にまったく関係ない $\phi(z,t) = gz$ が，任意の g に対して拡散方程式を満たしていることは，容易に確認できる．これも，方程式の解には違いないのだけれども，$|z|$ が増加すると，どんどん $\phi(z,t)$ も増加して行くので，この解が「使える場面」はあまりないだろう[12]．なお，$g = 0$ の場合には $\phi(z,t) = 0$ という**自明な解**（= 使い物にならない解）になる．

---

[11] あるいは，充分に大きな定数 ρ を用意しておいて $\phi(z,t) = f(t)\sin kz + \rho \geq 0$ という関数を相手にしていると考えても良いだろう．
[12] この章では，意図的に（!）**境界条件**のことには触れないようにしている．

拡散方程式 $\frac{\partial}{\partial t}\phi(z,t) = D\frac{\partial^2}{\partial z^2}\phi(z,t)$ にいくつかの解があれば，それらを足し合わせたものも再び方程式の解になっている．例えば二つの異なる波数 k_1 と k_2 に対して式(514)で与えられる解を足し合わせた

$$\phi(z,t) = a_1 e^{-Dk_1^2 t}\sin k_1 z + a_2 e^{-Dk_2^2 t}\sin k_2 z \tag{517}$$

が，拡散方程式の解であることは容易に確かめられる[13]．方程式の，こういう「重ね合わせができる」性質は**線形性**と呼ばれる．単に足し合わせるだけではなくて，k の関数 $c(k)$ を含む積分

$$\phi(z,t) = \int_{-\infty}^{\infty} c(k) e^{-Dk^2 t} e^{ikz} dk \tag{518}$$

も拡散方程式の解になっていて，この事実は上式の右辺を拡散方程式の両辺に代入してみれば確認できる[14]．

$$\begin{aligned}\frac{\partial}{\partial t}\phi(z,t) &= -\int_{-\infty}^{\infty} c(k) Dk^2 e^{-Dk^2 t} e^{ikz} dk \\ D\frac{\partial^2}{\partial z^2}\phi(z,t) &= D\int_{-\infty}^{\infty} c(k) e^{-Dk^2 t}(ik)^2 e^{ikz} dk\end{aligned} \tag{519}$$

式(518)をよーく眺めると，$c(k)e^{-Dk^2 t}$ を k の関数と考えた場合の，フーリエ変換(の $\sqrt{2\pi}$ 倍)の形をしていることに気づくだろう．

● **例解演習**

$c(k) = \dfrac{C}{2\pi}$ の場合を考え，対応する $\phi(z,t)$ を求めなさい．

例解

まず $c(k) = \dfrac{C}{2\pi}$ を代入しよう．

$$\int_{-\infty}^{\infty} \frac{C}{2\pi} e^{-Dk^2 t} e^{ikz} dk = \frac{C}{2\pi}\int_{-\infty}^{\infty} e^{-Dk^2 t + ikz} dk \tag{520}$$

ここで指数を平方完了すると

$$-Dk^2 t + ikz = -Dt\left(k - \frac{iz}{2Dt}\right)^2 - \frac{z^2}{4Dt} \tag{521}$$

となるので，k についてのガウス積分を行ってしまえば

$$\begin{aligned}\phi(z,t) &= \frac{C}{2\pi}\sqrt{\frac{\pi}{Dt}}\exp\left[-\frac{z^2}{4Dt}\right] \\ &= \frac{C}{\sqrt{4\pi Dt}}\exp\left[-\frac{z^2}{4Dt}\right]\end{aligned} \tag{522}$$

となって，前節で最初に求めた「ガウス型」の解(506)に一致する．

④ 初期条件と一般解

さっき復習したガウス型の解(506)・(522)で時刻 $t \to 0$ の極限を取ろうとすると分母がゼロになって上手く行かない．ところが，積分の形で書かれた式(520)に $t = 0$ を代入すると[15]

$$\phi(z,0) = \frac{C}{2\pi} \int_{-\infty}^{\infty} e^{ikz} dk = C\delta(z) \tag{523}$$

となって，「いつか学んだ(?!) δ 関数」がひょっこり出て来る（式(481)参照）．これは不思議なことではない．例の「砂糖水の拡散」を思い出すと，時刻 $t = 0$ では原点，つまりコップの底に集中していた「砂糖」が時間とともに広がって行く，そういう状況を表す「出発点」として δ 関数を考えるのは自然なことだ．話のついでに少し状況を変えて，時刻 $t = 0$ で位置 $z = s$ に砂糖が集中している場合を考えてみよう．$t > 0$ で拡散方程式を満たす解は

$$\phi(z,0) = \delta(z-s),$$
$$\phi(z,t) = \frac{C}{\sqrt{4\pi Dt}} \exp\left[-\frac{(z-s)^2}{4Dt}\right] \tag{524}$$

という具合に，$z = s$ から時間とともに周囲へと広がるものになる．

時刻 $t = 0$ に $\phi(z,0)$ が「もっと複雑な形」をしている場合に，その後 $t > 0$ の解 $\phi(z,t)$ は数式で表せるだろうか？ 答えから先に見てみよう．任意の関数 $f(z)$ を使った積分

$$\phi(z,t) = \int_{-\infty}^{\infty} f(s) \frac{1}{\sqrt{4\pi Dt}} \exp\left[-\frac{(z-s)^2}{4Dt}\right] ds \tag{525}$$

は，被積分関数が拡散方程式を満たしているので，式(519)で確認したのと同じように，s で積分した「右辺の全体」も拡散方程式の解を与える．ここで $t = 0$

---

13) 暗算でわからなければ紙の上で計算してみることをお勧めする．なお，任意の定数 ρ を解 $\phi(z,t)$ に加えた $\phi(z,t)+\rho$ もまた拡散方程式の解である．
14) 式(519)では，積分と偏微分の順番を「断りなく」入れ替えている．式(519)では，そう都合の悪いことが起きないけれども，被積分関数の振る舞いによっては，注意深い取り扱いが必要となることもある．
15) 調子に乗って $t < 0$ の領域も考えようとすると，積分が「収束しなくなって」直ちに沈没する．

の極限を取ると，式(523)より

$$\phi(z,0) = \int_{-\infty}^{\infty} f(s)\delta(z-s)ds = f(z) \tag{526}$$

となる．こうして，式(525)で定義した $\phi(z,t)$ は時刻 $t=0$ で $f(z)$ を満たす，拡散方程式の解であることが示せた[16]．

> **初期条件：**
> $f(z)$ は「$t=0$ での $\phi(z,t)$ の **初期条件**」と呼ばれる．

● 例解演習 1

式(526)の積分を丁寧に計算して，$f(z)$ と一致することを確認しておこう．$u=z-s$ と置くと $s=z-u$ だから，積分変数を u に置換して次の形に式変形できる．積分の上限と下限にも注意しよう．

$$\int_{\infty}^{-\infty} f(z-u)\delta(u)\frac{d(-u)}{du}du = \int_{-\infty}^{\infty} f(z-u)\delta(u)du \tag{527}$$

右辺の積分は，δ 関数の性質より $u=0$ での被積分関数の値 $f(z-0)=f(z)$ になる．簡単すぎただろうか．

● 例解演習 2

次の，定数 τ を含む初期条件 $\phi(z,0)=f(z)$ に対して，その後の $\phi(z,t)$ を求めなさい．

$$f(z) = \frac{C}{\sqrt{4\pi D\tau}}\exp\left[-\frac{z^2}{4D\tau}\right] \tag{528}$$

例解

解の形はバレバレなのだけれども，ともかく積分で書かれた一般解(525)に代入してみよう．$\phi(z,t)$ は

$$\int_{-\infty}^{\infty} \frac{C}{\sqrt{4\pi D\tau}}\exp\left[-\frac{s^2}{4D\tau}\right]\frac{1}{\sqrt{4\pi Dt}}\exp\left[-\frac{(z-s)^2}{4Dt}\right]ds$$

$$= \frac{C}{4\pi D\sqrt{\tau t}} \int_{-\infty}^{\infty} \exp\left[-\frac{(\tau+t)s^2}{4D\tau t} + \frac{2zs}{4Dt} - \frac{z^2}{4Dt}\right] ds \tag{529}$$

で与えられる．大カッコの中身を s について平方完了すると

$$-\frac{(\tau+t)}{4D\tau t}\left[s - \frac{\tau}{\tau+t}z\right]^2 + \frac{\tau z^2}{4D(\tau+t)t} - \frac{z^2}{4Dt}$$

$$= -\frac{(\tau+t)}{4D\tau t}\left[s - \frac{\tau}{\tau+t}z\right]^2 - \frac{z^2}{4D(\tau+t)} \tag{530}$$

となるから，ガウス積分を実行できて，

$$\phi(z,t) = \frac{C}{4\pi D\sqrt{\tau t}} \sqrt{\frac{4D\tau t \cdot \pi}{\tau+t}} \exp\left[-\frac{z^2}{4D(\tau+t)}\right]$$

$$= \frac{C}{\sqrt{4\pi D(\tau+t)}} \exp\left[-\frac{z^2}{4D(\tau+t)}\right] \tag{531}$$

という結果にたどり着いた．この解は，時間をさかのぼると時刻 $t = -\tau$ で $C\delta(z)$ になるモノである．

◆　　◆　　◆

彼女に何度も逃げられた A 君は悔い改めて，熱いコーヒーに砂糖を入れたらグルグルと「回す」ことにした．回すのである．コーヒーカップを「ろくろ」の上に乗せて，カップごとグルグルと回転させるのである．カップの中のコーヒーを回すにしても，やっぱり「他人の真似」をしてスプーンでかき混ぜるような，粗雑なことはしたくないのである．さて，次に彼女候補が彼の部屋を訪れる時が楽しみだ．（回す話は 13 章に続く →）

---

16) ただしこの解は積分の形で与えられているので「何かの計算に使おう」と思ったときには積分を実行して，その値を求める必要がある．

> **ブツブツと物理から**
>
> 砂糖水から始めた「拡散現象」の話，実はいくつか面倒な話を無視して来た．まず，濃い砂糖水は純粋な水よりも重たいので，$\phi(z,t)$ が z とともに増加するような分布，つまりコップの上の方が砂糖の濃度が濃ければ，重たい砂糖水はコップの底へと流れ込み始める．こんな状況を**成層不安定**と呼び，この用語は「気象学」で良く使われる．次に，水に砂糖が溶け込むことで，容積が変化することも忘れてはならない．これは，特に砂糖が濃い場所で問題となって来る．生物の細胞の内部など，ドロドロした状況での拡散現象を考える場合には，注意が必要だ．砂糖が水に溶けるときに，わずかに温度変化が起きるという，微妙な影響もある．その他，さまざまな物理化学的な要因を無視して来た．最後にひとこと．砂糖水を放置すると空中の酵母菌が取り付いて，アルコール発酵を始める．発酵すると炭酸ガスが出て，攪拌がどんどん進む．こうしてブクブクと，アルコールが1パーセントを超えるところまで発酵すると，日本国内では**酒税法違反**で刑罰を受ける可能性がある．アルコールがご法度の国々では，なおさらだ．もっとも，パンを作る目的で酵母菌を増やすのであれば，この限りではない．

● 応用演習：波動方程式

拡散方程式にちょっと似た，**波動方程式**も見ておこう．

$$\frac{1}{c^2}\frac{\partial^2}{\partial t^2}\phi(z,t) = \frac{\partial^2}{\partial z^2}\phi(z,t) \tag{532}$$

左辺が，t の2階微分であるところが，拡散方程式とは異なっている．波動方程式は，電線を通して電気信号が伝わる現象や，楽器の弦が振動する現象の記述に使われる，最も基本的な方程式だ．c は正の定数で，z 方向へと「波が伝わる速さ」を表している．移項して，次のような形で波動方程式を書くこともできる．

$$\left[\frac{1}{c^2}\frac{\partial^2}{\partial t^2}-\frac{\partial^2}{\partial z^2}\right]\phi(z,t) = \left[\frac{1}{c}\frac{\partial}{\partial t}+\frac{\partial}{\partial z}\right]\left[\frac{1}{c}\frac{\partial}{\partial t}-\frac{\partial}{\partial z}\right]\phi(z,t)$$
$$= 0 \tag{533}$$

こんなふうに「因数分解」できるのが，波動方程式の面白さだ．何でもいいから，適当な関数 $f(x)$ と $g(x)$ を持って来て，変数 x へ $z-ct$ や $z+ct$ を代入すると，これは波動方程式の解になっている．

ダランベールの解：
$$\phi(z,t) = af(z-ct)+bg(z+ct) \tag{534}$$

ここで，a や b は適当な定数(結合定数)だ．$f(z-ct)$ や $g(z+ct)$ が解であることは，次のように示すことができる．

$$\begin{aligned}\left[\frac{1}{c}\frac{\partial}{\partial t}+\frac{\partial}{\partial z}\right]f(z-ct) &= \frac{1}{c}(-c)f'(z-ct)+f'(z-ct)\\ &= 0\\ \left[\frac{1}{c}\frac{\partial}{\partial t}-\frac{\partial}{\partial z}\right]g(z+ct) &= \frac{1}{c}(c)g'(z+ct)+g'(z+ct)\\ &= 0\end{aligned} \tag{535}$$

拡散方程式よりも，ずいぶんと簡単に解が得られるものだ．$f(z-ct)$ は z 方向に速さ c で進む，$g(z+ct)$ は $-z$ 方向に速さ c で進む「波や信号」を表しているのだ．

12章
スカンクは ξ と流れ

　ここは講義室，数学の先生が黒板に何やら数式を並べている．「この関係は $\xi = \cdots$」と書き始めたとき，どこからかガスが抜ける音が聞こえた．クルリと振り向いた先生の視線をたどって行くと……「発生源」の周囲で人々がシブい顔になるではないか．とてもとても臭いのだ，きっと．その騒ぎの中で，1人だけ平然と，いやいや，少し嬉しそうな男の子が1人．「発生源」の女の子が好きらしい——そんな噂をチラホラと聞いたこともある．ところで，先生が黒板に書きかけた文字 ξ は「クサイ」と読むのだ[1]．

① あらゆる方向への拡散

　窓を閉め切っていても，教室の中の空気は少しずつ流れている．誰かが座っているだけで息を吸ったり吐いたりするし，体温で暖められた空気は上に立ちのぼる．そういう現実を考え始めるとキリがないので，空気の流れはまったくないと仮定する——こういう考え方を「単純化」とか「理想化」という．まったく現実離れした状況かというと，そうでもない．宇宙ステーションの無重量状態の下では「対流が起き難い」ので，空気の流れがほとんどない状態も実現しやすい．

　このように「静止した空気中」で，誰かが**臭うガス**を静かに放出すると？　空中の「とある点」で濃密に，そして静かに放出されて，宙に漂うガスの様子を数式で表してみよう．まず教室の中という**3次元空間**を

- 水平な X 方向と Y 方向，垂直な Z 方向

の3方向に分解して考え，空間中の1点を**3次元座標** (x, y, z) で表現する．前の章で砂糖水の濃度を2変数関数 $\phi(z, t)$ で表したように，「臭いガス」の濃度

は 4 変数関数 $\phi(x, y, z, t)$ で記述できる.**3 次元空間**を相手にするとき,微分・積分はどんな顔を見せるだろうか?

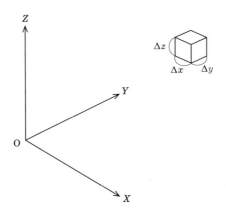

> **濃度の復習:**
> 位置 (x, y, z) を中心とする,各辺がそれぞれ**微少な長さ** Δx, Δy, Δz の直方体を考えよう.この**微少な体積**は $\Delta V = \Delta x \Delta y \Delta z$ で与えられる.**ガス濃度** $\phi(x, y, z, t)$ は,直方体の内部に含まれるガス分子(= 臭い素)の量を $\phi(x, y, z, t) \Delta V$ で与える関数である[2].そして,空間全体に含まれるガスの総量は
> $$\int_{-\infty}^{\infty} \int_{-\infty}^{\infty} \int_{-\infty}^{\infty} \phi(x, y, z, t) dx dy dz$$
> で表される.この積分は $dxdydz$ を dV と書いて
> $$\int_V \phi(x, y, z, t) dV$$
> と略記することもある.積分記号 $\int_V$ は「適当な,体積 V の領域(= 今の場合は全空間)で積分する」という意味だ.

---

[1] ギリシア文字の読み方はいろいろあって,ξ は**グザイ**とかクシーとも読まれる.
[2] 前章で考えた「薄い円板あたりの砂糖の量」を思い出そう.分子の量は,化学の慣習に従って mol 単位で測るのが良いだろう.

> **場：**
> ここで少し脱線して「**場**」という用語を導入しよう．空間のそれぞれの点に**物理的に意味がある量**が対応している場合，これを「場」と呼ぶ．例えば空間中のあらゆる点に実数(や複素数)の量——スカラー量——が対応している場合，それらは実関数(や複素関数) $g(x, y, z)$ で表すことができて，これを**スカラー場**と呼ぶ[3]．例えば天気図でおなじみの「等圧線」は，気圧という「圧力スカラー場」を図に描いたものだ．いま取り扱っているガス濃度の場合，$\phi(x, y, z, t)$ は「濃度スカラー場」である．ただし，濃度が実数なのは明らか(?)だから，**濃度場**あるいは単に**濃度**と短縮して呼ぶのが通例だ．

放出されたガスは段々と広がって——拡散して——ゆくので，ガス濃度は時々刻々と変化する．したがって時刻 t も濃度 $\phi(x, y, z, t)$ の変数に加えてある．濃度がどのように変化して行くのか，それを記述するのが **3次元の拡散方程式**だ．まずは方程式の形を，説明抜きで示してしまおう．

$$\frac{\partial}{\partial t} \phi(x, y, z, t) = D \left[\frac{\partial^2}{\partial x^2} + \frac{\partial^2}{\partial y^2} + \frac{\partial^2}{\partial z^2} \right] \phi(x, y, z, t) \tag{536}$$

D は前章にも登場した**拡散係数**で，本当は(?!)温度や濃度などによって変化するものなのだけれども，引き続き定数であると仮定して話を進める．式(536)を「1次元の拡散方程式(500)」と比べると，右辺に $\frac{\partial^2}{\partial x^2}$ と $\frac{\partial^2}{\partial y^2}$ が付け加わっている．このように偏微分記号が3つも並ぶと「式が長くなる」ので，簡潔に表現するためにラプラシアンと呼ばれる記号

$$\triangle = \frac{\partial^2}{\partial x^2} + \frac{\partial^2}{\partial y^2} + \frac{\partial^2}{\partial z^2} \tag{537}$$

が良く使われる．これを使えば，拡散方程式は $\frac{\partial}{\partial t} \phi = D \triangle \phi$ と短く書いてしまえる[4]．同じ「三角」でも，ラプラシアン $\triangle$ と，微少な変化を表すギリシア文字の $\triangle$ は全然意味が違うから気をつけよう[5]．まあご安心を．次の節からしばらくの間は，微少変化の $\triangle$ しか登場しない．

● いきなり演習

次の場合に $\triangle g(x,y,z)$ を求めなさい．
（ⅰ）　$g(x,y,z) = ax+by+cz$
（ⅱ）　$g(x,y,z) = ax^2+by^2+cz^2$
（ⅲ）　$g(x,y,z) = x^2y^2z^2$

略解（偏微分の計算をするだけ…）
（ⅰ）　$\triangle g(x,y,z) = 0$
（ⅱ）　$\triangle g(x,y,z) = 2(a+b+c)$
（ⅲ）　$\triangle g(x,y,z) = 2(y^2z^2+x^2z^2+x^2y^2)$

ちょっと注目
最初の例 $g(x,y,z) = ax+by+cz$ は「時間変化しない」拡散方程式の解になっている．試しに $\phi(x,y,z,t) = ax+by+cz$ と書いて，拡散方程式に代入してみると，この事実を簡単に確認できる．

3次元の拡散方程式が式(536)のように与えられることは，（Z 方向に加えて）X 方向や Y 方向にも拡散が進むからだ ── と「直感的に解説する」ことができる．ただし，直感に頼ると後で痛い目に遭うので，必ず裏付けが必要だ．どうして式(536)が正しく拡散現象を記述するのか，その理由をボチボチと説明して行きながら**ベクトル解析**への第一歩を踏み出そう．

② 濃度の変化する方向・しない方向

濃度 $\phi(x,y,z,t)$ を図に描くのは容易ではないけれども，雰囲気がつかめるように，ともかく絵に書き起こしてみよう．濃度が高い（＝ 濃い）ところもあれば，低い（＝ 薄い）ところもある．この，目に見えてわかる**濃度の変化**を定量的に表す方法はないだろうか？　何とかして微分の考え方を持ち込んでみよう．

---

3) スカラー（Scalar）は，もともとは「a は b の c 倍」と表現する場合の係数（倍数）c を指していた．現在では，ベクトルではない「ただの数」という意味で使われる．
4) $\triangle \phi$ は「らぷらしあん　ふぁい」と読むことが多いようだ．なお，この式では変数 (x,y,z,t) も省略した．
5) 実は $\triangle \phi$ と $\triangle \phi$ を黒板の上で描き分けることは至難の技なのである．

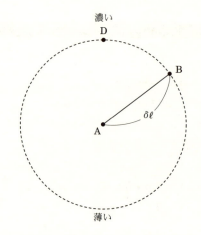

　まず，ガスが漂っている空間中のどこでも良いから，点を一つ決めて，そこを点 A と呼ぼう．位置を区別する目的で，点 A の位置を (x_A, y_A, z_A) で表す[6]．この点から**微少な距離** $\Delta \ell$ だけ離れた任意の場所を一つ選んで，今度はそこを点 B としよう．そして点 A と同じように，点 B の位置を (x_B, y_B, z_B) で表そう．2 点の「位置の差」を，それぞれの座標軸の方向への微小な移動[7]

$$\Delta x = x_B - x_A, \quad \Delta y = y_B - y_A, \quad \Delta z = z_B - z_A \tag{538}$$

で表すならば，2 点間の距離は $\Delta \ell$ であったので

$$(\Delta x)^2 + (\Delta y)^2 + (\Delta z)^2 = (\Delta \ell)^2 \tag{539}$$

が成立している．この条件を満たす場所を，図中に点線で描いておこう．（点 B は点 A を中心とする半径 $\Delta \ell$ の球上の 1 点だ．）

　次に，点 A での濃度 $\phi(x_A, y_A, z_A, t)$ と点 B での濃度 $\phi(x_B, y_B, z_B, t)$ の差 $\Delta \phi$ に目をつける．

$$\begin{aligned}\Delta \phi &= \phi(x_B, y_B, z_B, t) - \phi(x_A, y_A, z_A, t) \\ &= \phi(x_A + \Delta x, y_A + \Delta y, z_A + \Delta z, t) - \phi(x_A, y_A, z_A, t)\end{aligned} \tag{540}$$

微分の考え方を持ち込むならば，微少な濃度変化 $\Delta \phi$ を微少距離 $\Delta \ell$ で割った $\dfrac{\Delta \phi}{\Delta \ell}$ が濃度の微分（??）であるような気がする．しかし，

- $\Delta \phi$ は点 B が，点 A から見て**どの方向**にあるかによって，その値が違ってくる量

であることに注意しなければならない．「点 A を中心とする半径 $\Delta \ell$ の球上の点」のうちで，$\Delta \phi$ が最も大きくなる点を D で表そう．AD 間での濃度変化を

$$\Delta\phi_{A\to D} = \phi(x_D, y_D, z_D) - \phi(x_A, y_A, z_A) \tag{541}$$

と書くならば，$\Delta\ell$ で割った $\dfrac{\Delta\phi_{A\to D}}{\Delta\ell}$ は意味のある量だ．それは

- 濃度 ϕ が最も速く増加して行く方向へと求めた濃度 ϕ の傾き

である．そのまま $\Delta\ell \to 0$ の極限を取ったもの

$$\lim_{\Delta\ell \to 0} \frac{\Delta\phi_{A\to D}}{\Delta\ell} \tag{542}$$

は**濃度変化を表す微分**と呼ぶことも可能だろう．微係数は関数の「傾き」を表すものであったから，いま求めたものは「濃度の傾き」とも表現できる．

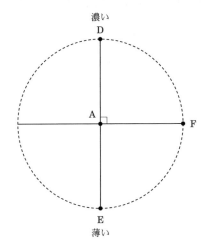

ところで，点 A と点 D を結ぶ直線は，もう一つの点 E でも点線で描いた半径 $\Delta\ell$ の球と交わる．点 A から点 E に向けて濃度は減少して行き，半径 $\Delta\ell$ の球上での濃度は点 E で最小となる．点 A から点 E へ向けた濃度変化

$$\Delta\phi_{A\to E} = \phi(x_E, y_E, z_E) - \phi(x_A, y_A, z_A) \tag{543}$$

は負の量になり，$\Delta\ell$ が充分に小さければ $-\Delta\phi_{A\to D}$ と，ほぼ同じ量になる[8]．

一方で，濃度がほとんど変化しない方向もある．点 A を通る平面を考える

---

6) (x_A, y_A, z_A) は $\begin{pmatrix} x_A \\ y_A \\ z_A \end{pmatrix}$ と**縦ベクトル**で表すこともある．どちらの書き方であっても，位置を表すベクトルには違いなく，**位置ベクトル**と呼ばれる．

7) 「移動」と書いたけれども，堅苦しいことを言うと「変位」と書く方が，より正しい．

8) 関数 $f(x)$ について，$f(x+\Delta x) - f(x)$ と $f(x) - f(x-\Delta x)$ が，おおよそ同じ量であったことを思い出そう．$[f(x+\Delta x) - f(x)] - [f(x) - f(x-\Delta x)]$ はテイラー展開を使うと，$f''(x)(\Delta x)^2$ 程度の小さな量であることがわかる．

と，直線 DAE と**直交する**面が一つある．この平面と，例の半径 $\Delta\ell$ の球が交わる円上に点 F を取ると，その場所での濃度 $\phi(x_F, y_F, z_F)$ は $\phi(x_A, y_A, z_A)$ とほぼ等しくなる．このように，

- 濃度 ϕ が大きく変化する方向があれば，濃度がまったく変化しない方向もある（そして，この 2 方向は**直交している**）

という**方向感覚**を持つことが「濃度の微分」の計算に必要なのだ．

●直感演習

ある時刻 t で濃度 $\phi(x, y, z, t)$ が原点からの距離 $r = \sqrt{x^2+y^2+z^2}$ だけの関数 $f(r)$ で与えられるとしよう．任意の点 A から見て，どの方向に濃度が変化し，どの方向には変化しないだろうか？

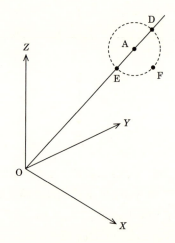

直感説明

点 A の位置を (x_A, y_A, z_A) と書けば，原点 $(0,0,0)$ との距離は $r_A = \sqrt{x_A^2+y_A^2+z_A^2}$ だから，点 A での濃度は $f(r_A)$ である．原点と点 A を結ぶ直線を考えて，図のように $\Delta\ell$ だけ離れた場所に点 D を取れば，$r_D = \sqrt{x_D^2+y_D^2+z_D^2} = r_A + \delta\ell$ となり，点 A から $\Delta\ell$ だけ離れた点の中で最も r の変化が大きくなる．したがって直線 OA の方向へは濃度が変化し，点 D での濃度は

$$f(r_{\rm D}) = f(r_{\rm A}+\Delta\ell) \sim f(r_{\rm A})+f'(r_{\rm A})\Delta\ell \tag{544}$$

と $f(r)$ の導関数 $f'(r)$ を使って表すことができる．一方で，直線 OA に直交する方向に点 F を取ると，距離 OE は距離 OA とほぼ等しいので濃度変化はほとんどない．

③ 濃度の勾配はグラジエント

さて，式(540)の濃度変化 $\Delta\phi_{\rm A\to B}$ にいったん戻って，もう少し式変形を続けよう．

$$\begin{aligned}
\Delta\phi_{\rm A\to B} &= \phi(x_{\rm A}+\Delta x, y_{\rm A}+\Delta y, z_{\rm A}+\Delta z, t)-\phi(x_{\rm A}, y_{\rm A}, z_{\rm A}, t) \\
&= \phi(x_{\rm A}+\Delta x, y_{\rm A}, z_{\rm A}, t)-\phi(x_{\rm A}, y_{\rm A}, z_{\rm A}, t) \\
&\quad +\phi(x_{\rm A}+\Delta x, y_{\rm A}+\Delta y, z_{\rm A}, t)-\phi(x_{\rm A}+\Delta x, y_{\rm A}, z_{\rm A}, t) \\
&\quad +\phi(x_{\rm A}+\Delta x, y_{\rm A}+\Delta y, z_{\rm A}+\Delta z, t)-\phi(x_{\rm A}+\Delta x, y_{\rm A}+\Delta y, z_{\rm A}, t)
\end{aligned} \tag{545}$$

この式変形の意味は，点 A から点 B への「移動」を考えて，それを次のように分解してみると納得しやすいだろう．

- X 方向への Δx だけの移動
  $(x_{\rm A}, y_{\rm A}, z_{\rm A}) \longrightarrow (x_{\rm A}+\Delta x, y_{\rm A}, z_{\rm A})$
- Y 方向への Δy だけの移動
  $(x_{\rm A}+\Delta x, y_{\rm A}, z_{\rm A}) \longrightarrow (x_{\rm A}+\Delta x, y_{\rm A}+\Delta y, z_{\rm A})$
- Z 方向への Δz だけの移動
  $(x_{\rm A}+\Delta x, y_{\rm A}+\Delta y, z_{\rm A}) \longrightarrow (x_{\rm A}+\Delta x, y_{\rm A}+\Delta y, z_{\rm A}+\Delta z)$

ここで，Y 方向への移動に伴う濃度変化について，ちょっと観察してみよう．出発点を $(x_{\rm A}, y_{\rm A}, z_{\rm A})$ に選んで，ここから $(x_{\rm A}, y_{\rm A}+\Delta y, z_{\rm A})$ へと Y 方向に Δy だけ移動する場合を考えてみるのだ．濃度変化

$$\phi(x_{\rm A}, y_{\rm A}+\Delta y, z_{\rm A}, t)-\phi(x_{\rm A}, y_{\rm A}, z_{\rm A}, t) \tag{546}$$

は，ついさっき考えた $(x_{\rm A}+\Delta x, y_{\rm A}, z_{\rm A})$ から $(x_{\rm A}+\Delta x, y_{\rm A}+\Delta y, z_{\rm A})$ への濃度変化

$$\phi(x_{\rm A}+\Delta x, y_{\rm A}+\Delta y, z_{\rm A}, t)-\phi(x_{\rm A}+\Delta x, y_{\rm A}, z_{\rm A}, t) \tag{547}$$

と，ほぼ等しい量なのである．点 A の「近くの場所」であれば，どこから出発

しても

- Y 方向に Δy だけ移動する際の濃度変化

は「おおよそ等しい」のだ[9]．したがって，近似的な関係式

$$\phi(x_A+\Delta x, y_A+\Delta y, z_A, t) - \phi(x_A+\Delta x, y_A, z_A, t)$$
$$\sim \phi(x_A, y_A+\Delta y, z_A, t) - \phi(x_A, y_A, z_A, t) \tag{548}$$

が成立する．同じように Z 方向への Δz の移動についても近似式

$$\phi(x_A+\Delta x, y_A+\Delta y, z_A+\Delta z, t) - \phi(x_A+\Delta x, y_A+\Delta y, z_A, t)$$
$$\sim \phi(x_A, y_A, z_A+\Delta z, t) - \phi(x_A, y_A, z_A, t) \tag{549}$$

を立てることができる．これらを濃度変化の式(545)に代入しよう．

$$\Delta\phi \sim \phi(x_A+\Delta x, y_A, z_A, t) - \phi(x_A, y_A, z_A, t)$$
$$+ \phi(x_A, y_A+\Delta y, z_A, t) - \phi(x_A, y_A, z_A, t)$$
$$+ \phi(x_A, y_A, z_A+\Delta z, t) - \phi(x_A, y_A, z_A, t) \tag{550}$$

この式の中に偏微分が見え隠れしているだろうか？ 例えば右辺の1行目はこんな具合に「近似」を進めることができる[10]．

$$\phi(x_A+\Delta x, y_A, z_A, t) - \phi(x_A, y_A, z_A, t)$$
$$= \frac{\phi(x_A+\Delta x, y_A, z_A, t) - \phi(x_A, y_A, z_A, t)}{\Delta x}\Delta x \sim \frac{\partial \phi}{\partial x}\Delta x$$

ただし，x による偏導関数の値は，点 A で求めたものだ[11]．Y 方向，Z 方向への濃度変化も同様に偏導関数を使って表すと，結果として次の式に到達する．

$$\Delta\phi \sim \frac{\partial \phi}{\partial x}\Delta x + \frac{\partial \phi}{\partial y}\Delta y + \frac{\partial \phi}{\partial z}\Delta z \tag{551}$$

小まとめ:

説明が長くなったので，一度まとめておこう．

- 点 A から X, Y, Z 方向にそれぞれ $\Delta x, \Delta y, \Delta z$ 進むと，濃度の変化 $\Delta\phi$ は $\frac{\partial \phi}{\partial x}\Delta x + \frac{\partial \phi}{\partial y}\Delta y + \frac{\partial \phi}{\partial z}\Delta z$ で近似的に与えられる．

もとの式に戻した形でも示しておく．

$$\phi(x_\mathrm{A}+\Delta x, y_\mathrm{A}+\Delta y, z_\mathrm{A}+\Delta z, t)$$
$$\sim \phi(x_\mathrm{A}, y_\mathrm{A}, z_\mathrm{A}, t) + \frac{\partial \phi}{\partial x}\Delta x + \frac{\partial \phi}{\partial y}\Delta y + \frac{\partial \phi}{\partial z}\Delta z \qquad (552)$$

さて，濃度変化 $\Delta\phi$ は内積の形で表すこともできる．ベクトルの内積にはいろいろな書き表し方があるので，代表的な二通りの方法で示しておこう．

$$\Delta\phi \sim \left(\frac{\partial \phi}{\partial x}, \frac{\partial \phi}{\partial y}, \frac{\partial \phi}{\partial z}\right) \begin{pmatrix} \Delta x \\ \Delta y \\ \Delta z \end{pmatrix} = \begin{pmatrix} \frac{\partial \phi}{\partial x} \\ \frac{\partial \phi}{\partial y} \\ \frac{\partial \phi}{\partial z} \end{pmatrix} \cdot \begin{pmatrix} \Delta x \\ \Delta y \\ \Delta z \end{pmatrix} \qquad (553)$$

最後の式変形に出て来た "・" は，内積を表す点である．こうやって，点 A から点 B への「移動の量」を表す $\Delta x, \Delta y, \Delta z$ を分離して書くと，それ以外の部分（?!）である「偏微分を含むベクトル」

$$\boldsymbol{G} = \left(\frac{\partial \phi}{\partial x}, \frac{\partial \phi}{\partial y}, \frac{\partial \phi}{\partial z}\right) \quad \text{あるいは} \quad \boldsymbol{G} = \begin{pmatrix} \frac{\partial \phi}{\partial x} \\ \frac{\partial \phi}{\partial y} \\ \frac{\partial \phi}{\partial z} \end{pmatrix} \qquad (554)$$

に点 A 付近での濃度変化の情報，つまり「濃度が変化する**方向**と，変化する**速さ**」が含まれていることがわかる．例えば，前章で考えたように濃度 $\phi(x, y, z, t)$ が X 方向や Y 方向にはまったく変化しない状況を例に取ってみよう[12]．この場合，$\frac{\partial \phi}{\partial x}$ や $\frac{\partial \phi}{\partial y}$ はゼロになるので，$\frac{\partial \phi}{\partial z}$ が正であれば $\boldsymbol{G}$ は Z 方向を向く大きさが $\frac{\partial \phi}{\partial z}$ のベクトル，負であれば $-Z$ 方向を向いた大きさが $\left|\frac{\partial \phi}{\partial z}\right|$ のベク

---

9) $\Delta\ell$ や Δy としては小さな量を選んでおくことが大切だ．
10) この辺りで「近似」として使っている "~" は，例によって（?!）微少な量 $\Delta\ell$ や，$\Delta x, \Delta y, \Delta z$ を小さくして行く極限で等号 "=" に置き換えて良いものだ．
11) 近似の精度に目を向けるならば，$(x_\mathrm{A}, y_\mathrm{A}, z_\mathrm{A})$ と $(x_\mathrm{A}+\Delta x, y_\mathrm{A}, z_\mathrm{A})$ の中点で偏導関数の値を求める方が，より良い近似である．ただし，どのみち小さな Δx しか考えないので，そこまで神経質になる必要はない．
12) このような濃度分布は前章でよく考えた．

トル——となる．Z方向に濃度が変化しているということを，式(554)のベクトル G が指し示してくれるのだ．

> **勾配ベクトル：**
> 式(554)に示したベクトル G を，
>
> - 関数 $\phi(x, y, z, t)$ の点Aでの**勾配**，または**勾配ベクトル**
>
> と呼ぶ．いま扱っている $\phi(x, y, z, t)$ はガス濃度なので，その勾配は**濃度勾配**と呼べるだろう．空間中のどの点にも勾配ベクトル G が対応していると考えれば，位置 (x, y, z) と時刻 t の「ベクトル関数」として勾配を $G(x, y, z, t)$ と書くことができる．これを，（先に挙げた**スカラー場**と対比して）**勾配ベクトル場**と呼ぶこともある．

勾配ベクトルの大きさ

$$G(x, y, z, t) = \sqrt{\left(\frac{\partial \phi}{\partial x}\right)^2 + \left(\frac{\partial \phi}{\partial y}\right)^2 + \left(\frac{\partial \phi}{\partial z}\right)^2} \tag{555}$$

は点A付近での「濃度変化の速さ」を表し，G で勾配ベクトルを割った単位ベクトル $e = \dfrac{G}{G}$ が濃度変化の方向を表す[13]．

整理すると，まず勾配ベクトルは $G = Ge$ と書くことができる．点Aから点Bへ向かう長さが $\Delta\ell$ の「微少なベクトル」も，同じように大きさ $\Delta\ell$ と方向を表す単位ベクトルに分解しておこう．

$$\begin{pmatrix} \Delta x \\ \Delta y \\ \Delta z \end{pmatrix} = \Delta\ell \frac{1}{\Delta\ell} \begin{pmatrix} \Delta x \\ \Delta y \\ \Delta z \end{pmatrix} = \Delta\ell\, e' \tag{556}$$

すると，濃度変化を表す式(553)は

$$\Delta\phi \sim (Ge) \cdot (\Delta\ell\, e') = G\Delta\ell\, e \cdot e' = G\Delta\ell \cos\theta \tag{557}$$

と，e と e' の間の角度 θ を使って簡潔に書くことができる[14]．角度 θ がゼロである，つまり勾配ベクトルの方向 e と移動方向 e' が同じであれば $\Delta\phi = G\Delta\ell$ となり，これが前節の式(541)で考えた $\Delta\phi_{A \to D}$ なのだ．一方で，e と e' が直交

していて $\cos\theta = 0$ である場合は $\Delta\phi \sim 0$ となり，この事情は前節で考えた $\Delta\phi_{A\to F}$ に対応している．

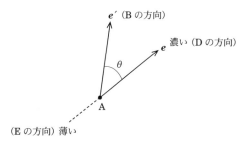

縦か横か?!：
ベクトルには**縦ベクトル**と**横ベクトル**の区別がある．もっとも，理工書には「縦でも横でもイイじゃん？」という，牧歌的なおおらかさがあり，数学の本では勾配 G を横ベクトルで書くことが多いし，理工学で用いられる**ベクトル解析**の応用場面では，普通に縦ベクトルで書く[15]．ただし，勾配 G を縦ベクトルで表すと場所を取るので，式(554)を $\mathbf{grad}\,\phi(x,y,z,t)$ と書き表すこともある．grad は Gradient(勾配の意)の略だ[16]．最近では**ナブラ**と呼ばれる逆三角形型の記号

$$\nabla = \begin{pmatrix} \frac{\partial}{\partial x} \\ \frac{\partial}{\partial y} \\ \frac{\partial}{\partial z} \end{pmatrix} \quad 用例 \longrightarrow \quad \begin{pmatrix} \frac{\partial \phi}{\partial x} \\ \frac{\partial \phi}{\partial y} \\ \frac{\partial \phi}{\partial z} \end{pmatrix} = \nabla \phi(x,y,z,t) \quad (558)$$

を使うことが多いだろう．

---

[13] 長さが 1 であるベクトルを単位ベクトルと呼ぶ．
[14] ベクトル A とベクトル B の内積 $A\cdot B$ は，二つのベクトルの「なす角度」θ と，それぞれの絶対値 $|A|,|B|$ を使って $A\cdot B = |A||B|\cos\theta$ と表される．
[15] 電磁気学に出て来る $E(x,y,z) = -\nabla\phi(x,y,z)$ という式を思い浮かべてみよ．
[16] 勾配 Gradient の発音はグレィディエントあるいはグラディエントに近い．$\nabla\phi$ は「ぐらっど ふぁい」あるいは「ぐれーでぃえんと　ふぁい」と読むのが普通だ．なお，**grad** と太字で書くのは，ベクトルだということを示すためである．

●略解演習

次の場合に勾配 $\nabla g(x,y,z)$ を求めなさい.
（ⅰ） $g(x,y,z) = ax+by+cz+d$
（ⅱ） $g(x,y,z) = ax^2+by^2+cz^2$
（ⅲ） $g(x,y,z) = x^2y^2z^2$

略解
関数 $g(x,y,z)$ の偏微分を計算して並べるだけなので結果だけを並べておこう.

$$（ⅰ）\begin{pmatrix} a \\ b \\ c \end{pmatrix} \quad （ⅱ）\begin{pmatrix} 2ax \\ 2by \\ 2cz \end{pmatrix} \quad （ⅲ）\begin{pmatrix} 2xy^2z^2 \\ 2x^2yz^2 \\ 2x^2y^2z \end{pmatrix} \tag{559}$$

●例解演習

$g(x,y,z) = f(\sqrt{x^2+y^2+z^2})$ という具合に，関数 g が原点 $(0,0,0)$ からの距離 $r(x,y,z) = \sqrt{x^2+y^2+z^2}$ のみの関数である場合，勾配 $\nabla g(x,y,z)$ を求めなさい.

例解
まず $\nabla g(x,y,z)$ の X 成分から求めよう. 合成関数の微分を使って計算を進める.

$$\begin{aligned}
\frac{\partial g(x,y,z)}{\partial x} &= \frac{df(r)}{dr}\frac{\partial r(x,y,z)}{\partial x} \\
&= f'(r)\frac{\partial \sqrt{x^2+y^2+z^2}}{\partial x} \\
&= f'(r)\frac{1}{2\sqrt{x^2+y^2+z^2}}\frac{\partial x^2+y^2+z^2}{\partial x} \\
&= f'(r)\frac{x}{\sqrt{x^2+y^2+z^2}}
\end{aligned} \tag{560}$$

Y 成分や Z 成分も同じように計算でき，まとめると $\nabla g(x,y,z)$ は $f'(r)$ と単位ベクトル e の積で表されることがわかる.

$$\nabla g(x,y,z) = f'(r) \begin{pmatrix} \dfrac{x}{\sqrt{x^2+y^2+z^2}} \\ \dfrac{y}{\sqrt{x^2+y^2+z^2}} \\ \dfrac{z}{\sqrt{x^2+y^2+z^2}} \end{pmatrix} = f'(r)\boldsymbol{e} \qquad (561)$$

ただし $\boldsymbol{e}$ は次のように定義したものだ．

$$\boldsymbol{r} = \begin{pmatrix} x \\ y \\ z \end{pmatrix}, \quad r = |\boldsymbol{r}|, \quad \boldsymbol{e} = \frac{\boldsymbol{r}}{|\boldsymbol{r}|} = \frac{\boldsymbol{r}}{r} = \begin{pmatrix} \dfrac{x}{\sqrt{x^2+y^2+z^2}} \\ \dfrac{y}{\sqrt{x^2+y^2+z^2}} \\ \dfrac{z}{\sqrt{x^2+y^2+z^2}} \end{pmatrix}$$
$$(562)$$

特に $f(r) = \dfrac{1}{r}$ の場合を考えてみると，$\nabla g(x,y,z) = -\dfrac{\boldsymbol{e}}{r^2}$ を得る．

④ ガスの拡散か？　それとも発散か？

宙に漂うガスに濃淡があれば「濃い方から薄い方へと」ガスが広がって——拡散して——行く．辺りの空気は静止していても，「臭いガスの素」は何かにしみ込むように，密かに(?)移動して行くのである．空気のことを忘れてしまえば，臭いガスだけが「流れ広がる」と考えることもできる[17]．空間中の位置 (x,y,z) での**臭い流れ**について，その大きさ(または強さ)と方向を表現するには，ベクトルを使うとよいだろう…とりあえずこんな具合に．

$$\boldsymbol{J}(x,y,z,t) = \begin{pmatrix} J_x(x,y,z,t) \\ J_y(x,y,z,t) \\ J_z(x,y,z,t) \end{pmatrix} \qquad (563)$$

とはいっても $\boldsymbol{J}(x,y,z,t)$ はどんな量なのだろうか？　成分ごとに見て行こう．X 成分 $J_x(x,y,z,t)$ の意味は，位置 (x,y,z) を中心とする，X 軸と垂直で(そし

---

[17] ただし，空気と臭いガスが独立に運動していると考えてはならない．空気の分子と，臭いガスの分子が互いにぶつかり合いながら，結果としてガス分子が広がって行くのだ．

て小さな)長方形を考えると理解し易い．Y 方向の幅を Δy, Z 方向の幅を Δz と置くと，長方形の面積は $\Delta y \Delta z$ となる．そして，時刻 t から $t+\Delta t$ の間にこの長方形の面を通過する**流れの量**は

$$J_x(x, y, z, t) \Delta y \Delta z \Delta t \tag{564}$$

で与えられるのだ．ただし，$J_x(x, y, z, t)$ が正の場合は図の左から右($= X$ 軸の正の方向)へ，負の場合は右から左($= X$ 軸の負の方向)への通過となる．

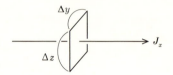

同様に，流れの Y 成分 $J_y(x, y, z, t)$ は Y 軸に垂直な長方形を通過する量 $J_y(x, y, z, t) \Delta z \Delta x \Delta t$ を，流れの Z 成分 $J_z(x, y, z, t)$ は Z 軸に垂直な長方形を通過する量 $J_z(x, y, z, t) \Delta x \Delta y \Delta t$ を与える．空間中のどの点にもこのベクトルが対応しているので，$\boldsymbol{J}(x, y, z, t)$ は流れを表すベクトル場，つまり**流れの場**だ[18]．

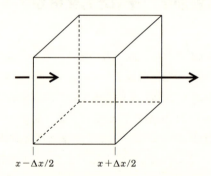

さてここで，(x, y, z) を中心とする 3 辺が $\Delta x, \Delta y, \Delta z$ の直方体に着目しよう．時刻 t で，この直方体の内側に含まれるガスの量は $\phi(x, y, z, t) \Delta x \Delta y \Delta z$ だ．それから Δt 経った後の量 $\phi(x, y, z, t+\Delta t) \Delta x \Delta y \Delta z$ は，どう与えられるだろうか？ 時間間隔 Δt の間に増減があるとすれば，それは直方体の表面から「臭いガス」が出入りした結果だ．そこでまず，X 軸に垂直な二つの面から出入りするガスの量を求めよう．式(564)を参考にすると，図の右側の面から

出てゆく流れの量は $J_x\left(x+\dfrac{\Delta x}{2}, y, z, t\right)\Delta y \Delta z \Delta t$ で，左側の面から**入ってくる**流れの量が $J_x\left(x-\dfrac{\Delta x}{2}, y, z, t\right)\Delta y \Delta z \Delta t$ であることがわかる[19]．そして，差し引きした

$$\left[-J_x\left(x+\frac{\Delta x}{2}, y, z, t\right)+J_x\left(x-\frac{\Delta x}{2}, y, z, t\right)\right]\Delta y \Delta z \Delta t$$

$$=\frac{-J_x\left(x+\frac{\Delta x}{2}, y, z, t\right)+J_x\left(x-\frac{\Delta x}{2}, y, z, t\right)}{\Delta x}\Delta x \Delta y \Delta z \Delta t$$

$$\sim -\frac{\partial J_x}{\partial x}\Delta x \Delta y \Delta z \Delta t \tag{565}$$

が，この二つの面を通じて直方体から外へと逃げ出したガスの分量を与える．Y 方向や Z 方向についても同様に勘定ができる．これらを合計すると，次の関係式に到達する．

$$\phi(x, y, z, t+\Delta t)\Delta x \Delta y \Delta z$$
$$\sim \phi(x, y, z, t)\Delta x \Delta y \Delta z - \left[\frac{\partial J_x}{\partial x}+\frac{\partial J_y}{\partial y}+\frac{\partial J_z}{\partial z}\right]\Delta x \Delta y \Delta z \Delta t \tag{566}$$

すべての項に $\Delta V = \Delta x \Delta y \Delta z$ が共通しているのでこれを落として，$\phi(x, y, z, t)$ を左辺に移項した後，両辺を Δt で割ると

$$\frac{\phi(x, y, z, t+\Delta t)-\phi(x, y, z, t)}{\Delta t}\sim -\left[\frac{\partial J_x}{\partial x}+\frac{\partial J_y}{\partial y}+\frac{\partial J_z}{\partial z}\right] \tag{567}$$

という式に変形できる．もう左辺に，時刻 t による偏微分が見えていることだろう．そして極限 $\Delta t \to 0$ と $\Delta V \to 0$ を取ると**連続の方程式**と呼ばれる関係式に到達する．

$$\frac{\partial \phi}{\partial t} = -\left[\frac{\partial J_x}{\partial x}+\frac{\partial J_y}{\partial y}+\frac{\partial J_z}{\partial z}\right] \tag{568}$$

---

[18] 流れ者のたまり場と勘違いしないように．
[19] 流れの方向と，直方体の表面の「裏表」の関係に注意しよう．なお，流れは時刻 $t+\Delta t/2$ での値を考える方が，近似としてはより精密である．

発散:
次の量を，流れ $J(x,y,z,t)$ の**発散** (divergence) と呼ぶ．

$$\frac{\partial J_x}{\partial x} + \frac{\partial J_y}{\partial y} + \frac{\partial J_z}{\partial z} = \begin{pmatrix} \frac{\partial}{\partial x} \\ \frac{\partial}{\partial y} \\ \frac{\partial}{\partial z} \end{pmatrix} \cdot \begin{pmatrix} J_x \\ J_y \\ J_z \end{pmatrix} = \nabla \cdot \boldsymbol{J} \tag{569}$$

これは，位置 (x,y,z) に置いた小さな直方体から「出て行く流れの分量」を直方体の体積で割ったものだ．$\nabla \cdot \boldsymbol{J}$ と短く書くこともできるし，divergence の頭から3文字を借りて来て $\mathrm{div}\,\boldsymbol{J}$ と書かれることもある．（←「だいば〜じぇんす　じぇ〜」と読む.）

●例解演習 1

ベクトル場 $\boldsymbol{r}(x,y,z) = \begin{pmatrix} x \\ y \\ z \end{pmatrix}$ の発散を求めなさい．

例解
計算すると簡単に $\nabla \cdot \boldsymbol{r} = \frac{\partial x}{\partial x} + \frac{\partial y}{\partial y} + \frac{\partial z}{\partial z} = 3$ が得られる．このベクトル場は，空間中のどの点でも「発散」が一定なのだ．

●例解演習 2

$|\boldsymbol{r}| = \sqrt{x^2+y^2+z^2} = r$ を使って，ベクトル場が $\boldsymbol{J}(x,y,z) = -\frac{\boldsymbol{r}}{r^3}$ と表される場合，その発散を「原点 $(0,0,0)$ 以外で」求めなさい．
例解
まずベクトル場 $\boldsymbol{J}(x,y,z)$ の X 成分を具体的に書いておこう．

$$J_x(x,y,z) = -\frac{x}{r^3} = -\frac{x}{(x^2+y^2+z^2)^{\frac{3}{2}}} \tag{570}$$

そして x で偏微分する．x と r^{-3} に分解して考えると計算しやすい．

$$\frac{\partial J_x}{\partial x} = -\frac{\partial x}{\partial x} r^{-3} - x \frac{\partial r^{-3}}{\partial x} = -r^{-3} - x(-3r^{-4})\frac{\partial r}{\partial x}$$

$$= -r^{-3} - x(-3r^{-4})\frac{x}{r} = -\frac{1}{r^3} + \frac{3x^2}{r^5}$$

$$= \frac{1}{r^5}(-r^2 + 3x^2) = \frac{1}{r^5}(-2x^2 + y^2 + z^2) \qquad (571)$$

ただし関係式 $\frac{\partial r}{\partial x} = \frac{x}{r}$ は式 (560) の結果を借りて来たものだ．Y 成分や Z 成分も同じように計算すると，$\nabla \cdot \boldsymbol{J}$ は

$$\frac{1}{r^5}(-2x^2 + y^2 + z^2) + \frac{1}{r^5}(x^2 - 2y^2 + z^2) + \frac{1}{r^5}(x^2 + y^2 - 2z^2) = 0 \qquad (572)$$

とゼロになってしまうことがわかる．

原点付近

おまけ：

$\boldsymbol{J}(x, y, z) = -\dfrac{\boldsymbol{r}}{r^3}$ の原点 $(0, 0, 0)$ 付近をよく見ると，$\boldsymbol{J}$ は原点から四方八方へと広がるようになっていることがわかる．原点からは周囲へと発散があるのだ．これを確かめるために，原点を覆う半径 ℓ の球を考えよう．この球の表面積は $S = 4\pi\ell^2$ で表される．また，表面でのベクトル場の大きさは $|\boldsymbol{J}| = \dfrac{\ell}{\ell^3} = \dfrac{1}{\ell^2}$ で，$\boldsymbol{J}$ は球面に垂直で内側から外側へと向いている．$|\boldsymbol{J}|$ と表面積 S の積は，球から発散して，つまり流れ出して行く分量 $4\pi\ell^2 \dfrac{1}{\ell^2} = 4\pi$ を与える．この，原点での特別な事情まで含めるならば，$\boldsymbol{J}$ の発散は

$$\nabla \cdot \boldsymbol{J}(x, y, z) = \nabla \cdot \left[-\frac{\boldsymbol{r}}{r^3}\right] = 4\pi\, \delta(x)\, \delta(y)\, \delta(z) \qquad (573)$$

と，デルタ関数を使って表現する必要がある．

⑤ ラプラシアンと拡散方程式

　実験してみると容易に(?!)わかる事実を一つ書いておこう．前章で，砂糖水の場合に考えたように，ガスの濃淡が急である場所では「臭い流れ」の量 $|\boldsymbol{J}|$ は大きい値になる．逆に，ガスに濃淡がなければ臭い流れも拡散も起きはしない．自然の法則は単純明快であることが多いものだ．実際のところ「臭いガスが拡散して行く」流れ $\boldsymbol{J}(x,y,z,t)$ は，ガスの濃度勾配 $\nabla\phi(x,y,z,t)$ に(おおよそ)比例する．

$$\boldsymbol{J}(x,y,z,t) = -D\nabla\phi(x,y,z,t) \tag{574}$$

右辺にマイナス符号が付いているのは，濃度 ϕ の高い方から低い方へと流れが向かうからだ．ここに拡散係数 D が出て来ることに注目しよう．比例関係を表す式(574)を連続の方程式(568)に代入してみれば，

$$\begin{aligned}\frac{\partial}{\partial t}\phi(x,y,z,t) &= -\nabla\cdot\boldsymbol{J}(x,y,z,t) \\ &= -\nabla\cdot[-D\nabla\phi(x,y,z,t)] \\ &= D\nabla\cdot[\nabla\phi(x,y,z,t)] \\ &= D\left[\frac{\partial^2}{\partial x^2}+\frac{\partial^2}{\partial y^2}+\frac{\partial^2}{\partial z^2}\right]\phi(x,y,z,t) \\ &= D\triangle\phi(x,y,z,t)\end{aligned} \tag{575}$$

という具合に，拡散方程式(536)が得られる．ラプラシアン $\triangle$ が

$$\nabla\cdot\nabla = \begin{pmatrix}\frac{\partial}{\partial x}\\\frac{\partial}{\partial y}\\\frac{\partial}{\partial z}\end{pmatrix}\cdot\begin{pmatrix}\frac{\partial}{\partial x}\\\frac{\partial}{\partial y}\\\frac{\partial}{\partial z}\end{pmatrix} = \frac{\partial^2}{\partial x^2}+\frac{\partial^2}{\partial y^2}+\frac{\partial^2}{\partial z^2} \tag{576}$$

であることを，思い出しただろうか？　こうして，「直感的な説明にとどまっていた」拡散方程式の正体を明かすことができた．

●例解演習 1

u と t を変数とする関数 $\varphi(u,t) = \dfrac{A}{\sqrt{4Dt}} \exp\left[-\dfrac{u^2}{4Dt}\right]$ を準備しておいて，u に x や y や z を代入してみよう．濃度を

$$\phi(x,y,z,t) = \varphi(x,t)\,\varphi(y,t)\,\varphi(z,t)$$
$$= \frac{A^3}{(4Dt)^{\frac{3}{2}}} \exp\left[-\frac{x^2+y^2+z^2}{4Dt}\right] \tag{577}$$

で与えると，これは拡散方程式(536)の解であることを示しなさい．

例解

まず，時刻 t による偏微分を次のように分けて書こう．

$$\frac{\partial}{\partial t}[\varphi(x,t)\,\varphi(y,t)\,\varphi(z,t)]$$
$$= \frac{\partial \varphi(x,t)}{\partial t}\varphi(y,t)\,\varphi(z,t) + \varphi(x,t)\frac{\partial \varphi(y,t)}{\partial t}\varphi(z,t)$$
$$+ \varphi(x,t)\,\varphi(y,t)\frac{\partial \varphi(z,t)}{\partial t} \tag{578}$$

また，ラプラシアンの作用も3つの項の足し算になる．

$$D\Delta[\varphi(x,t)\,\varphi(y,t)\,\varphi(z,t)]$$
$$= D\frac{\partial^2 \varphi(x,t)}{\partial x^2}\varphi(y,t)\varphi(z,t) + D\varphi(x,t)\frac{\partial^2 \varphi(y,t)}{\partial y^2}\varphi(z,t)$$
$$+ D\varphi(x,t)\varphi(y,t)\frac{\partial^2 \varphi(z,t)}{\partial z^2} \tag{579}$$

さて，前章の式(505)のあたり(?!)で関係式 $\dfrac{\partial}{\partial t}\varphi(u,t) = D\dfrac{\partial^2}{\partial u^2}\varphi(u,t)$ が成立することを，既に示してある…覚えているだろうか．この関係を使えば，式(578)と式(579)の右辺が互いに等しいことは明らかだ[20]．この解は，原点からの距離 $r = \sqrt{x^2+y^2+z^2}$ を使って

$$\phi(x,y,z,t) = A^3(4Dt)^{-\frac{3}{2}}\exp\left[\frac{-r^2}{4Dt}\right] \tag{580}$$

---

[20] 拡散方程式の解が $\phi(x,y,z,t) = \varphi(x,t)\,\varphi(y,t)\varphi(z,t)$ と**変数分離**した形になっていることに注意しよう．これは，ラプラシアン Δ が，微分演算子の「和」で与えられていることが，おもな要因なのだ．

と書くこともできる．時刻 $t=0$ に原点 $(0,0,0)$ に**集中していた**「臭いガス」が，時間とともに球状に──より正確には球対称に──広がって行く様子を表す解であることが，見えただろうか．

● **例解演習 2**

$\phi(x,y,z,t)$ に「負の値」も許すならば，3つの定数 k_x, k_y, k_z を含む次の関数が拡散方程式を満たすことを確認しなさい．

$$\phi(x,y,z,t) = ce^{-D(k_x^2+k_y^2+k_z^2)t}\sin(k_x x + k_y y + k_z z) \tag{581}$$

例解

これも t による偏微分からまず計算しておこう．

$$\frac{\partial}{\partial t}\phi(x,y,z,t) = -D(k_x^2+k_y^2+k_z^2)\phi(x,y,z,t) \tag{582}$$

次に，x による偏微分──2階の偏導関数──を求めてみる．

$$\begin{aligned}
D\frac{\partial^2}{\partial x^2}&\phi(x,y,z,t) \\
&= Dce^{-D(k_x^2+k_y^2+k_z^2)t}\frac{\partial}{\partial x}[k_x\cos(k_x x + k_y y + k_z z)] \\
&= Dce^{-D(k_x^2+k_y^2+k_z^2)t}[-k_x^2]\sin(k_x x + k_y y + k_z z) \\
&= -Dk_x^2\phi(x,y,z,t)
\end{aligned} \tag{583}$$

y や z による偏微分も同じように求めると，合計して

$$D\Delta\phi(x,y,z,t) = -D(k_x^2+k_y^2+k_z^2)\phi(x,y,z,t) \tag{584}$$

が得られて，これは式(582)に一致する．1次元の拡散方程式で解を書き表すために**フーリエ変換**を使ったことを覚えているだろうか？ 同じことを3次元でも行うことができる…似たような記述の繰り返しになるから，深入りしないでおこう．

◆ ◆ ◆

ガスが蔓延した講義室では，**ガウスの発散定理**について先生が話し始めた．黒板に書いてある式は

$$\int_V \nabla\cdot\boldsymbol{J}\,dV = \int_S \boldsymbol{J}\cdot d\boldsymbol{S} \tag{585}$$

だ．何でも，3次元の閉じた領域 V の内部でベクトル場 $\boldsymbol{J}$ の発散を積分する

(←左辺)と，領域の表面Sから出て行く流れを合計したもの(←右辺)に一致するのだそうな．さあ，これからその説明！ というときに，先生の様子がおかしくなった．講義の途中なのに，まとめもせずに「続きは来週」と言い捨てて帰って行ったのだ．——いや，行き先を追ってみると，それはトイレの個室．何やら音が響き渡り，辺りはまた臭くなった[21]．

おまけ：ダランベルシアン

ラプラシアンに少し似た，ダランベルシアンというものがある．まず定義式を見よう．

$$\Box = \triangle - \frac{1}{c^2}\frac{\partial^2}{\partial t^2} = \frac{\partial^2}{\partial x^2} + \frac{\partial^2}{\partial y^2} + \frac{\partial^2}{\partial z^2} - \frac{1}{c^2}\frac{\partial^2}{\partial t^2} \tag{586}$$

ただしcは正の実数だ．本によっては $\Box = \frac{\partial^2}{\partial t^2} - \triangle$ と定義してあることもある．これを使って表された

$$\Box \phi(x,y,z,t) = 0 \tag{587}$$

は，前章の末尾で披露した(?!)**波動方程式**の3次元版だ．代表的な解として「**平面波解**」

$$\phi(x,y,z,t) = a\exp[i(k_x x + k_y y + k_z z - \omega t)] \tag{588}$$

が特に重要で，$\boldsymbol{k}=(k_x,k_y,k_z)$は**波数ベクトル**，$\omega$は**角振動数**と呼ばれる．この解を波動方程式に代入すると，関係式$|\boldsymbol{k}|=c\omega$が成立していることがわかるだろう．(**分散関係式**) 光や電波，そして音波などが空中を伝わる現象を記述するときには，この平面波と何度も「にらめっこする」ことになる．覚悟して(?)おこう．

[21) 講義中に急に腹痛が差したことが一度だけあった．「あ，ちょっと資料取って来る」と言い放ってトイレに駆け込んで，ノコノコと講義室に戻って講義再開．もちろん，見透かされてはいたが…

13章
マグカップは渦の学校

　砂糖タップリのコーヒーが好きな A 君,「その後」はどうなっただろうか？既に少しだけ紹介したけれども，彼のアパートには，手回しろくろがある．これは陶芸に使う道具だ…けれども，最近の彼は，毎朝マグカップにコーヒーを注いで，クリームと砂糖を放り込み，カップをろくろに乗せるのだ．キラリと目を光らせた A 君は，ろくろを静かに回し始める．**容器の回転**に引きずられるように，クリームが浮かんだコーヒーもグルグルと回る．この光景を目にした友達は，誰もがギョッとして彼に尋ねるのである，どうしてこんな事をするのかと．彼の答えはいつも同じだ──「だって，遊園地のコーヒーカップは回るじゃないか．」 いつの日にか，理想の彼女（?）とコーヒーカップに楽しく乗るのが夢らしい．

① クラゲがクルクルと回る水路

　これから考えるのは「水の流れ」だ．微分（と積分）は，空間の中を流れて行く**流体**の記述にも大活躍する．飛行機が安全に飛べるのも微分積分の知識あってのこと．「流れ」を取り扱うときには，これまでに登場した**勾配**(gradient)と**発散**(divergence)だけでは不十分なのだ．**渦**を表すことができないのである．また，目に見える流れだけではなくて,「理工系で必ず学ぶ**電磁気学**」に登場する**電場**や**磁場**にも渦がある．電磁場の基礎・マクスウェル方程式の記述にも，これから登場する**回転**(rotation)の理解が必須なのだ．

マクスウェル方程式:
説明抜きで,マクスウェル方程式を並べておこう.

$$\nabla \cdot \boldsymbol{D} = \rho, \quad \nabla \times \boldsymbol{E} = -\frac{\partial \boldsymbol{B}}{\partial t}$$
$$\nabla \cdot \boldsymbol{B} = 0, \quad \nabla \times \boldsymbol{H} = \boldsymbol{j} + \frac{\partial \boldsymbol{D}}{\partial t}$$

(589)

ナブラ記号 ∇ が「いっぱい出てくる」ことだけ,記憶にとどめておこう.この中の $\nabla\times$ が,これから先しばらくの「主題」だ.

さてさて,港へ行って細い水路を眺めていると,満ち潮の流れに乗ってプカプカと移動するクラゲが見えた[1].クラゲはゆっくり回転しながら流れている.でも,自分で泳いで回転しているのではない.水の流れに「秘密」がありそうだ.よく観察してみると,水路の壁に近い場所と,壁から遠い場所で流れの「速さ」に差があるのだ.図に描いてみよう.水路に沿って X 軸を,壁に垂直に Y 軸を,深さ方向に Z 軸を取り,クラゲが漂っている辺りの流れの**方向と速さ**を矢印で示してみた.

流れの方向は,どこでも X 軸の負の方向,つまり $-X$ 方向だとする[2].

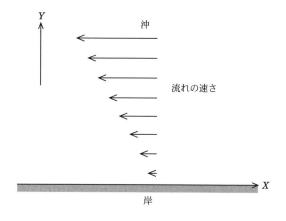

---

1) 海にはいろいろな物が浮いている.ビニール袋,人形,ボトル,密輸品…浮遊ゴミを回収する清掃船の乗員さんは「何が引っかかってても」驚かない根性が必要らしい.
2) X 方向でも良いのだけれど,後の数式が簡単になるので $-X$ 方向とした.

$y=0$ が壁の表面で，ここでは**壁からの抵抗**が働いて流速はゼロになる．また，壁からの距離 y が大きくなるほど $-X$ 方向への流れの速さが段々と大きくなって行く．水路は充分に深くて，水路の底の影響は無視できると考えよう．この状況を少し単純化した「流れのモデル」を数式で表してみる．水面から下 ($z \leq 0$) での**流れの速さ** $\boldsymbol{v}(x,y,z,t)$ が，適当な y の範囲(?!)で次のように書けると仮定するのだ．

$$\boldsymbol{v}(x,y,z,t) = \begin{pmatrix} v_x(x,y,z,t) \\ v_y(x,y,z,t) \\ v_z(x,y,z,t) \end{pmatrix} = \begin{pmatrix} -ay \\ 0 \\ 0 \end{pmatrix} \tag{590}$$

ただし $a>0$ で，水の**密度** $\rho(x,y,z,t)$ や**温度** $T(x,y,z,t)$ は場所によらず一定だとする．このように，流れの速さが時刻 t に「関係しない」流れを**定常流**と呼ぶ[3]．

● **例解演習**

いま与えた $\boldsymbol{v}$ は，連続の方程式 $-\dfrac{\partial}{\partial t}\rho = \nabla \cdot \boldsymbol{v}$ を満たすだろうか？

例解

水は，少々のことでは圧縮されたり膨張したりしないので，その密度 ρ は至るところでほぼ等しく，時間変化もしない．したがって $\dfrac{\partial}{\partial t}\rho = 0$ が成立する．また，流れの**発散**も $\nabla \cdot \boldsymbol{v} = \dfrac{\partial(-ay)}{\partial x} = 0$ と，ゼロになる．したがって，連続の方程式 $-\dfrac{\partial}{\partial t}\rho = \nabla \cdot \boldsymbol{v}$ が満たされている．

層流と乱流：

いま考えている流れでは，速度成分 $v_y(x,y,z,t)$ と $v_z(x,y,z,t)$ がゼロで Y 方向や Z 方向に向けての流れがない．そして水は X 方向に整然と流れている．このように「乱れのない流れ」を**層流**と呼ぶ．一方で，場所による流れの速さの違いが大きくなり，「ある限界」を超えると，アチコチで「渦や乱れた流れ」が発生して，便器に流す水のように(?)一見すると滅茶苦茶に乱れた状態となる．これを**乱流**と呼ぶ．

さて、ここで「長さ $\Delta\ell$ の細い棒でつないだ二つの小球」を登場させよう。この**串団子**(?)は

- 水に浮きも沈みもせずに、**流れに沿って静かに漂う**

と仮定する。これを水路に放り込んだら、どんな運動をするだろうか？ 串団子の棒を流れの方向に平行に置いて手を離すと、速さ $v_x = -ay$ の流れに乗った串団子は向きを変えずに、（しばらくは）そのまま $-X$ 方向へと進んで行く。

では、流れに垂直に置いた場合はどうだろうか？ 時刻 t に位置

$$\left(x, y-\frac{\Delta\ell}{2}, z\right) \quad \text{および} \quad \left(x, y+\frac{\Delta\ell}{2}, z\right) \tag{591}$$

に小球があれば、これらの位置での X 方向への流れの速さ v_x は、少しだけ異なった値 $-a\left(y-\frac{\Delta\ell}{2}\right)$ と $-a\left(y+\frac{\Delta\ell}{2}\right)$ になっている。そして小球は、時刻 Δt の後にはおおよそ

$$\left(x-a\left(y-\frac{\Delta\ell}{2}\right)\Delta t, y-\frac{\Delta\ell}{2}, z\right) \quad \text{および} \quad \left(x-a\left(y+\frac{\Delta\ell}{2}\right)\Delta t, y+\frac{\Delta\ell}{2}, z\right) \tag{592}$$

付近へと移動する。棒は伸びないので、本当は Y 座標も少しだけ変化するのだけれども、Δt が充分に小さければ、Y 座標の変化は無視できる。数式で書くとゴチャゴチャしているけれど、次の図で見ると簡単なものだ。

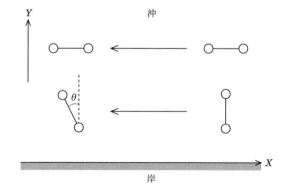

---

3) 以後ずーっと、流れは時刻 t に関係しないのだけれども、$\boldsymbol{v}$ の変数としては (x, y, z, t) をすべて書くことにしよう。時刻 t に関係する流れは？ ——**非定常流**だ。「物理用語」はいい加減なものだ。

ここで注目するのは，二つの球の X 座標に生じる差だ．壁から遠い方が流れが速いので，Δt だけ時間が経つと

$$\left[x-a\left(y+\frac{\Delta \ell}{2}\right)\Delta t\right]-\left[x-a\left(y-\frac{\Delta \ell}{2}\right)\Delta t\right] = -a\Delta \ell \Delta t \tag{593}$$

だけ「沖側の」球がマイナス側へと**先行する**のだ．壁側にある小球から沖側の小球へと線を引くと，最初その線は壁に垂直で，Δt だけ後の時刻には

$$\tan \Delta \theta \sim \frac{a\Delta \ell \Delta t}{\Delta \ell} = a\Delta t \tag{594}$$

だけ角度が変わる．ただし，角度は普通に**分度器で測る方向**，つまり左回りを正の角度と読むことにする．この角度 $\Delta \theta = a\Delta t$ は微小な角度なので，$\tan \Delta \theta \sim \Delta \theta$ と近似することもできる[4]．串団子の「中心」に目を向け続けると，

- 串団子が**回転している**（自転している）ように見える

はずだ．少なくとも，短い時間間隔 Δt の間は．その回転は，どれくらいの「速さ」だろうか？

角速度：
微小時刻 Δt の間に角度が $\Delta \theta$ だけ変わるとき，角度変化の割合を表す $\omega = \dfrac{\Delta \theta}{\Delta t}$ を角速度と呼ぶ．例えば例えば，いま考えている「串団子の角速度」を求めてみると，$\omega = \dfrac{a\Delta t}{\Delta t} = a$ となる．角度 θ が時刻 t の関数 $\theta(t)$ で与えられる場合，$\Delta t \to 0$ の極限を取って考えると，$\theta(t)$ の導関数

$$\omega(t) = \lim_{\Delta t \to 0} \frac{\Delta \theta}{\Delta t} = \frac{d}{dt}\theta(t) \tag{595}$$

が角速度であることは，自然に理解できるだろう．

串団子の運動をまとめよう．二つの小球を結ぶ棒の向きによって，現象が異なるのだ．

（ⅰ） 棒が流れの方向を向いていると，（しばらくは）そのままの向きを保つ．つまり $\omega = 0$．
（ⅱ） 棒が流れの方向とは垂直であるならば，**その瞬間は**角速度 $\omega = a$ で回転している．（…その後の状態は問わないでおこう…）

棒が斜めのときはどうするのだろうか？ これはちょっと面倒なので，その考察は避けておく[5]．そもそも，**縦と横の区別があるような物**を考えたから面倒なのだ．水に浮かぶクラゲは丸っこい形をしているから，直径が $\Delta \ell$ の球を「クラゲのモデル」として考えることにしよう．この場合は，上の(ⅰ)と(ⅱ)を平均したものになって，

（ⅲ） 球は角速度 $\omega = \dfrac{a}{2}$ で回転(〜 **自転**)する

という直感が働くだろう——この「直感」はおおよそ正しい[6]．いま考えている流れは整然とした「層流」で，どこにも渦巻きなどないのに，その中を流れる**物体は至るところで自転する**のだ．

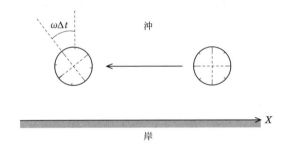

●例解演習

「渦のような」流れも考えてみよう．マグカップにコーヒーを注いで，カップを一定の角速度 ω で回転させると，中のコーヒーもカップと一緒に回転する．流れの速度 $\boldsymbol{v}(x,y,z,t)$ を数式で表しなさい．

---

4) テイラー展開が $\tan\theta = \theta + \dfrac{\theta^3}{3} + \cdots$ であることを思い出そう．
5) 拳法の達人に，戦いの極意を聞くと，必ず「なるべく戦わずに，可能であればサッサと逃げることです」と教えてくれる．
6) どうして**平均を取る** $(0+\omega) \div 2$ という操作で良いのか，それを説明するには**力学の知識**が必要となるので，ここでは説明を手抜きする．

例解

カップの中央が回転の軸であると仮定して，その回転軸を座標の Z 軸に取ろう．コーヒーは軸の回りを**円運動**していて，軸から r 離れた場所での流れの速さは ωr になる．この状況を，流れの方向まで含めて表す**流速の場**は，次のように書き表せる．

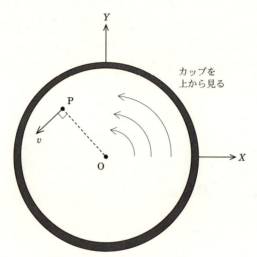

$$\boldsymbol{v}(x, y, z, t) = \begin{pmatrix} -\omega y \\ \omega x \\ 0 \end{pmatrix} \tag{596}$$

これで答えになっているのかどうか，ちょっと確認しよう．位置 (x, y, z) での「流れの速さ」は流速 $\boldsymbol{v}(x, y, z, t)$ の絶対値

$$|\boldsymbol{v}(x, y, z, t)| = \sqrt{(-\omega y)^2 + (\omega x)^2} = \omega r \tag{597}$$

で与えられるから，それはたしかに「回転軸からの距離」$r = \sqrt{x^2 + y^2}$ の ω 倍になっている．また，位置 (x, y, z) にある点 P から回転軸へと引いた**垂線**は，位置 $(0, 0, z)$ にある点 O で回転軸と交わり，O から P への向かうベクトル $(x, y, 0)$ と流速の内積はゼロである．

$$\begin{pmatrix} x \\ y \\ 0 \end{pmatrix} \cdot \begin{pmatrix} -\omega y \\ \omega x \\ 0 \end{pmatrix} = -\omega xy + \omega yx = 0 \tag{598}$$

つまり，流れは常に OP と垂直であることがわかる．回転する流れのイメージが浮かんで来ただろうか？

このマグカップの中に「串団子」を漂わせると，ぐるぐると円運動する．この場合，串団子をどの向きに向けて置いても，角速度 ω で**自転**する．小さな球を浮かべても，同様に角速度 ω で自転するのだ．カップの中心に置いた球だけでなく，どこに球があっても自転することに注意しよう．この「自転運動」を，手っ取り早く把握する方法はないだろうか？

② たすき掛け(?!)の微分で回転チェック

流れの中を漂うクラゲ，いや，小さな球の自転を探る良い方法がある．引き続き，流れが水平方向，つまり流れの Z 成分 $v_z(x,y,z,t)$ がゼロの場合を考えよう．また，話を簡単にするために，もうしばらくの間だけ「深さ方向には流れが変化しない」とする．当然，z に対する偏微分 $\frac{\partial}{\partial z}\boldsymbol{v}(x,y,z,t)$ もゼロだ[7]．この状況の下，次の式で与えられる量を考えてみる．

$$u_z(x,y,z,t) = \frac{\partial}{\partial x} v_y(x,y,z,t) - \frac{\partial}{\partial y} v_x(x,y,z,t) \tag{599}$$

流れの Y 成分を x で微分したものから，X 成分を y で微分したものを引くのである．この数式を「たすき掛けの絵」に描いてみよう．

$$\begin{array}{c}
\frac{\partial}{\partial x} \quad \ominus \quad v_x(x,y,z) \\
\frac{\partial}{\partial y} \quad \times \quad v_y(x,y,z) \\
\frac{\partial}{\partial z} \quad \oplus
\end{array}$$

前節で考えた「水路の流れ」を例に取って，$u_z(x,y,z,t)$ を求めてみよう．$v_x = -ay$ と $v_y = v_z = 0$ を代入すると

$$u_z(x,y,z,t) = -\frac{\partial}{\partial y}(-ay) = a \tag{600}$$

が得られる．これは小球が自転する**角速度** $\omega = \frac{a}{2}$ の 2 倍であることに気づいただろうか？ このように，$u_z(x,y,z,t)$ は「流れに乗った丸いもの」が場所 (x,y,z) で

---

[7] こういう流れを **2 次元流** と呼ぶ．（← お稽古ごとの流派ではない．）

- Z 軸方向を軸としてどれだけ回転（自転）しているか

を表す量になっている．

● 例解演習 1

角速度 ω で回転するコーヒーカップの中の流れについて，$u_z(x, y, z, t)$ を求めなさい．

例解

$v_x = -\omega y$ と $v_y = \omega x$ を代入して

$$u_z(x, y, z, t) = \frac{\partial}{\partial x}(\omega x) - \frac{\partial}{\partial y}(-\omega y) = 2\omega \tag{601}$$

を得る．これもまた，流れに浮かぶ小球が自転する角速度 ω の 2 倍だ．

● 例解演習 2

Z 軸の回りを円運動する流れで，その速さが Z 軸からの距離 $r = \sqrt{x^2+y^2}$ の関数 $f(r)$ で与えられる場合について，$u_z(x, y, z, t)$ を求めなさい．

例解

少し前に扱った「カップ内の流れ」では，半径 r の位置での流速が ωr であった．その速さを $\dfrac{f(r)}{\omega r}$ 倍すれば「速さが $f(r)$ の流れ」になる．

$$\boldsymbol{v} = \frac{f(r)}{\omega r}\begin{pmatrix} -\omega y \\ \omega x \\ 0 \end{pmatrix} = \begin{pmatrix} -\dfrac{y}{r}f(r) \\ \dfrac{x}{r}f(r) \\ 0 \end{pmatrix} = \begin{pmatrix} -yg(r) \\ xg(r) \\ 0 \end{pmatrix} \tag{602}$$

ただし $g(r) = \dfrac{f(r)}{r}$ と置いた．この流れを式 (599) に代入すると u_z は

$$\frac{\partial}{\partial x}(xg(r)) - \frac{\partial}{\partial y}(-yg(r))$$

$$= g(r) + x\frac{\partial}{\partial x}g(r) + g(r) + y\frac{\partial}{\partial y}g(r)$$

$$= 2g(r) + \left[x\frac{\partial r}{\partial x} + y\frac{\partial r}{\partial y}\right]\frac{\partial}{\partial r}g(r) = 2g(r) + \left[x\frac{2x}{2r} + y\frac{2y}{2r}\right]g'(r)$$

$$= 2g(r) + rg'(r) \tag{603}$$

と求められる．(…ちょっと計算を省略した．) ただし $g'(r)$ は導関数 $\dfrac{d}{dr}g(r)$ である．ここで特に $g(r) = cr^{-2}$ の場合，つまり $f(r) = cr^{-1}$ の場合を考えると

$$2cr^{-2} + r[-2cr^{-3}] = 0 \tag{604}$$

と**ゼロになる**ことに注目しよう．流速 $f(r)$ が r に反比例する場合には，「流れに浮かぶ小球やクラゲ」は自転しないのだ[8]．

③ ローテーションに秘策あり

ここまでは，流れに Z 軸方向の成分がない場合を考えて来た．この制限を外して，より複雑な流れへと「自転の度合い」を一般化できるだろうか？ 実は，似たような式をあと二つ付け加えるだけで良い．

$$u_x(x, y, z, t) = \frac{\partial}{\partial y}v_z(x, y, z, t) - \frac{\partial}{\partial z}v_y(x, y, z, t)$$

$$u_y(x, y, z, t) = \frac{\partial}{\partial z}v_x(x, y, z, t) - \frac{\partial}{\partial x}v_z(x, y, z, t) \tag{605}$$

式 (599) と合わせて，ベクトルの形でも書いておこう．

$$\boldsymbol{u}(x, y, z, t) = \begin{pmatrix} u_x \\ u_y \\ u_z \end{pmatrix} = \begin{pmatrix} \dfrac{\partial}{\partial y}v_z - \dfrac{\partial}{\partial z}v_y \\ \dfrac{\partial}{\partial z}v_x - \dfrac{\partial}{\partial x}v_z \\ \dfrac{\partial}{\partial x}v_y - \dfrac{\partial}{\partial y}v_x \end{pmatrix} \tag{606}$$

流れのベクトル場 $\boldsymbol{v}(x, y, z, t)$ から，新しくベクトル場 $\boldsymbol{u}(x, y, z, t)$ が得られたわけだ．この $\boldsymbol{u}(x, y, z, t)$ は「流れ $\boldsymbol{v}(x, y, z, t)$ の回転に関係している」という意味を込めて，

---

[8] Z 軸上 $r = 0$ で流れの速度 cr^{-1} が無限大になって気味が悪いと思ったら，Z 軸に (回転する) 円柱でも立てて，円柱の外側の流れだけを考えれば良い．

- $v(x,y,z,t)$ の**渦度**(「かど」あるいは「うずど」)

と呼ばれる．「回転」を意味する「ローテーション」の名前で呼ばれることもある．そして，成分ごとの微分を持ち出すのは面倒なので，短く $u = \mathrm{rot}\,v$ と書き表す．Rotation の頭から3文字を借りたわけだ．例の**ナブラ記号** ∇ を使って，簡潔に**外積**の形で書かれることも多い．

$$u(x,y,z,t) = \nabla \times v(x,y,z,t) \tag{607}$$

…外積って，何だ?!

外積：

ベクトル A と B の「外積」 $C = A \times B$ は次のように定義されるベクトルだ．

$$\begin{pmatrix} c_x \\ c_y \\ c_z \end{pmatrix} = \begin{pmatrix} a_x \\ a_y \\ a_z \end{pmatrix} \times \begin{pmatrix} b_x \\ b_y \\ b_z \end{pmatrix} = \begin{pmatrix} a_y b_z - a_z b_y \\ a_z b_x - a_x b_z \\ a_x b_y - a_y b_x \end{pmatrix} \tag{608}$$

この C と A の内積を取ると

$$\begin{aligned} C \cdot A &= (a_y b_z - a_z b_y)a_x + (a_z b_x - a_x b_z)a_y + (a_x b_y - a_y b_x)a_z \\ &= 0 \end{aligned} \tag{609}$$

となる．同様に $C \cdot B = 0$ も成立していて，C が A や B と直交することがわかる．さて，比較のため(?)に，内積 $A \cdot B$ も復習しておこう[9]．

$$A \cdot B = a_x b_x + a_y b_y + a_z b_z = |A||B|\cos\theta \tag{610}$$

ただし θ は A と B の間の角度だ．そこで，こんな量を計算してみよう．

$$\begin{aligned} &|A|^2|B|^2 - (A \cdot B)^2 \\ &= |A|^2|B|^2(1-\cos^2\theta) = |A|^2|B|^2\sin^2\theta \\ &= (a_x^2 + a_y^2 + a_z^2)(b_x^2 + b_y^2 + b_z^2) - (a_x b_x + a_y b_y + a_z b_z)^2 \end{aligned} \tag{611}$$

この量は，じ～っくり変形すると次のように整理することができる．

$$(a_y b_z - a_z b_y)^2 + (a_z b_x - a_x b_z)^2 + (a_x b_y - a_y b_x)^2 \tag{612}$$

これは $|C|^2$ に等しいので，C の絶対値は
$$|C| = |A||B|\sin\theta \tag{613}$$
で与えられることがわかる．そして C は，図のように A から B へと「右にネジる方向」を向いているのだ．

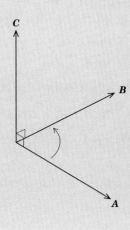

外積について学んだところで，**rot v** を再び計算しておこう．

$$\nabla \times \boldsymbol{v} = \begin{pmatrix} \dfrac{\partial}{\partial x} \\ \dfrac{\partial}{\partial y} \\ \dfrac{\partial}{\partial z} \end{pmatrix} \times \begin{pmatrix} v_x \\ v_y \\ v_z \end{pmatrix} = \begin{pmatrix} \dfrac{\partial}{\partial y} v_z - \dfrac{\partial}{\partial z} v_y \\ \dfrac{\partial}{\partial z} v_x - \dfrac{\partial}{\partial x} v_z \\ \dfrac{\partial}{\partial x} v_y - \dfrac{\partial}{\partial y} v_x \end{pmatrix} \tag{614}$$

$\nabla \times \boldsymbol{v}$ で定義される渦度は，ちゃんと「流れに漂うクラゲの回転」を表しているのだろうか？

- 原点を通る「ある回転軸」の周囲をグルグル回る流れ

を具体例として，「クラゲの回転」を求めてみよう．点の場所を表す**位置ベクト**

---

9) この辺りで取り扱うベクトルは，要素がすべて実数で与えられる**実ベクトル**だ．

ル $r = \begin{pmatrix} x \\ y \\ z \end{pmatrix}$ と，回転の様子(?)を示す**角速度ベクトル** $\Omega = \begin{pmatrix} \omega_x \\ \omega_y \\ \omega_z \end{pmatrix}$ を使って，流れが次のように与えられるとする．

$$v = \Omega \times r = \begin{pmatrix} \omega_y z - \omega_z y \\ \omega_z x - \omega_x z \\ \omega_x y - \omega_y x \end{pmatrix} \tag{615}$$

外積 $\Omega \times r$ は Ω や r とは直交しているから，流れ v の方向も Ω や r と直交する方向だ．流れの速さ $v = |v|$ は

$$v = |\Omega \times r| = |\Omega||r|\sin\theta \tag{616}$$

と求めることができ，$|r|\sin\theta$ は回転軸から位置 r までの距離になっている．そういうわけで，この流れは

- 原点を通り Ω の方向を向く「回転軸」のまわりに，角速度が $\omega = |\Omega|$ で回転する流れ

になっている．

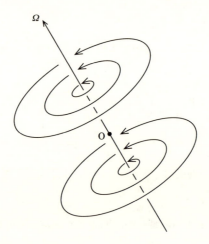

この流れは，回転軸が Z 軸方向を向いていないだけで，本質的にはコーヒーカップで考えた Z 軸まわりの流れと同じものである．したがって，この流れに漂い，軸の周囲を円運動する小球は，角速度ベクトル Ω の方向を自転軸として，角速度 $\omega = |\Omega|$ で自転する．それでは，流れの渦度を求めてみよう．

$$\nabla \times \boldsymbol{v} = \nabla \times (\boldsymbol{\Omega} \times \boldsymbol{r}) = \nabla \times \begin{pmatrix} \omega_y z - \omega_z y \\ \omega_z x - \omega_x z \\ \omega_x y - \omega_y x \end{pmatrix} \tag{617}$$

まず X 成分について計算を進める．

$$u_x = \frac{\partial}{\partial y}(\omega_x y - \omega_y x) - \frac{\partial}{\partial z}(\omega_z x - \omega_x z) = 2\omega_x \tag{618}$$

Y 成分も同様に $u_y = 2\omega_y$，Z 成分も $u_z = 2\omega_z$ で，結果として

$$\nabla \times \boldsymbol{v} = \nabla \times (\boldsymbol{\Omega} \times \boldsymbol{r}) = 2\boldsymbol{\Omega} \tag{619}$$

が得られる．2で割ると $\boldsymbol{\Omega}$ だ．たしかに，渦度は正しく「漂うクラゲの自転方向」を指し示しているのだ．

4 ゼロになる公式

勾配，発散，渦度と3つ習ったら，これらを組み合わせて遊ぶことができる[10]．例えば次の公式は証明できるだろうか？[11]

$$div\,[\mathbf{rot}\,\boldsymbol{v}] = \nabla \cdot [\nabla \times \boldsymbol{v}] = 0 \tag{620}$$

$\nabla \times \boldsymbol{v}$ を先に計算して，成分で書いてみよう．

$$\begin{pmatrix} \frac{\partial}{\partial x} \\ \frac{\partial}{\partial y} \\ \frac{\partial}{\partial z} \end{pmatrix} \cdot \begin{pmatrix} \frac{\partial}{\partial y} v_z - \frac{\partial}{\partial z} v_y \\ \frac{\partial}{\partial z} v_x - \frac{\partial}{\partial x} v_z \\ \frac{\partial}{\partial x} v_y - \frac{\partial}{\partial y} v_x \end{pmatrix} = 0 \tag{621}$$

後は左辺を地道に展開して行けば良い．

$$\frac{\partial}{\partial x}\left(\frac{\partial}{\partial y} v_z - \frac{\partial}{\partial z} v_y\right) + \frac{\partial}{\partial y}\left(\frac{\partial}{\partial z} v_x - \frac{\partial}{\partial x} v_z\right) + \frac{\partial}{\partial z}\left(\frac{\partial}{\partial x} v_y - \frac{\partial}{\partial y} v_x\right)$$

$$= \left(\frac{\partial}{\partial x}\frac{\partial}{\partial y} - \frac{\partial}{\partial y}\frac{\partial}{\partial x}\right)v_z + \left(\frac{\partial}{\partial y}\frac{\partial}{\partial z} - \frac{\partial}{\partial z}\frac{\partial}{\partial y}\right)v_x + \left(\frac{\partial}{\partial z}\frac{\partial}{\partial x} - \frac{\partial}{\partial x}\frac{\partial}{\partial z}\right)v_y$$

$$= 0 \tag{622}$$

---

10) 空間が3次元なので，$grad$, div, rot の3つ程度で済んだと言える．空間の次元が高くなると，もっといろいろな種類の「ベクトル場の微分」が登場する．

11) この式の音読は「だいばーじょんす ろーてーしょん ぶい」である．いや，縮めて「でぃぶ ろっと ぶい」と読むことの方が多いかも．

流れを表すような「穏やかに変化する関数」の場合、偏微分の順番は交換しても良いので、すべての項が打ち消し合ってゼロとなるわけだ。v がどんなベクトル場であっても、その渦度を表すベクトル場 $u = \nabla \times v$ は、発散がゼロであるベクトル場になるのだ。

> **電磁気学では(1)**
>
> 例えば電磁気学では、**磁場 B** がベクトルポテンシャル A を使って $B = \nabla \times A$ と与えられる。これは、マクスウェル方程式の $\nabla \cdot B = 0$ を自動的に満たすように、磁場 B を与えるウマい方法だ。この $\nabla \cdot B = 0$ は**磁気単極子**(モノポール)が──その辺りの自然界を見渡した限りでは──存在しないことを意味する大切な式である。

● 例解演習 1

次の公式(ろっと ぐらっど ふぁい いこーる ゼロ)を示しなさい。

$$\text{rot}\,[\text{grad}\,\phi] = \nabla \times [\nabla \phi] = \mathbf{0} \tag{623}$$

例解

まずは成分が見える形で式を書いておく。

$$\nabla \times [\nabla \phi] = \begin{pmatrix} \frac{\partial}{\partial x} \\ \frac{\partial}{\partial y} \\ \frac{\partial}{\partial z} \end{pmatrix} \times \begin{pmatrix} \frac{\partial \phi}{\partial x} \\ \frac{\partial \phi}{\partial y} \\ \frac{\partial \phi}{\partial z} \end{pmatrix} \tag{624}$$

黙々と右辺を計算しよう。

$$\begin{pmatrix} \frac{\partial}{\partial y}\frac{\partial \phi}{\partial z} - \frac{\partial}{\partial z}\frac{\partial \phi}{\partial y} \\ \frac{\partial}{\partial z}\frac{\partial \phi}{\partial x} - \frac{\partial}{\partial x}\frac{\partial \phi}{\partial z} \\ \frac{\partial}{\partial x}\frac{\partial \phi}{\partial y} - \frac{\partial}{\partial y}\frac{\partial \phi}{\partial x} \end{pmatrix} = \begin{pmatrix} 0 \\ 0 \\ 0 \end{pmatrix} \tag{625}$$

この式変形もまた，偏微分が順番をひっくり返しても同じ値になることを使って示した．このように，スカラー関数 $\phi(x,y,z,t)$ の勾配で与えられる**勾配ベクトル場**では，渦度が常にゼロになるのだ．水などの流れが $\bm{v}(x,y,z,t) = \nabla \phi(x,y,z,t)$ という具合に，ϕ により与えられる場合，$\bm{v}$ を**ポテンシャル流**と呼ぶ．

● 例解演習 2

水槽の底に，ゆっくりと水が「わき出す」穴がある．水が**等方的**に広がって行く場合，これがポテンシャル流であることを示しなさい．

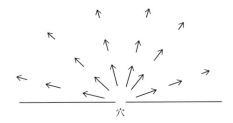

例解

問題に与えられた流れ $\bm{v}$ は，原点以外では「水のわき出し」がないので，原点以外では**発散** $div\, \bm{v}$ **がゼロ**である．この性質を満たすベクトル場は，既に前の章で求めてある．

$$\bm{v} = \frac{c}{r^2}\frac{\bm{r}}{r} = \frac{c}{r^3}\begin{pmatrix} x \\ y \\ z \end{pmatrix} \tag{626}$$

ただし $r = |\bm{r}| = \sqrt{x^2+y^2+z^2}$ だ．この流れが，ポテンシャル

$$\phi = -\frac{c}{r} \tag{627}$$

を使って $\bm{v} = \nabla \phi$ で与えられることは，例えば X 成分

$$\frac{\partial}{\partial x}\left[-\frac{c}{r}\right] = -\frac{-c}{r^2}\frac{\partial r}{\partial x} = \frac{c}{r^2}\frac{2x}{2\sqrt{x^2+y^2+z^2}} = \frac{cx}{r^3} \tag{628}$$

が，式(626)の X 成分と一致していることで確かめられる．Y 成分や Z 成分も同様だ．この流れの渦度 $\nabla\times\bm{v}$ は，もちろんゼロのはずなのだけ

れども，余力があったら自分で確かめてみると良いだろう．

> **電磁気学では(2)**
>
> 電磁気学では，スカラーポテンシャル $\phi(x,y,z,t)$ を使って電場 $\boldsymbol{E}(x,y,z,t)$ が $\boldsymbol{E} = -\nabla\phi - \dfrac{\partial \boldsymbol{A}}{\partial t}$ と表される．この両辺の渦度を求めると，
>
> $$\nabla \times \boldsymbol{E} = -\nabla \times (\nabla \phi) - \nabla \times \dfrac{\partial \boldsymbol{A}}{\partial t}$$
>
> $$= -\dfrac{\partial}{\partial t}(\nabla \times \boldsymbol{A}) = -\dfrac{\partial \boldsymbol{B}}{\partial t}$$
>
> という具合に，マクスウェル方程式の $\nabla \times \boldsymbol{E} = -\dfrac{\partial \boldsymbol{B}}{\partial t}$ が「自動的」に得られるわけだ．

ほかにも，ベクトル解析の公式は山ほどある．例えば，$\nabla \times (\nabla \times \phi)$ はどう表される？ とか，二つのスカラー場 $\phi(x,y,z,t)$ と $\varphi(x,y,z,t)$ がある場合に $\nabla(\phi\varphi)$ や $\nabla \times (\phi\varphi)$ はいくら？ など．**必要は発明の母**ということわざもある，必要になったときに，公式集を開いて自習すると，身につくことだろう[12]．

◆　　　◆　　　◆

回転する「ろくろ」をしばらく眺めた後，A君はカップを手に取った．「底に砂糖がたまったまま，全然混ざらないなー」と不思議に思いつつ上は苦く，底が甘いコーヒーを毎朝すすって，そして大学へと朝の散歩に出かける．午前の授業を受けたら，昼食をとって，午後は図書館にこもる．いま読んでいるのは**微分幾何学**と**一般相対性理論**の本だ．本を読んでいる彼は，ときどき壁に向かってニヤリとする．おや，何かつぶやいている．聞き耳を立てると「多様体は多様たい」という声が…女の子たちの多様さにも，ちょっとは，気をとめてほしいものだ．

水銀の望遠鏡

回転する容器に入った液体を観察すると，表面が凹んでいることに気づくだろう．液体を容器の周囲へと「押しやる」**遠心力**と，それをもとに戻そうとする**重力**の釣り合いで，このような液面となる．実は，この凹んだ面は**放物面**なのだ．放物面は光を集める性質があり，反射望遠鏡にも使われる．したがって，水銀を容器に入れてグルグルと回転させると，望遠鏡を作ることができる．ただし，常に「真上の辺り」しか見ることができない，という欠点がある．また，天空上のいろいろな場所を見たくなったら，この「液体鏡」を緯度が異なる場所まで運ぶ必要がある．世界最大の水銀鏡は直径が 6 m もあって，バンクーバーの近くに設置されている．（Large Zenith Telescope で検索を） なお，鏡が回転しているからといって，星空が回転して映るわけではない．

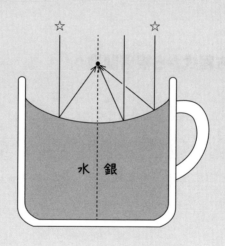

---

12)「必要になったときに自習してください」と，講義の最後に言い放ってサッサと講義室を出て行く先生方は後を絶たないものだ．…経験者は語る….

14章
複素関数の心は虚々実々

「彼女に求めるイメージは清楚，実は…」
——つぶやきながら花時計をグルグルと歩いて回る青年がひとり．早春の昼過ぎに，待ち合わせ場所にやって来るのは知り合ったばかりの彼女（一歩手前）だ．
「愛するのは上の半分か，下の半分か…」
頭の中はすでに今日の散歩道の終着点．花時計を反時計まわりで一周すると願いが叶うのだそうな．
「君はもう，ぼくの**特異点**だあ～ぁっ!!」
と，雄叫びを上げる青年．彼女が居ない**コンプレックス**よ，今日でさようなら!!（…無理かも…）

2次方程式から複素関数へ

2次方程式を習うと複素数に遭遇する．たとえば
$$x^2 - 2x + 2 = 0 \tag{629}$$
は，**判別式**が $D = (-2)^2 - 4\cdot 2 = -4 < 0$ と負だから，**実数解**は持たない．この場合，中学校では「解なし」と考える．高校ではチョッと工夫する．数の概念を広げるのだ．

> **虚数：**
> $i^2 = -1$ を満たす数 i を虚数単位と呼ぶ．

…このように述べると，すかさず「$-i$ も $(-i)^2 = -1$ を満たしますよ！」と突

っ込まれる．i と $-i$ の，どちらを「虚数単位」と呼んでも構わないのだけれども，世の中の慣習に従って，$-i$ は虚数単位 i の -1 倍であるという立場で話を進める．任意の実数 b に対して「i を b 倍した bi」を**純虚数**，さらに任意の実数 a を加えたもの

$$z = a + bi \tag{630}$$

を**複素数**と呼ぶのであった[1]．

> **実部と虚部：**
> 複素数を表す場合には，文字 z をよく用いる．式(630)では a を z の**実部**(real part)，b を z の**虚部**(imaginary part)と呼ぶ．実部と虚部を表す記号
> $$a = \text{Re}\, z, \qquad b = \text{Im}\, z \tag{631}$$
> を使えば，$z = \text{Re}\, z + i\,\text{Im}\, z$ と書ける．

こうして「数の世界」を複素数まで広げれば，2次方程式の解が見えてくる．変数 x を「複素数らしく」文字 z で書き表し，式(629)を**因数分解**してみよう．

$$(z-1-i)(z-1+i) = 0 \tag{632}$$

一目瞭然，$z = 1 \pm i$ が方程式の解である．

> **共役な複素数：**
> $z = a + bi$ に対して，$\bar{z} = a - bi$ を z に(対して)**共役な複素数**と呼ぶ．$\bar{z}$ は，「ぜっとばー」と読む．

式(629)のように，「係数が実数である2次方程式」の解が複素数ならば，二つの解は**互いに共役**である．これは既に高校で習ったはずだ．

---

[1] 複素数の英語表記は complex number なので，直訳すると**複雑数**となる．大昔の日本の数学屋さんたちは，「雑」なものが嫌いだったのだろう．**腐糞数**と当て字で遊んだら，学生さんから「ウ◯チは腐るんですか？」と質問されて答えに詰まった．

複素関数の心は虚々実々

> **知識：多項式の因数分解**
> n 次の多項式 $a_0+a_1x+a_2x^2+\cdots+a_nx^n$ は，適当な複素数 $b_1, b_2, \cdots, b_n$ を使えば $a_n(x-b_1)(x-b_2)\cdots(x-b_n)$ と一意に**因数分解**できる．次数 n が 4 以下の場合は，多項式の係数 $a_1, a_2, \cdots$ を使って $b_1, b_2, \cdots$ を「有限の長さの数式」で書き表す**公式**が知られている．n が 5 以上の場合は，そんなウマい**公式**は（一般には）存在しない[2]．

ここから先が，大学で学ぶ数学になる[3]．式(632)の左辺を，「複素数 z の関数」と考えてみよう．

$$f(z) = z^2-2z+2 = (z-1-i)(z-1+i) \tag{633}$$

> **複素関数：**
> 式(633)のように複素数 z を変数に持つ関数を**複素関数**と呼ぶ．$f(z)$ の値は一般に複素数である．

二つの実数 a と b を使って z を $a+bi$ と表すと，式(633)の $f(z)$ は次のように展開できる．

$$\begin{aligned} f(a+bi) &= (a^2+2abi-b^2)-2(a+bi)+2 \\ &= (a^2-b^2-2a+2)+(2ab-2b)i \end{aligned} \tag{634}$$

ひつこく[4]**実部**と**虚部**を書いておこう．

$$\begin{aligned} \operatorname{Re} f(z) &= a^2-b^2-2a+2 \\ \operatorname{Im} f(z) &= 2ab-2b \end{aligned} \tag{635}$$

もちろん $f(z) = \operatorname{Re} f(z)+i\operatorname{Im} f(z)$ が成り立つ[5]．式(635)は，単に「二つの独立な関数」$\operatorname{Re} f(z)$ と $\operatorname{Im} f(z)$ が並んでいるように見えるかもしれない．そう思うならば，チョイと**偏微分**してみようか．

$$\frac{\partial \operatorname{Re} f(z)}{\partial a} = 2a-2, \quad \frac{\partial \operatorname{Re} f(z)}{\partial b} = -2b$$
$$\frac{\partial \operatorname{Im} f(z)}{\partial a} = 2b, \quad \frac{\partial \operatorname{Im} f(z)}{\partial b} = 2a-2 \tag{636}$$

あら不思議，次の関係式が成立しているではないか．

コーシー–リーマンの関係式：
$$\frac{\partial \operatorname{Re} f(z)}{\partial a} = \frac{\partial \operatorname{Im} f(z)}{\partial b}$$
$$\frac{\partial \operatorname{Re} f(z)}{\partial b} = -\frac{\partial \operatorname{Im} f(z)}{\partial a} \tag{637}$$

どうしてこんな関係があるのだろうか？

② 多項式のタコ壺的（？）計算

z の 2 次関数がコーシー–リーマンの関係式(637)を満たすのは，偶然ではない．z のべき乗や，その和である「z の多項式」も同じように式(637)を満たす．まずは z^n から考えてみよう．

● 宿題 1

$n = 2$ や $n = 3$ の場合について，次の関係式

---

2) どうして n が 5 以上で「公式」が存在しないのか疑問に思ったらよく考えてみよう．二十歳になったら，自分で証明できるかもしれないョ．
3) 数学をいつ学ぶかは**趣味の問題**なので，「複素数？ ああ，小学生の頃に本で読んだ」という数学の先生も稀ではない．
4) 関西の言葉には「し」が「ひ」に変化する傾向がある．しつこい → ひつこい，布団を敷く → 布団をひく，など．
5) Re と Im は，フルスペルで Real/Imaginary と読むのが普通だけど，そのまま「れ」／「いむ」と読む人もいる．

$$\frac{\partial \operatorname{Re}(a+bi)^n}{\partial a} = \frac{\partial \operatorname{Im}(a+bi)^n}{\partial b}$$
$$\frac{\partial \operatorname{Re}(a+bi)^n}{\partial b} = -\frac{\partial \operatorname{Im}(a+bi)^n}{\partial a} \tag{638}$$

を検算してみよ．$n \geqq 4$ ではどうだろうか？

この宿題は，次の式

$$\frac{\partial}{\partial a}(a+bi)^n = n(a+bi)^{n-1} = nz^{n-1}$$
$$\frac{\partial}{\partial b}(a+bi)^n = ni(a+bi)^{n-1} = inz^{n-1} \tag{639}$$

を**二項展開**して，i が付く項と付かない項に整理すれば楽に検算できる．

例解

まず $(a+bi)^n$ を二項展開しておこう．整数 ℓ が偶数の場合 $i^\ell = (-1)^{\frac{\ell}{2}}$，奇数の場合 $i^\ell = i(-1)^{\frac{\ell-1}{2}}$ と書けるから，二項係数を使って $(a+bi)^n$ を実部と虚部に分けよう．

$$\begin{aligned}(a+bi)^n &= \sum_{\ell=0,2,4,\cdots} \frac{n!}{(n-\ell)!\,\ell!} a^{n-\ell} b^\ell (-1)^{\frac{\ell}{2}} \\ &\quad + i \sum_{\ell=1,3,5,\cdots} \frac{n!}{(n-\ell)!\,\ell!} a^{n-\ell} b^\ell (-1)^{\frac{\ell-1}{2}}\end{aligned} \tag{640}$$

ここで，a や b による偏微分を，まず2通り計算しよう．

$$\begin{aligned}\frac{\partial}{\partial a}\operatorname{Re}(a+bi)^n &= \sum_{\ell=0,2,4,\cdots} \frac{n!}{(n-\ell-1)!\,\ell!} a^{n-\ell-1} b^\ell (-1)^{\frac{\ell}{2}} \\ \frac{\partial}{\partial b}\operatorname{Im}(a+bi)^n &= \sum_{\ell=1,3,5,\cdots} \frac{n!}{(n-\ell)!\,(\ell-1)!} a^{n-\ell} b^{\ell-1} (-1)^{\frac{\ell-1}{2}} \\ &= \sum_{\ell=0,2,4,\cdots} \frac{n!}{(n-\ell-1)!\,\ell!} a^{n-\ell-1} b^\ell (-1)^{\frac{\ell}{2}}\end{aligned} \tag{641}$$

和を取る ℓ の値を，一つズラすのが計算のコツだ．そして残った二通りについても，同様に計算を進める．

$$\frac{\partial}{\partial b}\operatorname{Re}(a+bi)^n = \sum_{\ell=2,4,\cdots}\frac{n!}{(n-\ell)!\,(\ell-1)!}a^{n-\ell}b^{\ell-1}(-1)^{\frac{\ell}{2}}$$

$$\frac{\partial}{\partial a}\operatorname{Im}(a+bi)^n = \sum_{\ell=1,3,5,\cdots}\frac{n!}{(n-\ell-1)!\,\ell!}a^{n-\ell-1}b^{\ell}(-1)^{\frac{\ell-1}{2}}$$

$$= -\sum_{\ell=2,4,\cdots}\frac{n!}{(n-\ell)!\,(\ell-1)!}a^{n-\ell}b^{\ell-1}(-1)^{\frac{\ell}{2}} \tag{642}$$

たしかに $(a+bi)^n$ がコーシー–リーマンの関係式を満たすことが確認できた．

次に，複素関数 $f(z)$ に対して「二つの実数 r と s で表される複素数 $c = r + si$」をかけた[6]

$$\begin{aligned}
g(z) = cf(z) &= (r+si)(\operatorname{Re} f(z) + i\operatorname{Im} f(z)) \\
&= (r\operatorname{Re} f(z) - s\operatorname{Im} f(z)) + i(r\operatorname{Im} f(z) + s\operatorname{Re} f(z)) \\
&= \operatorname{Re} g(z) + i\operatorname{Im} g(z)
\end{aligned} \tag{643}$$

を考えよう．$f(z)$ がコーシー–リーマンの関係式を満たす場合，$g(z)$ はどうだろうか？ 式(637)を使えば

$$\begin{aligned}
\frac{\partial \operatorname{Re} g(z)}{\partial a} &= r\frac{\partial \operatorname{Re} f(z)}{\partial a} - s\frac{\partial \operatorname{Im} f(z)}{\partial a} \\
&= r\frac{\partial \operatorname{Im} f(z)}{\partial b} + s\frac{\partial \operatorname{Re} f(z)}{\partial b} = \frac{\partial \operatorname{Im} g(z)}{\partial b} \\
\frac{\partial \operatorname{Im} g(z)}{\partial a} &= r\frac{\partial \operatorname{Im} f(z)}{\partial a} + s\frac{\partial \operatorname{Re} f(z)}{\partial a} \\
&= -r\frac{\partial \operatorname{Re} f(z)}{\partial b} + s\frac{\partial \operatorname{Im} f(z)}{\partial b} = -\frac{\partial \operatorname{Re} g(z)}{\partial b}
\end{aligned} \tag{644}$$

と変型できるから，$g(z)$ もコーシー–リーマンの関係式を満たすことがわかる．したがって cz^n や，二つの項を足し合わせた $cz^n + c'z^m$ も同様に式(637)を満たす．もっとドンドン足し合わせて行こう．

---

[6] 複素数を表す定数は，Complex Number の頭文字を使って c や C と書き表されることが多い．

級数：
複素数 $c_j\,(j=0,1,2,\cdots)$ を係数に持つ級数を考える．
$$h(z) = c_0 + c_1 z + c_2 z^2 + c_3 z^3 + c_4 z^4 + \cdots \tag{645}$$

いまは級数の**収束**について，あまりマジメには考えないで，ともかく $h(z)$ を，$z=a+bi$ の a や b で**偏微分**してみよう[7]．

$$\frac{\partial h(z)}{\partial a} = c_1 + 2c_2 z + 3c_3 z^2 + 4c_4 z^3 + \cdots$$
$$\frac{\partial h(z)}{\partial b} = i[c_1 + 2c_2 z + 3c_3 z^2 + 4c_4 z^3 + \cdots] \tag{646}$$

右辺を実部と虚部に分けて書いてみると，$h(z)$ もまた，コーシー–リーマンの関係式を満たすことが確かめられる…検算は項別に等式の成立をチェックするだけなので，面倒だけれども一本道だ．式(646)を眺めると，$\dfrac{\partial h(z)}{\partial a}$ あるいは $-i\dfrac{\partial h(z)}{\partial b}$ が，多項式や級数で与えられる $h(z)$ の**導関数**として「自然な形をしている」ように見える．

③ 面で捉えなさい

級数が出てきたところで，毎度おなじみの**指数関数**を登場させよう．既に習ったテイラー級数を

$$e^z = 1 + z + \frac{z^2}{2!} + \frac{z^3}{3!} + \frac{z^4}{4!} + \cdots \tag{647}$$

と複素数に拡張すると「複素関数としての指数関数」を簡単に定義できる．**偏導関数**を求めてみよう．

● **宿題 2**

関係式 $\dfrac{\partial e^z}{\partial a} = e^z$ を示せ．

例解

式(647)に,式(646)を適用すると,再び式(647)を得る.

$e^z = e^{a+ib}$ に共役な複素数は,式(647)の右辺で z を $\bar{z} = a-ib$ に置き換えれば得られる[8].

$$\overline{e^z} = e^{\bar{z}} = e^{a-ib} = e^a e^{-ib} \tag{648}$$

ところで,複素数 $z = a+ib$ は,図のように平面上の点 (a,b) を表すと考えられる.この平面を**複素平面**と呼ぶ.また,この平面の上半分 ($b \geqq 0$) を**上半平面**,下半分を**下半平面**と呼び.「継ぎ目」にあたる $b=0$ の横線は**実軸**,$a=0$ の縦線は**虚軸**と呼ばれる.

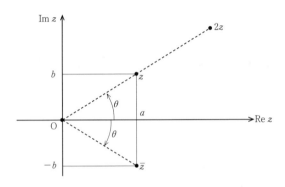

平面が登場すればお絵描き,つまり**幾何**の出番だ.

絶対値と偏角:

図中で,原点 O からの距離

$$r = \sqrt{a^2+b^2} = \sqrt{(a+ib)(a-ib)} = \sqrt{z\bar{z}} \tag{649}$$

を z の**絶対値**と呼び,$|z|$ で表す.また,$\tan\theta = \dfrac{b}{a}$ を満たす角度 θ を z の**偏角**と呼び,$\arg z$ で表す.

---

7) 複素数の関数には**解析接続**という考え方があって,普通には収束しない級数にも意味を持たせる**抜け道**があるのだ.
8) 実は姑息に $a+bi$ を $a+ib$ と,i と b の順番を入れ替えてある.指数の肩に複素数を乗せるときには,i を先に書く習慣があるので,これから先しばらく $a+ib$ の順に書く.

ついでに $|\bar{z}| = |z|$ と $\arg \bar{z} = -\arg z$ も覚えておこう（前ページの図参照）．z に正の実数 t をかけた tz の絶対値は $|tz| = t|z|$，偏角は $\arg tz = \arg z$ と変わらない[9]．では e^z の絶対値と偏角は？　まず，絶対値は

$$\sqrt{e^z \overline{e^z}} = \sqrt{e^{a+ib} e^{a-ib}} = \sqrt{e^a e^{ib} e^a e^{-ib}} = \sqrt{e^{2a}} = e^a = e^{\mathrm{Re}\, z} \tag{650}$$

で与えられる．いっぽう偏角は

$$\arg e^z = \arg(e^a e^{ib}) = \arg e^{ib} \tag{651}$$

を満たすので，**オイラーの公式** $e^{ib} = \cos b + i \sin b$ を持ち出すと $\arg e^z = b$ と求められる．複素平面で知る，指数関数の「幾何学的な側面」だ．偏角には 2π を足しても引いても良いという「不定性」があるので，適当な整数 n を使って $\arg e^z = b + 2n\pi$ と書くこともできる．考えやすいように，$0 \leq b < 2\pi$ とか，$-\pi \leq b < \pi$ などの範囲に偏角を制限することもある．

●宿題 3

$\dfrac{1}{e^z} = e^{-z}$ の絶対値と偏角を求めよ．

答えは $|e^{-z}| = e^{-\mathrm{Re}\, z}$ と $\arg e^{-z} = -\mathrm{Im}\, z$ だ．

対数関数：
複素数 z に対して，$\log z$ の値はどうなっているだろうか？　指数関数と対数関数は互いに**逆関数**の関係にあったから，$z = e^{\log z}$ が成立しているはずだ．この関係を満たすには

$$\log z = \log|z| + i \arg z \tag{652}$$

であれば良い．ウソだと思ったら検算してみよう．

$$e^{\log|z| + i \arg z} = e^{\log|z|} e^{i \arg z} = |z|[\cos(\arg z) + i \sin(\arg z)]$$
$$= \mathrm{Re}\, z + i \mathrm{Im}\, z = z \tag{653}$$

というわけで，いま与えた $\log z$ の定義はたしかに $z = e^{\log z}$ を満たしている．注意深い人は $\arg z$ に 2π の整数倍を加えた $\log|z| + i(\arg z + 2n\pi)$ を $\log z$ の定義と考えても，$z = e^{\log z}$ が満たされていることに気づくだろう．これが**複素関数**の面白い

> ところで，ある z に対して関数 $f(z)$ の値が複数ある場合（多価関数）も稀ではないのだ．

4 複素関数の導関数

準備が長かったけれど，関数 $f(z)$ の微分を考える下地は整った．微分には，z から少し離れた点 $z+\Delta z$ を用意する必要がある．そして導関数 $f'(z)$ は

$$f'(z) = \frac{df(z)}{dz} = \lim_{\Delta z \to 0} \frac{f(z+\Delta z) - f(z)}{\Delta z} \tag{654}$$

と求める…のだけれど，ちょっと注意が必要だ．$\Delta z = \Delta a + i\Delta b$ が複素平面のどちら側から 0 に近づけばよいのか，式(654)では不明なのだ．そこで「微小な量」である実数 ε を使って

$$\Delta a = \varepsilon \cos\phi, \quad \Delta b = \varepsilon \sin\phi \tag{655}$$

と置き，角度 ϕ を一定に保ちつつ $\varepsilon \to 0$ の極限を取ってみよう.

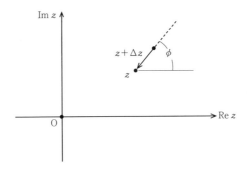

微小な移動を二つに分けて考えると，$f(z)$ の変化も

$$\begin{aligned}\Delta f &= f(z+\varepsilon\cos\phi + i\varepsilon\sin\phi) - f(z) \\ &= f(z+\varepsilon\cos\phi + i\varepsilon\sin\phi) - f(z+i\varepsilon\sin\phi) + f(z+i\varepsilon\sin\phi) - f(z)\end{aligned} \tag{656}$$

---

9) $z=0$ の場合は $\arg z$ は考えても仕方ないので考えない．この話は，あとで目にする**特異点**と絡んでいる．

と，二つに分けることができる．そして，ε が充分に小さければ次のように近似できる[10]．

$$\Delta f \sim \varepsilon \cos\phi \left[\frac{\partial \operatorname{Re} f}{\partial a} + i\frac{\partial \operatorname{Im} f}{\partial a} \right] + \varepsilon \sin\phi \left[\frac{\partial \operatorname{Re} f}{\partial b} + i\frac{\partial \operatorname{Im} f}{\partial b} \right] \quad (657)$$

式変形では $f(z) = \operatorname{Re} f(z) + i \operatorname{Im} f(z)$ を使った．このままでは，Δf の値が角度 ϕ によって「猫の目のように値を変えて」収拾がつかない．ところが，コーシー–リーマンの関係式があれば事情は一変する．ためしに式(637)を代入してみよう．少し整理すると

$$\Delta f \sim \varepsilon (\cos\phi + i\sin\phi) \left[\frac{\partial \operatorname{Re} f}{\partial a} + i\frac{\partial \operatorname{Im} f}{\partial a} \right] = \Delta z \frac{\partial f}{\partial a} \quad (658)$$

が ϕ の値によらず成立することがわかる．つまり，どの方向からでも $\frac{\Delta f}{\Delta z} \sim \frac{\partial f}{\partial a}$ が成立しているのだ．また，$\Delta z \to 0$ の極限を取れば近似を表す $\sim$ は(これまでに考えてきたように)等号へと置き換えてよい．

解析関数：

極限 $\Delta z \to 0$ を**複素平面上でどのような方向から取っても** $\frac{\Delta f}{\Delta z}$ の極限が(式(658)のように)同じ値を取るのは

- コーシー–リーマンの関係式を満たす場合

である．このような $f(z)$ を**解析関数**あるいは**正則関数**と呼ぶ「数学の言葉づかい」がある．

複素関数[11]の導関数は式(654)–(658)で与えられ，今まで学習して来た実数の関数(**実関数**)の導関数の「自然な拡張」になっている．例えば $f(z) = z^2 - 2z + 2$ ならば $f'(z) = 2z - 2$，$f(z) = e^z$ ならば $f'(z) = e^z$ である．

ちょっと前に，多項式で与えられる関数 $f(z)$ が正則であることを示しておいた．多項式の次数がドンドン上がって，$f(z)$ が「収束する無限級数」で表される場合も，(大抵は…)正則である．$\sin z, \cos z, \tan z$ などの三角関数が，その例だ．

5 散歩しながら積分を知る

微分の次は積分だ．実関数 $f(x)$ を**実軸上の区間** $A \leqq x \leqq B$ で定積分する場合には，区間 $[A, B]$ を $x_0 = A, \; x_1 = A + \Delta x, \; \cdots, \; x_N = B$ で仕切られる幅 $\Delta x = \dfrac{B-A}{N}$ の**微小区間** N 個に分け，「微小な面積」の和を取ったもの

$$\int_A^B f(x)dx = \lim_{N\to\infty} \sum_{j=0}^{N-1} f\left(\frac{x_j + x_{j+1}}{2}\right)\Delta x \tag{659}$$

の極限を求めるのであった．

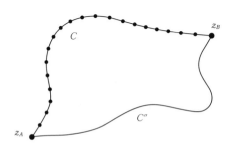

複素関数(の解析関数)$f(z)$ を，複素平面上の z_A から z_B まで積分する場合も，考え方はよく似ている．まず z_A と z_B を結ぶ**経路** C をひとつ定める[12]．そして，図中の点々で示したように経路を $z_A = z_0, z_1, z_2, \cdots, z_N = z_B$ と N 個の微小区間に分けておいて

$$\int_{z_A}^{z_B} f(z)dz = \lim_{N\to\infty} \sum_{j=0}^{N-1} f\left(\frac{z_j + z_{j+1}}{2}\right)\Delta z_j \tag{660}$$

と定積分を求めるのだ[13]．ただし $\Delta z_j = z_{j+1} - z_j$ は区間によって変化する．こ

---

10) 微係数 $\dfrac{\partial f}{\partial a}$ を考える場所は $\dfrac{\partial f}{\partial b}$ を考える場所から「わずかに」ズレている．ただ，このズレは $\varepsilon \to 0$ の極限で 0 になるので，**目クジラを立てる**必要はない．

11) 少々難儀なことに「解析的(analytic)」という言葉は時と場合によって意味が変わるので要注意だ．複素関数という言葉も，たいていは「複素数の解析関数」のことを指す．そもそも，analytical や analysis など anal-で始まる数学用語には**裏の意味**もあるので要注意なのだ．

12) 積分の経路には，等高線や海岸線を意味する単語 Contour をあてる．その頭文字 C を経路の記号として使うのだ．path(小径)と呼ぶこともある．

13) 記憶のよい人は「グラフの下の面積が複素数になるのですか？」と質問したくなるだろう．気になったら**測度**を学ぼう．

う書くと，

- 積分の値が経路 C の形によって変化する?!

ような気がしてくる．実は，そうとも限らない．

> **経路の任意性：**
>
> 経路 C を経路 C'' へと連続的に変形して行くことを考える．その途中の「任意の経路 C'」について，式(660)の右辺の和が常に求められるならば，定積分の値は経路によらず一定である．

つまり，$z_A \to C \to z_B$ の経路で求めた積分 $\int_C f(z)dz$ が[14]，$z_A \to C'' \to z_B$ で求めた積分 $\int_{C''} f(z)dz$ に一致するというのだ．本当だろうか？

進む方向を逆転して経路 $z_B \to C'' \to z_A$ **に沿って積分すると** Δz_j **の符号がひっくり返るので，積分の符号も逆になる．**

$$(C'' \text{に沿って}) \quad \int_{z_A}^{z_B} f(z)dz = -\int_{z_B}^{z_A} f(z)dz \tag{661}$$

したがって，$z_A \to C \to z_B \to C'' \to z_A$ と「輪になって戻ってくる経路」に沿った積分

$$\int_C f(z)dz - \int_{C''} f(z)dz = \oint f(z)dz = 0 \tag{662}$$

がゼロとなるかどうかが「勝負どころ」だ．ただし，$\oint$ は「クルリと回る積分」を表す記号である．

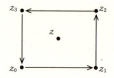

いきなり「大きな輪」を考えるのは難しいから，小さな長方形に沿って考えてみよう．次の4点

$$z_0 = z - \frac{\Delta a}{2} - i\frac{\Delta b}{2}, \quad z_1 = z + \frac{\Delta a}{2} - i\frac{\Delta b}{2}$$
$$z_2 = z + \frac{\Delta a}{2} + i\frac{\Delta b}{2}, \quad z_3 = z - \frac{\Delta a}{2} + i\frac{\Delta b}{2} \tag{663}$$

を $z_0 \to z_1 \to z_2 \to z_3 \to z_0$ と回る場合に対して、微小な変化 $\Delta z_j = z_{j+1} - z_j$ と、区間の中点 $\frac{z_j + z_{j+1}}{2}$ を求めておく。そして、「この 4 区間」だけについて、式(660)の和を求めてみよう。$z = a + ib$ を使って、次のように計算を進める。

$$f\left(z - i\frac{\Delta b}{2}\right)\Delta a + f\left(z + \frac{\Delta a}{2}\right)i\Delta b - f\left(z + i\frac{\Delta b}{2}\right)\Delta a - f\left(z - \frac{\Delta a}{2}\right)i\Delta b$$
$$\sim -\frac{\partial f(z)}{\partial b}\Delta a \Delta b + \frac{\partial f(z)}{\partial a}i\Delta a \Delta b$$
$$= \left[-\frac{\partial \operatorname{Re} f(z)}{\partial b} - \frac{\partial \operatorname{Im} f(z)}{\partial a}\right]\Delta a \Delta b$$
$$+ \left[-\frac{\partial \operatorname{Im} f(z)}{\partial b} + \frac{\partial \operatorname{Re} f(z)}{\partial a}\right]i\Delta a \Delta b \tag{664}$$

ちょっと計算を急いだけれど、コーシー-リーマンの関係式が成立していれば、上の和は(おおよそ)ゼロになることがわかる。式(662)のような大きなループも、小さなループを「つなぎ合わせて行けば描ける」[15]から、ループを描く経路に沿った積分 $\oint$ が一般的にゼロになることも納得できるだろう。この事実は**コーシーの積分定理**と呼ばれる。

原始関数:
定積分の上限を変数だと考えて、不定積分を表すこともできる。複素数の**積分定数** c を用意して

$$F(z) = \int_{z_A}^{z} f(z')dz' + c \tag{665}$$

と、適当な下限 z_A からの積分を求めると**原始関数** $F(z)$ になる。(ただし、一筋縄では行かない事情もある…)

---

14) 複素関数の積分では、経路の始点と終点を積分記号に添えて書くかわりに、「経路を表す記号」C や C' や C'' を積分記号の右下に添える習慣がある。

15) ホントは近似を表す $\sim$ で「無視したおまけ」の部分が**積もらない**ことを示す必要がある。また、四角形をどう積み上げても「斜めの線」にはならないので、三角形も取り扱う必要がある。

● 例解演習

$f(z) = z^2$ である場合に，複素平面上の原点 $z = 0$ から $z = w$ までの定積分 $\int_0^w f(z)dz = \int_0^w z^2 dz$ を求めなさい．

例解

「微分と積分の関係」から，答えが $F(w) = \dfrac{w^3}{3}$ であることは見えているのだけれども，ともかく確認してみる．$w = a + ib$ で，例えば $a > 0$ および $b > 0$ である場合について考えてみよう．途中の**積分経路**を $0 \to ib \to a+ib$ と取るならば，積分を二つの部分に分解することができる．

$$\int_0^w z^2 dz = \int_0^{ib} z^2 dz + \int_{ib}^{a+ib} z^2 dz \tag{666}$$

前半の $0 \to ib$ では実数 s を使って $z = is$, $dz = ids$ と書け，経路は**虚軸方向**へと進む．後半の $ib \to a+ib$ では実数 t を使って $z = t+ib$, $dz = dt$ と書け，経路は**実軸方向**へと進む．s や t に対する積分に書き換えてみよう．

$$\begin{aligned}
\int_0^b (is)^2 ids + \int_0^a (t+ib)^2 dt &= -i\int_0^b s^2 ds + \int_0^a (t^2 + 2ibt - b^2)dt \\
&= -i\frac{b^3}{3} + \frac{a^3}{3} + 2ib\frac{a^2}{2} - b^2 a \\
&= \frac{a^3}{3} + iba^2 - b^2 a - i\frac{b^3}{3} \\
&= \frac{(a+ib)^3}{3} = \frac{w^3}{3}
\end{aligned} \tag{667}$$

ちゃんと予想通りになった．途中の経路を $0 \to a \to a+ib$ と取っても，同様に $F(w) = \dfrac{w^3}{3}$ を得る．こちらの計算は，皆さんにお任せしよう．

もう一通り，$0 \to a+ib$ へと直線的に積分する経路についても，念のために調べておく．実数 u を使って $z = u(a+ib)$ と表せば $dz = (a+ib)du$ で，積分は

$$\begin{aligned}
\int_0^1 [u(a+ib)]^2 (a+ib) du &= (a+ib)^3 \int_0^1 u^2 du \\
&= \frac{(a+ib)^3}{3} = \frac{w^3}{3}
\end{aligned} \tag{668}$$

と求められる．積分経路を「斜め方向の直線」に進んでも，実軸や虚軸方向のみに進んでも，同じ結果が得られることが確認できたわけだ．こ

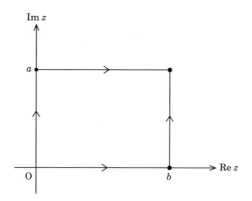

の演習問題では $f(z) = z^2$ についての積分を考えたけれども，同様に $f(z) = z^n$ （ただし $n \geqq 0$）の場合や，$f(z)$ が多項式で与えられる場合にも，複素平面上の2点間の積分が「通過する経路」によらないことを，直接的に確認できる．

⑥ 北極と日付変更線

飛行機に乗って太平洋を渡ると，途中で日付変更線を横切る．そこで時計の日付を1日ずらすのだ[16]．日付変更線は北極点（north pole）と南極点（south pole）で終わる．複素関数にも，北極点や南極点のように「例外的な点」が現れることがある．例えば正の整数 n に対して関数

$$f(z) = \frac{1}{z^n} \tag{669}$$

を考えると，これは（原点の周囲では）式(645)のような級数で表すことができない．この例での $z = 0$ のように，関数 $f(z)$ を「うまく定義できない点」を $f(z)$ の**特異点**と呼ぶ．特異点にはいくつかの種類があって，その分類は「数学研究者の飯の種」でもある．式(669)の $f(z)$ のように，単項式あるいは多項式の逆数で示せる特異点は**極**（pole）と呼ばれる．

---

16) じゃあ北極の回りをグルグルと何周もまわったら，日付が次々と増減するのだろうか？ というナゾナゾは有名．

極の周囲を一周する積分を考えてみよう．経路として $z = e^{i\theta}$ を考え，$\theta = 0$ から $\theta = 2\pi$ までグルリと**反時計まわりに**回るのだ[17]．$dz = d(e^{i\theta}) = ie^{i\theta}d\theta$ に注意して式変形する．

$$\int_{\theta=0}^{\theta=2\pi} f(z)dz = \int_{\theta=0}^{\theta=2\pi} \frac{1}{(e^{i\theta})^n}(e^{i\theta}i\,d\theta) = \int_{\theta=0}^{\theta=2\pi} ie^{i(1-n)\theta}d\theta$$

$$= \int_{\theta=0}^{\theta=2\pi} i[\cos(1-n)\theta + i\sin(1-n)\theta]d\theta \qquad (670)$$

この積分は $n = 1$ の場合だけ $2\pi i$ となり，$n \geq 2$ ではゼロとなる．この先には，楽しい**留数定理**も待ち受けている[18]．

●例解演習

次の積分 I を求めなさい．

$$I = \int_{-\infty}^{\infty} \frac{1}{x^2 - 2x + 2}dx = \int_{-\infty}^{\infty} \frac{1}{(x-1-i)(x-1+i)}dx \qquad (671)$$

例解

分母を $f(z) = z^2 - 2z + 2 = (z-1-i)(z-1+i)$ と書くと，$z = 1+i$ と $z = 1-i$ で $f(z) = 0$ となる．このように，関数の値が 0 となる点を $f(z)$ の**零点**と呼ぶ．したがって，被積分関数 $\frac{1}{f(z)} = \frac{1}{(z-1-i)(z-1+i)}$ は，$z = 1 \pm i$ に極を持つ——極がある——関数だ．図に示したように，まず $z = -R$ から $z = R$ まで実軸上を直線的に進み，$z = R$ から「円の上半分」を $z = Re^{i\theta} (0 \leq \theta \leq \pi)$ に沿って左向きに回って，再び $z =$

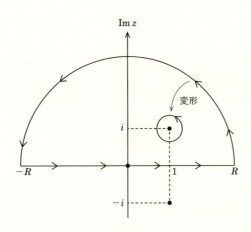

$-R$ へと戻って来る経路に沿った積分 J を考えてみよう．

$$J = \int_{-R}^{R} \frac{1}{f(z)} dz + \int_{\theta=0}^{\theta=\pi} \frac{1}{f(Re^{i\theta})} d(Re^{i\theta}) \tag{672}$$

最初の項は $R \to \infty$ の極限で，求める積分 I に一致する．2番目の項は，R が十分に大きければ $f(Re^{i\theta}) \sim R^2 e^{2i\theta}$ と近似的に考えることができて，

$$\int_{\theta=0}^{\theta=\pi} \frac{1}{R^2 e^{2i\theta}} iRe^{i\theta} d\theta = \int_{\theta=0}^{\theta=\pi} i \frac{e^{-i\theta}}{R} d\theta \tag{673}$$

こちらは $R \to \infty$ の極限でゼロになる．したがって，図の経路に沿って行う複素積分 J は，すくなくとも $R \to \infty$ の極限で「求める積分 I」に一致することがわかる．さて，積分 J の値は，

- コーシー–リーマンの関係式が成立している領域の内部で
- 積分経路を連続的に変化させる限り

変化しないのであった．この知識に基づいて，今度は積分経路をドンドンと縮めて行こう．ただし，特異点である $z = 1+i$ を通過するような経路の変更は許されない．そして，最終的には

- $z = 1+i$ の周囲を「小さくぐるりと回る」経路まで変形する

ことができる．絶対値が小さな複素数 w を導入して，$z = 1+i+w$ と書いておくと，$f(z)$ は

$$(1+i+w-1-i)(1+i+w-1+i) = 2iw \tag{674}$$

と短く表すことができる．したがって，$z = 1+i$ の周囲を反時計回りに巡る積分 J の値は次の通りになる．

$$\oint \frac{1}{2iw} dw = \frac{1}{2i} \oint \frac{1}{w} dw = \frac{1}{2i} 2\pi i = \pi \tag{675}$$

記号 $\oint$ は $w = 0$ を一周する積分を表していて，$\frac{1}{w}$ の積分の値が $2\pi i$ であることは，先に求めたように $w = e^{i\theta}$ と置き換えて確認することができる．結局のところ，$I = J = \pi$ が，求める積分の値である．こんなと

---

17) 地面に立てた棒（ポール）にリボンをくくりつけ，グルグル回る踊りがある．調べようと思って「ポールダンス」で検索してみたら，全然ちがう華麗な空中技がヒットしてしまった．
18) 留数定理を理解しなければ留年すると大学生の間で語り継がれてきた．また，道を歩くときに電信柱の右側を通り過ぎるか左側を通り過ぎるかで「人生が変わる」という都市伝説もある．

ころで円周率 π に遭遇するなんて，予想できただろうか？

極くらいで済めば楽なのだけれど，$f(z)=\sqrt{z}$ や $f(z)=\log z$ は**分岐**と呼ばれる「日付変更線のようなもの」を持っているし，$f(z)=e^{\frac{1}{z}}$ の原点は**真性特異点**[19]という「君子危うきに近寄らず」的な点である．このように特異点の周囲には華麗なる複素解析の世界が広がっている．興味を持ったら自習しても損はない．

◆　　◆　　◆

さて，花時計の周りをぐるぐる歩く青年，無事にデートできただろうか？いや，彼女は現れない．いつまで経っても現れない．青年が巡っている場所は，鉄道の駅前にある花時計．実は，彼女の方は，市役所前の花時計で待ち合わせていたのだ，一瞬だけ…街に花時計が二つあるのに，どちらの花時計か約束しなかったというのも妙なものだ．いや，そう考えるのは「にぶい僕ちゃん」達だ．彼女は「勘違いしたフリ」をするために，証拠写真だけ花壇の前で自撮りして，サッサと帰って行ったのであった．可哀想な青年は，そのまま，日没まで花時計を回り続けた．いや，青年を遠くから密かに見守る，別の女性からの視線に気づいていないだけであった，かもしれない．

平面が 2 枚重ね：

絶対値が R の複素数を $z=Re^{i\theta}$ と表そう．$\theta=0$ と $\theta=2\pi$ で z の値は等しく，$z=R$ と $z=Re^{2\pi i}$ は**複素平面上の同じ点**を表している．ここで関数 $f(z)=z^{1/2}$ を考えよう．$f(z)=\sqrt{R}\,e^{i\theta/2}$ に注意すると，$\theta=0$ と $\theta=2\pi$ で $f(z)$ の値が異なることがわかる．

$$f(Re^0)=\sqrt{R},\quad f(Re^{2\pi i/2})=\sqrt{R}\,e^{\pi i}=-\sqrt{R} \tag{676}$$

あら，原点 $z=0$ のまわりを一周すると，$f(z)$ の値がもとに戻らずに -1 倍になってしまった．もう一周すると，つまり $\theta=4\pi$ になると，ようやくもとの $f(Re^{4\pi i/2})=\sqrt{R}$ になる．この妙な状況は，図のように「2 枚の」複素平面があって，原点を一周

すると上下が入れ替わるように「貼り合わされている」と考えると，辻褄を合わせることができる．このように，関数を使って「変換された」複素平面は**リーマン面**と呼ばれ，しばしば複雑な構造を持つことがある．$f(z) = \log z$ について同じように調べると，$z = Re^{i\theta}$ であれば $\log z = \log R + i\theta$ であったから，虚部 $i\theta$ は θ の増加とともにドンドン大きくなって行くことがわかる．$\log z$ が表すリーマン面は，**無限に重なっている**のだ．

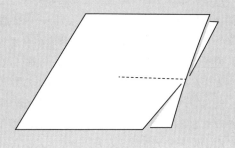

---

19) **真性**特異点はあっても，**仮性**特異点はない．

15章
シュレーディンガーの猫，ハイゼンベルクの犬

　お父さんは困っていた．息子が，猫を拾って来たのである．最初は「ダメダメ，もとのところに戻しなさい」と言っていたお父さんだったけれども，猫と目が合った瞬間から様子が変わったようだ[1]．心の中は**揺れる振り子**，お父さんは行ったり来たり，しばらく思案した後，倉庫からガリガリと音を出すものを持って来た．**ガイガーカウンター**だ．「よし，神様に決めてもらおう．10数える間にガリッと音がしたら猫を飼う，しなかったらもとの場所に戻す，いいかな[2]．いーちー，にーい，さーん…」何も音がしない間に9まで数え「じゅーう」と言いかけたときにガリっと音がした．あれ，でも聞こえて来たのは台所の方だ．父子がソッとドアを開けると，お母さんが台所で大きな煎餅をかじっていた．

① バネ振り子をニュートン力学で取り扱うと…

　複素数の世界に立ち入る理由は人それぞれ，数学者は複素数の美しさに誘われ，理工学では「高い実用性」から**イヤ**でも複素数と付き合うことになる．振り子を例に取って，理工学で使われる「複素数と微分積分」の雰囲気を味わってみよう．振り子と聞いたら**ガリレオ・ガリレイ**——略してガリ・ガリ(?!)——という昔話をよく耳にする．振り子の研究がガリレオから始まったのかどうか，定かではないけれども，ガリレオが振り子に興味を示したことは確かだ．現在では，高校の物理でも振り子を取り扱う．ただし，糸でおもりを吊るした「普通の振り子」よりも，おもりをバネの一端に取り付けた**バネ振り子**の方が実用的で，工学的にもよく利用される．

　バネ振り子の運動を**微分方程式**を使って調べてみよう．その性質を決める要因の一つがバネの「強さ」あるいは「かたさ」だ．バネは

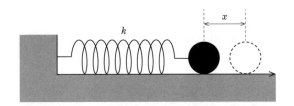

- 縮めれば縮めるほどもとに戻ろうと反発する力を強め，
- 伸ばせば伸ばすほどもとに戻ろうと縮む力を強める

という性質を持っている．バネの**伸び**を変数 x で表すと，バネがもとに戻ろうとする**復元力** F は，**フックの法則**と呼ばれる比例関係

$$F = -kx \tag{677}$$

で与えられる[3]．ここに現れる定数 k は**バネ定数**と呼ばれ，k が大きいほど伸び縮みさせ難い，かたい(強い)バネである．このバネに『**質量**が m の**おもり**』を取り付けて，ちょっと引っ張って手をはなすと，復元力 F によって**加速度**

$$\alpha = \frac{F}{m} \tag{678}$$

を受ける．ブツブツと物理を唱えるのはここまで．おもりの位置 x を時刻 t の関数 $x(t)$ と考えると，復元力 F も $F(x(t))$ と合成関数で表すことができる．そして，この $x(t)$ は**ニュートンの運動方程式**と呼ばれる微分方程式を満たす．

$$m\frac{d^2}{dt^2}x(t) = F(x(t)) = -kx(t) = -m\omega^2 x(t) \tag{679}$$

ただし $\omega = \sqrt{\frac{k}{m}}$ と置いた．この形の微分方程式は，既に解き方を学んでいる．覚えているだろうか？ 方程式の解は

$$x(t) = Ce^{i\omega t} + De^{-i\omega t} \tag{680}$$

と，二つの複素数 C と D を**任意の定数**として含む式で与えられる．ひとまず，検算しておこう．

$$m\frac{d^2}{dt^2}x(t) = m\frac{d}{dt}[C(i\omega)e^{i\omega t} + D(-i\omega)e^{-i\omega t}]$$

---

1) お父さんが，お母さんと知り合った頃も，そんな感じだったんだって．見つめ合ったらおしまいなんだって．ボク，わかんないな〜．
2) 私たちはいつも**自然放射能**に取り囲まれている．人工的な(?)放射性物質がなくても，ガイガーカウンターを持って歩くと，いつもガリガリと音がする．
3) ただし，バネが伸びる場合が $x > 0$ で，縮む場合が $x < 0$ だ．

$$= mC(i\omega)^2 e^{i\omega t} + mD(-i\omega)^2 e^{-i\omega t} = -m\omega^2 x(t) \tag{681}$$

…ちょっと待った，位置 $x(t)$ は実数なのに，この解は複素数だ，妙ではないか?![4)]

●例解演習

いま求めた運動方程式の解で，$x(t)$ が実数になる条件を考えなさい．

例解

一般に複素数 $z = a+ib$ と，その複素共役 $\bar{z} = a-ib$ を足し合わせた $z+\bar{z}$ は実数に，差 $z-\bar{z}$ は純虚数になる．

$$\begin{aligned} z+\bar{z} &= (a+ib)+(a-ib) = 2a \\ z-\bar{z} &= (a+ib)-(a-ib) = 2ib \end{aligned} \tag{682}$$

いま求めたニュートン方程式の解で，係数 C と D が共役な関係 $D = \bar{C}$ であれば，$Ce^{i\omega t}$ と $De^{-i\omega t} = \bar{C}e^{-i\omega t}$ は**互いに共役**なので，二つの項を足し合わせた $x(t)$ は実数になる．このような**実数解**のみが「物理的には」許されるのだ．

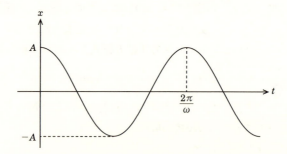

二つの実数 A と θ を使い $C = \dfrac{A}{2} e^{i\theta}$，$D = \dfrac{A}{2} e^{-i\theta}$ と書いてみよう．

$$x(t) = \frac{A}{2} e^{i\theta} e^{i\omega t} + \frac{A}{2} e^{-i\theta} e^{-i\omega t} = A\cos(\theta + \omega t) \tag{683}$$

θ は**初期位相**，ω は**角振動数**と呼ばれる．これをグラフに描くと，「おもりが時間とともに振動する」様子が浮かんで来る．（図では $\theta = 0$ と置いた．）時刻 $t=0$ に

$$x(0) = A\cos\theta, \quad x'(0) = -A\omega\sin\theta \tag{684}$$

の**初期条件**を満たすこの**往復運動**では，時間が**周期** $T = \dfrac{2\pi}{\omega}$ だけすぎる度に「おもり」がもとの位置に戻って来る．係数 A が振動の幅，つまり**振幅**を表すことも図から読み取れる．大切なことは，ω や T が振幅 A には関係しないことだ[5]．この事実を，振り子の**等時性**と呼ぶ．

② バネ振り子を解析力学で取り扱うと…

バネ振り子の運動の話は，ニュートン方程式の解で尽きているといえば尽きている．そこに「数学とウンチクを傾ける」のが**解析力学**だ．その華麗なる世界(?!)への入り口は，

- バネの復元力 $F = -kx$ がおもりの位置 x の関数 $F(x)$ である

という事実にある．ちょっと違った形で $F(x)$ を書き表してみよう．

$$F(x) = -m\dfrac{k}{m}x = -m\omega^2 x = -\dfrac{\partial}{\partial x}\dfrac{m\omega^2}{2}x^2 = -\dfrac{\partial}{\partial x}U(x),$$

ただし $\quad U(x) = \dfrac{m\omega^2}{2}x^2 \qquad\qquad\qquad\qquad (685)$

この $U(x)$ は**バネに蓄えられたエネルギー**を表す量で，**ポテンシャルエネルギー**と呼ばれる．ついでに，おもりの**速度** $v = \dfrac{dx}{dt}$ の関数である**運動エネルギー** $T(v)$ も定義しておこう．

$$T(v) = \dfrac{m}{2}v^2 = \dfrac{m}{2}\left[\dfrac{dx(t)}{dt}\right]^2 \qquad\qquad (686)$$

$T(v)$ と $U(x)$ の差を取った「だけ」のもの

$$L(x,v) = T(v) - U(x) \qquad\qquad\qquad (687)$$

を，解析力学では**ラグランジアン**と呼ぶ．こんなものを定義した理由の一つは，次の**ラグランジュ方程式**にある[6]．

---

4) 物理屋さんは，あらゆることを，とりあえずは疑ってみる種類の人々だ．空間座標は複素数ではなくて実数なの？ 位置 x って，本当に連続な実数なの？――いまのところの模範解答は「実験事実と比較してみるか，とりあえずは x が実数だと思っていて問題ない」くらいだろうか．

5) バネの復元力は，伸び縮みの大きさ $|x|$ が大きくなるほど，フックの法則 $F = -kx$ から段々と「力が強い方へと」ズレて来る．この結果，実際にバネ振り子を用意すると，振幅がある程度大きくなった段階で，角振動数 ω が振幅とともに大きくなって行くようになる．

6) 何をどうすれば $L(x,v)$ の定義からラグランジュ方程式が導出できるのか，それを説明し始めるとあと3ページ必要なので，もし興味があれば**変分法**をキーワードにして検索してみると良いだろう．

$$\frac{d}{dt}\frac{\partial L(x,v)}{\partial v} - \frac{\partial L(x,v)}{\partial x} = 0 \tag{688}$$

●例解演習 1

バネ振り子のラグランジアン $L(x,v) = \frac{m}{2}v^2 - \frac{m\omega^2}{2}x^2$ をラグランジュ方程式に代入してみなさい．

例解

代入して，偏微分の計算をしてみよう．

$$\frac{d}{dt}\left[\frac{\partial}{\partial v}\left(\frac{m}{2}v^2 - \frac{m\omega^2}{2}x^2\right)\right] - \frac{\partial}{\partial x}\left(\frac{m}{2}v^2 - \frac{m\omega^2}{2}x^2\right)$$

$$= \frac{d}{dt}mv + m\omega^2 x = m\frac{d^2}{dt^2}x + m\omega^2 x = 0 \tag{689}$$

あらあら，魔法でも見るように，ニュートン方程式が出て来た．ラグランジュ方程式を使うと力について深く考えなくても，物体の運動方程式を導出できてしまうのだ．ついでに，式(683)で求めた解 $x(t) = A\cos(\omega t + \theta)$ を $L(x,v)$ に代入してみよう．

$$L(A\cos(\omega t + \theta), -A\omega\sin(\omega t + \theta))$$

$$= \frac{m}{2}\cdot A^2\omega^2\sin^2(\omega t + \theta) - \frac{m\omega^2}{2}\cdot A^2\cos^2(\omega t + \theta)$$

$$= -\frac{m\omega^2}{2}A^2\cos 2(\omega t + \theta) \tag{690}$$

これに何の意味があるの？　と，いま聞かれると苦しい．まあ，「後で登場するよっ！」と言って，回答はウヤムヤにしておこう．

次に登場するのが**運動量** $p = mv$ だ．さっきの $L(x,v)$ を使って

$$\frac{\partial L(x,v)}{\partial v} = mv \tag{691}$$

と，運動量を導くこともできる[7]．この p を使って運動エネルギーを

$$\frac{m}{2}v^2 = \frac{1}{2m}(mv)^2 = \frac{p^2}{2m} \tag{692}$$

と書き直したものを $T(p)$ で表すことにしよう．ここまで準備すると，**ハミルトニアン** $H(x,p)$ を定義することができる．

$$H(x,p) = T(p) + U(x) \tag{693}$$

こんなものを定義した理由は，次の**ハミルトンの運動方程式**にある．

$$\frac{d}{dt}x = \frac{\partial H(x,p)}{\partial p}, \quad \frac{d}{dt}p = -\frac{\partial H(x,p)}{\partial x} \tag{694}$$

この方程式も，どうやって導出したか，今は問わないでおこう[8]．

●例解演習 2

バネ振り子のハミルトニアン $H(x,p) = \frac{p^2}{2m} + \frac{m\omega^2}{2}x^2$ をハミルトンの運動方程式に代入してみなさい．

例解

代入して，偏微分の計算をしてみよう．

$$\begin{aligned}\frac{d}{dt}x &= \frac{\partial}{\partial p}\left[\frac{p^2}{2m} + \frac{m\omega^2}{2}x^2\right] = \frac{p}{m} \\ \frac{d}{dt}p &= -\frac{\partial}{\partial x}\left[\frac{p^2}{2m} + \frac{m\omega^2}{2}x^2\right] = -m\omega^2 x\end{aligned} \tag{695}$$

この連立微分方程式は，結局のところニュートン方程式に等しい．

$$\frac{d}{dt}p = m\frac{d^2}{dx^2}x = -m\omega^2 x \tag{696}$$

運動方程式の解 $x(t) = A\cos(\theta + \omega t)$ を $H(x,p)$ に代入してみよう．

$$\begin{aligned}&H(A\cos(\theta+\omega t), -Am\omega\sin(\theta+\omega t)) \\ &= \frac{1}{2m} \cdot A^2 m^2 \omega^2 \sin^2(\theta+\omega t) + \frac{m\omega^2}{2} \cdot A^2 \cos^2(\theta+\omega t) \\ &= \frac{m\omega^2}{2}A^2\end{aligned} \tag{697}$$

運動エネルギー $T(p)$ とポテンシャルエネルギー $U(x)$ の和，つまり**力学的全エネルギー**が，時刻 t によらず一定の値 $\frac{m\omega^2}{2}A^2$ に保たれている事実がわかる．これは，力学を習うときに必ず学習する**エネルギー保存法則**を表している[9]．

---

[7] こうやって，ラグランジアンから導いた運動量を**正準運動量**と呼ぶ．なんか清純な響きがあるではないか?!

[8] 気になる人は**位相空間**をキーワードに検索してみよ．また，ラグランジアンを $T-U$，ハミルトニアンを $T+U$ と安直に書いたことは，入門編ゆえにお許しを．

[9] よくある誤解が，$H(x,p)$ はエネルギーで(?!)一定の量だから(???)その微分を計算すると「定数の微分」でゼロである——というもの．この誤解にトラップされないことが，解析力学への第一歩だ．

振幅 A がゼロである場合，つまり**静止している**振り子の場合，力学的なエネルギーはゼロになる．

ハミルトニアン $H(x,p)$ を使うと，何かいいことあるんだろうか…と「ここで」突っ込まれると，実はまたまた，ちょっとならず苦しくなる．まあ，もう少し遊びたいならば，ハミルトンの運動方程式が次の形で「も」表せることを知るのも悪くはない．

$$\frac{dx}{dt} = \frac{\partial x}{\partial x}\frac{\partial H}{\partial p} - \frac{\partial x}{\partial p}\frac{\partial H}{\partial x} = \frac{\partial H}{\partial p}$$
$$\frac{dp}{dt} = \frac{\partial p}{\partial x}\frac{\partial H}{\partial p} - \frac{\partial p}{\partial p}\frac{\partial H}{\partial x} = -\frac{\partial H}{\partial x}$$
(698)

これはもちろん，ニュートン方程式と同じ解を導く．方程式の解

$$x(t) = A\cos(\theta + \omega t) \quad と \quad p(t) = -Am\omega\sin(\theta + \omega t) \quad (699)$$

をグラフに描くと，原点の周囲を左回りにグルグルと回る楕円になる．A を変えると，楕円の大きさも変わるけれども，一周する時間は変わらず $T = \frac{2\pi}{\omega}$ だ．いくつも楕円を描いてみると，少し前の章で考えた「マグカップの渦」に見えて来ないだろうか？ 実は，**力学の中に「流れ」を見つけたもの**が解析力学なのである[10]．力学の中に流れあり，その昔ガリレオ・ガリレイは，そんなふうに空想したらしい．ニュートン方程式から始まって，解析力学という美しい(??)形にまとめられた「物体の運動を記述する理論的枠組み」は――次に述べる「量子力学」と区別して――**古典力学**と呼ばれている．

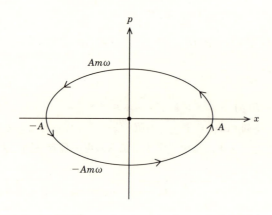

③ バネ振り子を量子力学で取り扱うと…

バネとおもりを，どんどん小さくして行くと，やがて原子が「何かの表面」で細かく振動しているような現象へと到達する．この，原子や分子の世界では，ニュートン力学が「そのままでは」通用せず，

- **量子力学**と呼ばれる自然の法則

が物理現象を支配するようになる．例えばニュートンの運動方程式に取って代わるモノは，**ハイゼンベルクの運動方程式**なのだ．（「ハイゼンベルグ」と読むのが物理では一般的だけれども，ここでは原語のドイツ語に則して「ハイゼンベルク」と記した．）

$$i\hbar \frac{d}{dt}\hat{x}(t) = \hat{x}(t)\hat{H} - \hat{H}\hat{x}(t)$$
$$i\hbar \frac{d}{dt}\hat{p}(t) = \hat{p}(t)\hat{H} - \hat{H}\hat{p}(t) \tag{700}$$

左辺に出てくる $\hbar = \dfrac{h}{2\pi}$ は，

- **プランク定数**　　$h = 6.626\cdots$　　（単位は[Js]）

を 2π で割ったもので，**ディラック定数**とも呼ばれる．また，それぞれの文字の上に $\hat{}$ ハット という見慣れない記号も付け加わっている[11]．こんなに次々と記号ばかり出て来ると目が回るではないか…さっさと逃げ出そう．

趣向を変えて，ハイゼンベルクの運動方程式と密接な関係を持ち，同じように「量子力学を記述する」**シュレーディンガー方程式**に取り付いてみよう．

$$i\hbar \frac{\partial}{\partial t}\Psi(x,t) = \left[-\frac{\hbar^2}{2m}\frac{\partial^2}{\partial x^2} + U(x)\right]\Psi(x,t) \tag{701}$$

左辺も右辺も，x と t を変数に持つ複素関数 $\Psi(x,t)$ に対する偏微分だから，これは（既に習った拡散方程式と同じように）**偏微分方程式**だ．右辺の[大カッコ]の

---

10) 解析力学は**微分幾何学**の発展に重要な着眼点を与えたと言える．
11) ここに出てくる $\hat{x}(t)$ や $\hat{p}(t)$ や $\hat{H}$ は，実は**行列**なのだ．そう考えないと，式(700)の右辺は自明にゼロになってしまう．

中身に見覚えがないだろうか？ これは、ハミルトニアン $H(x,p) = T(p) + U(x)$ の変数である p を、強引に $-i\hbar\dfrac{\partial}{\partial x}$ で置き換えたものだ。

$$T(p) = \frac{p^2}{2m} \longrightarrow \frac{1}{2m}\left[-i\hbar\frac{\partial}{\partial x}\right]\left[-i\hbar\frac{\partial}{\partial x}\right] = -\frac{\hbar^2}{2m}\frac{\partial^2}{\partial x^2} \tag{702}$$

つまり、シュレーディンガー方程式の右辺には、解析力学で考えたハミルトニアン $H(x,p)$ が**形を少し変えて**登場しているのである。

さて、バネのエネルギー $U(x) = \dfrac{m\omega^2}{2}x^2$ をシュレーディンガー方程式に代入してみよう。

$$i\hbar\frac{\partial}{\partial t}\Psi(x,t) = \left[-\frac{\hbar^2}{2m}\frac{\partial^2}{\partial x^2} + \frac{m\omega^2}{2}x^2\right]\Psi(x,t) \tag{703}$$

こんなものが、バネ振り子と関係あるんだろうか？ と、不安に思うほど、ニュートン方程式とは見かけが違う。いや、努力したら（?!）その谷間を埋めることができるに違いない[12]。少し見かけをスッキリとさせる目的で、次のように係数 $\dfrac{2\hbar}{m\omega} = d^2$ を使って「ハミルトニアン[13]」を書き直しておく。

$$-\frac{\hbar^2}{2m}\frac{\partial^2}{\partial x^2} + \frac{m\omega^2}{2}x^2 = \hbar\omega\left[-\frac{\hbar}{2m\omega}\frac{\partial^2}{\partial x^2} + \frac{m\omega}{2\hbar}x^2\right]$$

$$= \hbar\omega\left[-\frac{d^2}{4}\frac{\partial^2}{\partial x^2} + \frac{x^2}{d^2}\right] \tag{704}$$

この式が、**波動関数**と呼ばれる $\Psi(x,t)$ に作用する場合、「因数分解」に似た変形が役に立つ。

$$\hbar\omega\left[-\frac{d^2}{4}\frac{\partial^2}{\partial x^2} + \frac{x^2}{d^2}\right]\Psi(x,t)$$

$$= \hbar\omega\left[-\frac{d^2}{4}\frac{\partial^2}{\partial x^2}\Psi(x,t) - \frac{1}{2}\Psi(x,t) + \frac{x^2}{d^2}\Psi(x,t) + \frac{1}{2}\Psi(x,t)\right]$$

$$= \hbar\omega\left[\left(-\frac{d}{2}\frac{\partial}{\partial x} + \frac{x}{d}\right)\left(\frac{d}{2}\frac{\partial}{\partial x}\Psi(x,t) + \frac{x}{d}\Psi(x,t)\right) + \frac{1}{2}\Psi(x,t)\right]$$

$$= \hbar\omega\left[\left(-\frac{d}{2}\frac{\partial}{\partial x} + \frac{x}{d}\right)\left(\frac{d}{2}\frac{\partial}{\partial x} + \frac{x}{d}\right) + \frac{1}{2}\right]\Psi(x,t) \tag{705}$$

こうして書き直したものを使うと、振り子（調和振動子）のシュレーディンガー方程式は次のようにも表現できる。

$$i\hbar\frac{\partial}{\partial t}\Psi(x,t) = \hbar\omega\left[\left(-\frac{d}{2}\frac{\partial}{\partial x} + \frac{x}{d}\right)\left(\frac{d}{2}\frac{\partial}{\partial x} + \frac{x}{d}\right) + \frac{1}{2}\right]\Psi(x,t) \tag{703'}$$

右辺が長く複雑になっただけではないか？ と思うかもしれない。しかし、実

は便利であることを，すぐに実感できるだろう．

　ここで，振り子の振動に「対応するような(?!)」複素数

$$\alpha(t) = Ae^{-i(\omega t+\theta)}, \qquad \text{Re}\,\alpha(t) = A\cos(\omega t+\theta)$$
$$\text{Im}\,\alpha(t) = -A\sin(\omega t+\theta) \tag{706}$$

を導入する．実部の $\text{Re}\,\alpha(t)$ が，「振幅が A の，振り子の振動」に一致しているのがミソだ．この $\alpha(t)$ 含む，次のような(ちょっと込み入った)関数 $\Psi_\alpha(x,t)$ をつくってみる．

$$\Psi_\alpha(x,t) = \exp\left[-\frac{(x-\alpha(t))^2}{d^2} + \frac{\alpha(t)^2}{2d^2} - i\frac{\omega t}{2}\right] \tag{707}$$

この関数が，実はシュレーディンガー方程式(703′)の解であると，信じられるだろうか?!

● 例解演習

式(707)の $\Psi_\alpha(x,t)$ を，バネ振り子のシュレーディンガー方程式(703′)の両辺に代入してみなさい．

例解
まず，方程式の左辺から計算してみる．関係式 $\dfrac{d}{dt}\alpha(t) = -i\omega Ae^{-i(\omega t+\theta)} = -i\omega\alpha(t)$ を使うと，$\Psi_\alpha(x,t)$ の時間微分は次のように求められる．

$$i\hbar\frac{\partial}{\partial t}\Psi_\alpha(x,t)$$
$$= i\hbar\left[-\frac{2(x-\alpha(t))}{d^2}(i\omega)\alpha(t) + \frac{\alpha(t)}{d^2}(-i\omega)\alpha(t) - i\frac{\omega}{2}\right]$$
$$\times \exp\left[-\frac{(x-\alpha(t))^2}{d^2} + \frac{\alpha(t)^2}{2d^2} - i\frac{\omega t}{2}\right]$$
$$= \hbar\omega\left[\frac{2x\alpha(t)}{d^2} - \frac{\alpha(t)^2}{d^2} + \frac{1}{2}\right]\Psi_\alpha(x,t) \tag{708}$$

右辺の計算は，2段階に分けて行う．まず準備として，次の量を求めておく．

---

12) そもそも科学者は谷間というものが大好きで，ものごとの谷間を見つけては，そこへ突っ込んで行くのである．

13) 量子力学の言葉で正しく表現すると，式(704)はハミルトニアン $\hat{H}$ のシュレーディンガー表示の実空間表現である．…何でもマジメに表現すれば良いというものではない….

$$\left(\frac{d}{2}\frac{\partial}{\partial x}+\frac{x}{d}\right)\Psi_\alpha(x,t)$$
$$=\left[-\frac{d}{2}\frac{2(x-\alpha(t))}{d^2}+\frac{x}{d}\right]\exp\left[-\frac{(x-\alpha(t))^2}{d^2}+\frac{\alpha(t)^2}{2d^2}-i\frac{\omega t}{2}\right]$$
$$=\frac{\alpha(t)}{d}\Psi_\alpha(x,t) \tag{709}$$

計算結果は意外にも（?!）単純で $\Psi_\alpha(x,t)$ の $\frac{\alpha(t)}{d}$ 倍だ．この結果を使って，式(703′)の右辺に出て来る計算を続けよう．

$$\hbar\omega\left(-\frac{d}{2}\frac{\partial}{\partial x}+\frac{x}{d}\right)\left(\frac{d}{2}\frac{\partial}{\partial x}+\frac{x}{d}\right)\Psi_\alpha(x,t)$$
$$=\hbar\omega\frac{\alpha(t)}{d}\left[\frac{d}{2}\frac{2(x-\alpha(t))}{d^2}+\frac{x}{d}\right]$$
$$\times\exp\left[-\frac{(x-\alpha(t))^2}{d^2}+\frac{\alpha(t)^2}{2d^2}-i\frac{\omega t}{2}\right]$$
$$=\hbar\omega\left[\frac{2x\alpha(t)}{d^2}-\frac{\alpha(t)^2}{d^2}\right]\Psi_\alpha(x,t) \tag{710}$$

いま求めた量に $\frac{\hbar\omega}{2}\Psi_\alpha(x,t)$ を足したものが，シュレーディンガー方程式(703′)の右辺になる．これは，既に求めてある左辺(708)と等しい．これで，$\Psi_\alpha(x,t)$ が方程式の解を与えることが示せた．

いま求めた解 $\Psi_\alpha(x,t)$ が，ニュートン力学で求めておいたバネの振動に「対応している」ことを，いくつかの計算で調べてみよう．まず，$\Psi_\alpha(x,t)$ をシュレーディンガー方程式の左辺や右辺に代入すると，式(708)のように $\Psi_\alpha(x,t)$ に $\hbar\omega\left[\frac{2x\alpha(t)}{d^2}-\frac{\alpha(t)^2}{d^2}+\frac{1}{2}\right]$ がかかったものになる．変数 x に「ニュートン力学で求めたおもりの位置」$\mathrm{Re}\,\alpha(t)=A\cos(\omega t+\theta)$ を代入すると，（式(706)に注意）

$$\hbar\omega\left[\frac{2A\cos(\omega t+\theta)\alpha(t)}{d^2}-\frac{\alpha(t)^2}{d^2}+\frac{1}{2}\right]$$
$$=\hbar\omega\left[\frac{A^2\cos^2(\omega t+\theta)+A^2\sin^2(\omega t+\theta)}{d^2}+\frac{1}{2}\right]$$
$$+i\hbar\omega\left[\frac{2A^2\cos(\omega t+\theta)\sin(\omega t+\theta)}{d^2}-\frac{2A^2\cos(\omega t+\theta)\sin(\omega t+\theta)}{d^2}\right]$$

$$= \hbar\omega\left[\frac{m\omega}{2\hbar}A^2 + \frac{1}{2}\right] = \frac{m\omega^2}{2}A^2 + \frac{\hbar\omega}{2} \tag{711}$$

と，前の節で求めておいた

- **振動の力学的全エネルギー** $\frac{m\omega^2}{2}A^2$（式(697)）

に「オマケ」の $\frac{\hbar\omega}{2}$ を足し合わせたものがコロリと得られる．これが，まず

- **エネルギーを通じて見るニュートン力学と量子力学の対応**

だ．シュレーディンガー方程式(701)の右辺にハミルトニアン(…もどき)が書いてあるのだから，エネルギーがポンと出て来るのは「予想の範囲内(?!)」かもしれない[14]．

量子力学では，波動関数 $\Psi(x,t)$ の**絶対値の2乗** $|\Psi(x,t)|^2 = \overline{\Psi}(x,t)\Psi(x,t)$ が，時刻 t に位置 x で「粒子を見つける**確率密度**」を表す．粒子って何?!——いま考えている，小さなバネ振り子の場合，バネに取り付けられた「小さなおもり」が粒子だ．確率密度というのは，まあ「見つけ易さ」とか「見つける頻度」とボンヤリ考えておくだけで良いだろう．荒っぽく表現すると，$\Psi(x,t)$ の絶対値が大きな場所に，「おおよそ」おもりがいると考えられる．さっき求めた $\Psi_a(x,t)$ について，この確率密度を求めてみよう．

$$\overline{\Psi_a}(x,t)\Psi_a(x,t) = \exp\left[-\frac{(x-\overline{a}(t))^2}{d^2} + \frac{\overline{a}(t)^2}{2d^2} + i\frac{\omega t}{2}\right]$$
$$\times \exp\left[-\frac{(x-a(t))^2}{d^2} + \frac{a(t)^2}{2d^2} - i\frac{\omega t}{2}\right] \tag{712}$$

そのまま計算を進めると

$$= \exp\left[-2\frac{x^2}{d^2} + 2\frac{\overline{a}(t)+a(t)}{d^2}x - \frac{\overline{a}(t)^2+a(t)^2}{2d^2}\right]$$
$$= \exp\left[-2\frac{x^2}{d^2} + \frac{4A}{d^2}\cos(\omega t+\theta) - \frac{A^2}{d^2}\cos 2(\omega t+\theta)\right]$$
$$= \exp\left[-\frac{2}{d^2}(x-A\cos(\omega t+\theta))^2 + \frac{A^2}{d^2}\right] \tag{713}$$

となる．よーく式を眺めよう．これは，$x = A\cos(\omega t+\theta)$ で最大となり，そこ

---

[14] オマケの $\frac{\hbar\omega}{2}$ は**ゼロ点振動のエネルギー**と呼ばれるもので，量子力学に特徴的なものだ．なお，いま考えている $\Psi_a(x,t)$ は後でチラリと紹介する「固有状態」**ではない**ことに注意．

から離れるにつれて減衰して行く**ガウス関数**ではないか. これを見ると, 何となく $x = A\cos(\omega t+\theta)$ 辺りに「おもり」があって, 周期 $T = \dfrac{2\pi}{\omega}$ で振動する様子が浮かんで来るだろうか？[15]

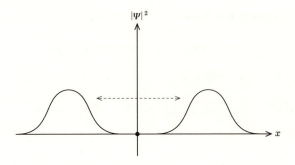

最後にちょっとオマケを. $\Psi_\alpha(x,t)$ に $x = A\cos(\omega t+\theta)$ を代入してみよう. まず $\alpha(t) = Ae^{-i(\omega t+\theta)} = A\cos(\omega t+\theta) - iA\sin(\omega t+\theta)$ を思い出して,「ノート」の余白でチョロリと予備計算を行う.

$$(A\cos(\omega t+\theta) - Ae^{-i(\omega t+\theta)})^2 = -A^2\sin^2(\omega t+\theta) \tag{714}$$

したがって $x = A\cos(\omega t+\theta)$ での, 波動関数の値は次のようになる.

$$\begin{aligned}\Psi_\alpha(A\cos(\omega t+\theta), t) &= \exp\left[-\frac{(iA\sin(\omega t+\theta))^2}{d^2} + \frac{\alpha(t)^2}{2d^2} - i\frac{\omega t}{2}\right] \\ &= \exp\left[-\frac{(-iA\sin(\omega t+\theta))^2}{d^2} + \frac{\alpha(t)^2}{2d^2} - i\frac{\omega t}{2}\right] \\ &= \exp\left[\frac{A^2}{2d^2} - i\frac{A^2\cos(\omega t+\theta)\sin(\omega t+\theta)}{d^2} - i\frac{\omega t}{2}\right]\end{aligned}$$
$$\tag{715}$$

指数部分の実部, つまり $\dfrac{A^2}{2d^2}$ は, さっき求めた $|\Psi_\alpha(x,t)|^2$ の計算と「つじつまが合って」いる. 指数部分の虚部には何か意味があるだろうか？ $\dfrac{1}{d^2} = \dfrac{m\omega}{2\hbar}$ に注意して式変形すると

$$\begin{aligned}&\operatorname{Im}\left[\frac{A^2}{2d^2} - i\frac{A^2\cos(\omega t+\theta)\sin(\omega t+\theta)}{d^2} - i\frac{\omega t}{2}\right] \\ &= -\frac{1}{2d^2}A^2\sin 2(\omega t+\theta) - \frac{\omega}{2}t = -\frac{m\omega}{4\hbar}A^2\sin 2(\omega t+\theta) - \frac{\omega}{2}t \\ &= \frac{1}{\hbar}\int\left[-\frac{m\omega^2}{2}A^2\cos 2(\omega t+\theta) - \frac{\omega}{2}\right]dt + C \tag{716}\end{aligned}$$

が得られる.（最後の C は「適当な」積分定数だ.） よーく見てみよう, 最後の積

分の中に，式(690)で求めてあった，バネ振り子の「**古典力学的ラグランジアン**」

$$L(A\cos(\omega t+\theta), -A\omega\sin(\omega t+\theta)) = -\frac{m\omega^2}{2}A^2\cos 2(\omega t+\theta) \quad (717)$$

が顔を出しているではないか．どうしてこんな場所にラグランジアンが現れたのか，不思議に思ったら**経路積分**をキーワードに，アチコチ調べてみると良い[16]．ひとつ確かなことは，こうしてシュレーディンガー方程式の中にラグランジアン $L(x,v)$ が隠れているからこそ，古典力学の世界で $L(x,v)$ が物体の運動に関係してるという事実だ．

猫状態：

$\Psi_\alpha(x,t)$ と，α の符号をひっくり返した $\Psi_{-\alpha}(x,t)$ を足し合わせたものを考えてみよう．

$$\begin{aligned}
\Psi_\alpha(x,t) &+ \Psi_{-\alpha}(x,t) \\
&= \exp\left[-\frac{(x-\alpha(t))^2}{d^2} + \frac{\alpha(t)^2}{2d^2} - i\frac{\omega t}{2}\right] \\
&\quad + \exp\left[-\frac{(x+\alpha(t))^2}{d^2} + \frac{\alpha(t)^2}{2d^2} - i\frac{\omega t}{2}\right]
\end{aligned} \quad (718)$$

これも，シュレーディンガー方程式に代入すると，ちゃんと解になっている．このように，解を足し合わせると再び解が得られるのは，シュレーディンガー方程式が**線形偏微分方程式**だからだ．さてこの関数はというと

- 一つの(!)振り子が同時に右と左から振れ始める

ような状態を表していて，ニュートン力学では絶対に考えられない状況に相当している．この妙な状態には **Cat State（猫状態）**という名前がついている．有名な(?!)「シュレーディンガーの猫」の話と，すこしだけ似た状況を表しているからだ．

---

[15] シュレーディンガーは，「そのように」この波の塊——**波束**——こそ「粒子」に相当すると考えたらしい．この素朴な描写は，現在の「標準的な(?)」量子力学の解釈とは食い違う部分がある．

[16] 解析力学を習うと，最後に**ハミルトン-ヤコビ方程式**が登場して時間切れ（あるいは紙数切れ）となる．経路積分と，ハミルトン-ヤコビ方程式を比較してみるのも面白いだろう．

4 固有関数と，その固有値

前節で取り扱ったシュレーディンガー方程式の解 $\Psi_\alpha(x,t)$ は，振動を表す $\alpha(t) = A\cos(\omega t + \theta)$ の係数 A，つまり振幅がゼロのときには

$$\Psi_0(x,t) = \exp\left[-\frac{x^2}{d^2} - i\frac{\omega t}{2}\right] \tag{719}$$

という簡単な形になる．改めてシュレーディンガー方程式に代入すると

$$i\hbar\frac{\partial}{\partial t}\Psi_0(x,t) = \frac{\hbar\omega}{2}\Psi_0(x,t)$$
$$\left[-\frac{\hbar^2}{2m}\frac{\partial^2}{\partial x^2} + \frac{m\omega^2}{2}x^2\right]\Psi_0(x,t) = \frac{\hbar\omega}{2}\Psi_0(x,t) \tag{720}$$

が成立している．二つの式に分けて書いた，この関係をちょっと堅苦しく表現すると

- $\exp\left[-i\frac{\omega t}{2}\right]$ は微分演算子 $i\hbar\frac{\partial}{\partial t}$ の固有関数であり，その固有値は $\frac{\hbar\omega}{2}$ である．
- $\exp\left[-\frac{x^2}{d^2}\right]$ は微分演算子 $\left[-\frac{\hbar^2}{2m}\frac{\partial^2}{\partial x^2} + \frac{m\omega^2}{2}x^2\right]$ の固有関数であり，その固有値は $\frac{\hbar\omega}{2}$ である．

と，**微分演算子**の**固有値**と**固有関数**という言葉を使って「まとめる」ことができる[17]．線形代数を既に習っている人は，微分演算子が行列に，固有関数が固有ベクトルに対応していることがわかるだろう．そういう視点から眺めると，既に求めておいた関係式

$$\left(\frac{d}{2}\frac{\partial}{\partial x} + \frac{x}{d}\right)\Psi_\alpha(x,t) = \frac{\alpha(t)}{d}\Psi_\alpha(x,t) \tag{721}$$

もまた，$\Psi_\alpha(x,t)$ が微分演算子 $\frac{d}{2}\frac{\partial}{\partial x} + \frac{x}{d}$ の固有関数であり，固有値が $\frac{\alpha(t)}{d}$ であることを示している．

●例解演習

次の式で与えられる関数を，バネ振り子のシュレーディンガー方程式

(703′) の右辺に代入してみなさい．

$$\varphi_1(x) = \left(-\frac{d}{2}\frac{\partial}{\partial x} + \frac{x}{d}\right)\exp\left(-\frac{x^2}{d^2}\right) \tag{722}$$

例解

まずは与式の計算から始めよう．

$$-\frac{d}{2}\left(-\frac{2x}{d^2}\right)\exp\left(-\frac{x^2}{d^2}\right) + \frac{x}{d}\exp\left(-\frac{x^2}{d^2}\right) = \frac{2x}{d}\exp\left(-\frac{x^2}{d^2}\right) \tag{723}$$

ここで式(704)を使うと

$$\hbar\omega\left[-\frac{d^2}{4}\frac{\partial^2}{\partial x^2} + \frac{x^2}{d^2}\right]\left[\frac{2x}{d}\exp\left(-\frac{x^2}{d^2}\right)\right]$$

$$= \hbar\omega\left[-\frac{d^2}{4}\frac{\partial}{\partial x}\left(\frac{2}{d} - \frac{2x}{d}\frac{2x}{d^2}\right)\exp\left(-\frac{x^2}{d^2}\right) + \frac{x^2}{d^2}\frac{2x}{d}\exp\left(-\frac{x^2}{d^2}\right)\right]$$

$$= \hbar\omega\left[-\frac{d^2}{4}\left(-\frac{8x}{d^3}\right) - \frac{d^2}{4}\left(\frac{2}{d} - \frac{4x^2}{d^3}\right)\left(-\frac{2x}{d^2}\right) + \frac{2x^3}{d^3}\right]\exp\left(-\frac{x^2}{d^2}\right)$$

$$= \hbar\omega\frac{3x}{d}\exp\left[-\frac{x^2}{d^2}\right] = \frac{3}{2}\hbar\omega\cdot\frac{2x}{d}\exp\left(-\frac{x^2}{d^2}\right) \tag{724}$$

と式変形できる．つまり $\frac{2x}{d}\exp\left(-\frac{x^2}{d^2}\right)$ は微分演算子 $\hbar\omega\left[-\frac{d^2}{4}\frac{\partial^2}{\partial x^2} + \frac{x^2}{d^2}\right]$ の固有関数で，その固有値は $\frac{3}{2}\hbar\omega$ である．

証明は省略するけれども，$n \geq 0$ について

$$\varphi_n(x) = \left(-\frac{d}{2}\frac{\partial}{\partial x} + \frac{x}{d}\right)^n \exp\left(-\frac{x^2}{d^2}\right) \tag{725}$$

も微分演算子 $\hbar\omega\left[-\frac{d^2}{4}\frac{\partial^2}{\partial x^2} + \frac{x^2}{d^2}\right]$ の固有関数になっていて，その固有値は $\left(n+\frac{1}{2}\right)\hbar\omega$ である．こんなふうに，**無限個の**固有関数 $\varphi_n(x)$ (ただし $n = 0, 1, 2, \cdots$) が現れることを，頭の片隅に入れておくと良い．これまた証明は抜きにするけれども n と m が互いに異なる場合

$$\int_{-\infty}^{\infty} \phi_n^*(x)\phi_m(x)dx = 0 \tag{726}$$

---

[17] 物理学の言葉遣いでは，$i\hbar\frac{\partial}{\partial t}$ は**エネルギー演算子**(の実時間表示)で，ここに出て来た $\frac{\hbar\omega}{2}$ を**固有エネルギー**と呼ぶ．

という**直交関係**も成立している[18]．

　バネ振り子を話のネタに，ニュートン力学から量子力学まで**力学の18, 19, 20世紀**を駆け抜けた．これから先，量子力学の鍵となる**測定とコペンハーゲン解釈**あるいは**測定と多世界解釈**へと話を進めるのが「量子力学入門の定石」だ．ちょっとだけ紹介したけれども，有名な**シュレーディンガーの猫**の話も続々と(?!)出て来る．…だが…気がつくと，もう章末であった．ここから先は，微分・積分の話題から物理学へと主題がそれて行くので，後は「量子力学の専門書」に任せよう[19]．

◆　　◆　　◆

　お母さんの「ガリッ」という音が原因で(?!)猫を飼い始めてから，もう十年が過ぎた．ガリッと鳴ったのがガイガーカウンターだったのか，それともお母さんが煎餅をカジったからなのか，いまとなっては確認のしようがない．お父さんは，自分と同じように，もう年寄りになりつつある老猫を可愛がりながら，いつも同じことをつぶやく．

　　「猫を飼うことになった，こちらの世界」
　　「…猫を飼わなかった，あちらの世界」

そういうときには，たいていお母さんの機嫌が悪い．今日はお母さんも何かをつぶやいている．

　　「理系男子を選んだ，現実の日々」
　　「文系男子を選んだ，理想の日々」

ボクは，誰にも疎まれないように，体育会系になろうと決心した．さらに10年後，ボクはどんな家庭を築いているだろうか？

---

[18] 証明の方法は，対称行列やエルミート行列の固有ベクトルが互いに直交していることを示す場合と同じだ．
[19] 「ここから先」どころか，この章は全体が**物理の話**ではないか？　という突っ込みもある．理工系の微分積分だから，こういうオマケも「あり」なのだ．

16章 お日さまは，まっすぐに昇るの？

3月はもう春うらら，春分の日も近い．気分がウキウキ浮いてくると頭の回転も速くなるものだ．

「春分の日があるのならば，**微分の日**や**積分の日**があってもよいではないか．」

などと，役に立たない連想が次々と浮かんでくる．春分の日になれば，太陽は真西から昇り(?)真東へと沈む(??)．その間は?!　**まっすぐに進む**と言いたいけれども，なにぶん「上の空」の現象なので判断は難しい．では，「地に足の着いたこと」を考えよう．沈み行く夕日へ向かって**まっすぐに走る**と，どこへ行き着くだろうか？　マジメに考えると夜も眠れない．「春不眠暁を覚える」というではないか[1]．そんな私たち(?!)は，すでに**変分の日**を迎えているのである．

① 曲線を関数で表す

白い画用紙に二つの点 A と B を打とう．そして，点 A を出発して点 B へと向かう曲線をサッと描く[2]．**曲線の長さ**がいちばん短くなるのは，どんな場合だろうか？——とマジメに問う人は，まずいない．点 A と点 B を結ぶ**直線**が，明らかに「最短コース」だからだ．それでもなお，確かめてみないと気の済まない面々もいる．**微分と積分を愛する人々**だ．まずは「画用紙」に升目を入れ，曲線 AB を関数 $f(x)$ のグラフだと考えることにしよう[3]．「最短コースを求め

---

1) そういう日には明け方から眠り始めるので，正午を覚えることはない．大学生の**正しい春休み**である．
2) 描くときに頭の中にある雑念が，そのまま曲線に現れるという．
3) ここでは「関数で表せる曲線」だけを考え，**うずまき**のような複雑なものは取り扱わないでおく．

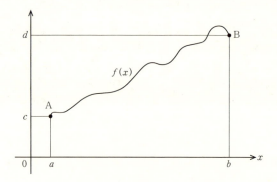

る問題」を,「$f(x)$ を表す**数式を求める**問題」へと移し替えるわけだ.

> **始点と終点:**
> 曲線の始点 A の位置を $(x,y) = (a,c)$,終点 B の位置を $(x,y) = (b,d)$ と置こう.曲線の形を表す関数 $y = f(x)$ はこの 2 点を通るので,$f(a) = c$ と $f(b) = d$ が満たされている.これらは,始点と終点(という曲線の端っこ = 境界)についての条件なので,**境界条件**と呼ばれる.

曲線の長さを,$f(x)$ を含む数式で表そう.これまでに学んで来たように,微分も積分も

● 細かい部分に区切って考える数学

である.いま考えている曲線も N 個の「微小な区間」に分け,j 番目の**区切りの位置**を (x_j, y_j) と書こう.つまり始点 A は $(a,c) = (x_0, y_0)$,終点 B は $(b,d) = (x_N, y_N)$ と表すことになる.その間は

$$x_j = a + j\frac{b-a}{N} = a + j\Delta x \tag{727}$$

と,一定の間隔 $\Delta x = \dfrac{b-a}{N}$ ごとに x_j の値を定めてみよう.結果として y_j は次のように与えられる.

$$y_j = f(x_j) = f(a + j\Delta x) \tag{728}$$

Δx が充分に小さければ，区切りの点 (x_j, y_j) を直線[4]で結んだ**折れ線**を「曲線の近似」と考えてよいだろう．この**折れ線近似**の精度は区間の数 N が大きいほど，つまり Δx が小さいほどよくなってゆく．

さて，隣り合う点 (x_j, y_j) と (x_{j+1}, y_{j+1}) の間の**直線距離**は，「3平方の定理」を使って

$$\Delta S_j = \sqrt{(x_{j+1}-x_j)^2 + (y_{j+1}-y_j)^2}$$
$$= \sqrt{(\Delta x)^2 + [f(x_{j+1})-f(x_j)]^2} \tag{729}$$

と表される．この「微小な長さ」をすべての区間にわたって足し合わせた $\sum_{j=0}^{N-1} \Delta S_j$ が折れ線の長さだ．

曲線の長さ：

$N \to \infty$ の極限では「折れ線が曲線 AB にピッタリ重なる」から，曲線 AB の長さ S は

$$S = \lim_{N \to \infty} \sum_{j=0}^{N-1} \sqrt{(\Delta x)^2 + [f(x_{j+1})-f(x_j)]^2} \tag{730}$$

という式で与えられる．（と信じるに足るだろう．）

右辺の和が，定積分であることに気付いただろうか？ $f(x_{j+1})-f(x_j) = f(x_j+\Delta x)-f(x_j)$ を変形しよう．

$$\frac{f(x_j+\Delta x)-f(x_j)}{\Delta x}\Delta x \sim f'\left(x_j+\frac{\Delta x}{2}\right)\Delta x \tag{731}$$

近似の記号 $\sim$ は，N が大きな極限で等号に置き換えて良いから，これを式(730)に代入整理すると

$$S = \lim_{N \to \infty} \sum_{j=0}^{N-1} \sqrt{1+\left[f'\left(x_j+\frac{\Delta x}{2}\right)\right]^2}\,\Delta x$$
$$= \int_a^b \sqrt{1+[f'(x)]^2}\,dx \tag{732}$$

と，$f'(x)$ を含んだ積分となる．これが曲線の長さ S を表す「公式」だ．

---

[4] 重箱の隅を突つき始めると，**直線**と**線分**は区別するべき言葉なので，「折れ線」は線分の集まりと表現するのがたぶん正しい．日常生活でこのような注意を払おうと努力すると，周囲の人々に嫌われるので要注意．

> **汎関数：**
> S は，関数 $f(x)$ を与えると計算できる．視点を少し広げれば，S は「関数 $f(x)$ の関数」と捉えることもできる．このような関係にある場合，
>
> ● S は関数 $f(x)$ の**汎関数**である
>
> と表現し，$S[f]$ と書き表す．（…汎関数を「ぼんかんすう」とは読まないように．）

●例解演習

原点 $(0,0)$ と，点 $(1,1)$ を結ぶ 2 次関数 $f(x) = ax^2+(1-a)x$ を考える[5]．この間の「グラフの曲線の長さ」が最小になる a を求めなさい．

例解

式 (732) に $f'(x) = 2ax+1-a$ を代入しよう．

$$S = \int_0^1 \sqrt{1+(2ax+1-a)^2}\,dx \tag{733}$$

さあ積分を実行しよう…いや，ここから先の計算は，そんなに簡単ではない．…白旗を揚げて撤収する．ただし，$a = 0$ の場合は例外で，明らかに $S = \sqrt{2}$ である．そこで $|a| \ll 1$ の場合について，もう少し計算を進めてみよう．

$$S = \int_0^1 \sqrt{1+4a^2x^2+1+a^2+4ax-2a-4a^2x}\,dx$$
$$= \sqrt{2}\int_0^1 \sqrt{1+2a^2x^2+\frac{a^2}{2}+2ax-a-2a^2x}\,dx \tag{734}$$

ここで，小さな ε に対して近似式 $\sqrt{1+\varepsilon} \sim 1+\frac{\varepsilon}{2}$ を代入すると

$$S \sim \sqrt{2}\int_0^1 \left[1+a^2x^2+\frac{a^2}{4}+ax-\frac{a}{2}-a^2x\right]dx$$
$$= \sqrt{2}\left[1+\frac{a^2}{2}+\frac{a^2}{4}+\frac{a}{2}-\frac{a}{2}-\frac{a^2}{2}\right] = \sqrt{2}\left[1+\frac{a^2}{4}\right] \tag{735}$$

となる．したがって，少なくとも $|a|$ が小さい範囲では，$a = 0$ で長さ S

がいちばん短くなることがわかる.

② 最短距離を探す

準備は一通り整ったので，曲線の長さ S を最小にする関数 $f(x)$ を決定しよう．まずは**折れ線**まで戻って考えるのが確実だ．つまり，長さ $\sum_{j=0}^{N-1} \Delta S_j$ がなるべく小さくなるよう，y_i をそれぞれ調整するのだ．

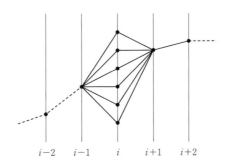

特に「ある i 番目の点」に着目して，その位置を決める y_i をいろいろと変化させることを図のようにイメージしよう．折れ線の長さ $\sum_{j=0}^{N-1} \Delta S_j$ が最小[6]となる y_i は必ず存在するはずで，その周辺では y_i を少しくらい変化させても折れ線の長さはほとんど変化しない．つまり，

$$0 = \frac{\partial}{\partial y_i} \sum_{j=0}^{N-1} \sqrt{(\Delta x)^2 + (y_{j+1} - y_j)^2} \qquad (736)$$

が成立するはずだ．偏微分 $\dfrac{\partial}{\partial y_i}$ に**引っかかる**のは，$j = i-1$ と $j = i$ の項だけであることに着目しよう．

●例解演習

偏微分 $\dfrac{\partial}{\partial y_i}$ を実行してみなさい．

---

5) $f(x) = x^\alpha$ も良い演習問題ではないか？ いやいや，これは地獄なのである．一般の α での積分は困難だし，α が 1 に近いところだけを考えようとしても，指数と対数で沈没するのだ．
6) 正しくは，最小ではなくて**極小**と呼ばなければならない．

例解

$j \leqq i-2$ の項や，$j \geqq i+1$ の項は y_i を含まないので，これらの項は y_i で偏微分するとゼロになる．残ったのは $j=i-1$ と $j=i$ の項で，もう何度も使った**合成関数の微分**を使えば

$$\frac{\partial}{\partial y_i}\sqrt{(\Delta x)^2+(y_i-y_{i-1})^2} + \frac{\partial}{\partial y_i}\sqrt{(\Delta x)^2+(y_{i+1}-y_i)^2}$$

$$= \frac{\frac{\partial}{\partial y_i}(y_i-y_{i-1})^2}{2\sqrt{(\Delta x)^2+(y_i-y_{i-1})^2}} + \frac{\frac{\partial}{\partial y_i}(y_{i+1}-y_i)^2}{2\sqrt{(\Delta x)^2+(y_{i+1}-y_i)^2}}$$

$$= \frac{(y_i-y_{i-1})}{\sqrt{(\Delta x)^2+(y_i-y_{i-1})^2}} + \frac{-(y_{i+1}-y_i)}{\sqrt{(\Delta x)^2+(y_{i+1}-y_i)^2}} = 0 \qquad (737)$$

という，y_i がみたすべき関係式を得る．

仮に $y_i = \frac{y_{i+1}+y_{i-1}}{2}$ と置いてみよう．この場合には $y_{i+1}-y_i = y_i-y_{i-1}$ が成立し，式(737)の右辺はたしかに0になる．つまり，

- i 番目の点の位置 (x_i, y_i) が，その両側の点 (x_{i+1}, y_{i+1}) と (x_{i-1}, y_{i-1}) を結ぶ**線分の中点**である場合に，この2区間の折れ線の長さは最小となる

わけだ．この場合には (x_{i+1}, y_{i+1}) と (x_{i-1}, y_{i-1}) が直線で結ばれる．そして i をどのように選んでも

- i 番目の点が，その左右の点の中点になる

場合に「折れ線」の長さが最小となる．それは，もはや「折れ線」ではなくて，点Aと点Bを結ぶ**直線**

$$f(x) = \frac{d-c}{b-a}(x-a)+c \qquad (738)$$

にほかならない．このように「最短コースを表す関数」を，記号 $\bar{f}$ を使って表すことにしよう．

③ 変分という考え方

曲線AB の長さ S を式(732)では積分（で定義された汎関数）で表しておきな

がら，前節では折れ線に戻ってしまった．曲線は「曲線のまま取り扱う」ことを目標として，少しは精進しよう．曲線を表す関数 $f(x)$ を，**二つの関数の和**で表してみるのだ．

$$f(x) = \bar{f}(x) + \varepsilon g(x) \tag{739}$$

ここで，$\bar{f}(x)$ は「長さ S を最小にする関数」を表している．$\bar{f}(x)$ が式(738)の直線であることは既にわかっているのだけれど，その事実は今しばらく忘れよう．一方で，$\varepsilon g(x)$ は

- $f(x)$ の $\bar{f}(x)$ からのズレを表す項

で，関数 $g(x)$ は $g(a) = g(b) = 0$ さえ満たせば任意に選んでよい．

変分：
このように，汎関数 $S[f]$ の最小値（あるいは最大値）を求める目的で，関数 f をいろいろと変化させる**という考え方**を「変分（variation）」と呼ぶ．数式の形を定めた「試行関数 f」を $S[f]$ に代入して，その最小値を求めることもあれば，以下のように f が満たすべき条件を導き出すこともある．

$\varepsilon = 0$ の場合に S が最小となる（約束にしていた）ので，次の微分は $\varepsilon = 0$ でゼロになるはずだ．

$$\begin{aligned}\frac{\partial}{\partial \varepsilon} S[\bar{f} + \varepsilon g] &= \frac{\partial}{\partial \varepsilon} \int_a^b \sqrt{1 + [\bar{f}'(x) + \varepsilon g'(x)]^2}\, dx \\ &= \int_a^b \frac{\bar{f}'(x) g'(x) + \varepsilon g'(x) g'(x)}{\sqrt{1 + [\bar{f}'(x) + \varepsilon g'(x)]^2}}\, dx \end{aligned} \tag{740}$$

$\varepsilon = 0$ を代入してみよう．

$$0 = \int_a^b \frac{\bar{f}'(x) g'(x)}{\sqrt{1 + [\bar{f}'(x)]^2}}\, dx \tag{741}$$

ちょっとだけ込み入った計算になるけれど，$g'(x)$ と「それ以外の部分」に分けて**部分積分**しよう．

$$0 = \left[\frac{\bar{f}'(x)}{\sqrt{1+[\bar{f}'(x)]^2}} g(x)\right]_a^b - \int_a^b \left\{\frac{d}{dx}\frac{\bar{f}'(x)}{\sqrt{1+[\bar{f}'(x)]^2}}\right\} g(x) dx \qquad (742)$$

$g(x)$ は，$g(a) = g(b) = 0$ さえ満たせば**どんな関数を持って来ても良い**のであった．したがって右辺第 1 項は必ずゼロになる．そして，第 2 項の積分が「$g(x)$ の形によらず」ゼロになる必要が生じる．それは，中カッコの中身が 0 であることを意味するので，

$$0 = \frac{d}{dx}\frac{\bar{f}'(x)}{\sqrt{1+[\bar{f}'(x)]^2}} \qquad (743)$$

を得る．結局のところ $\bar{f}'(x)$ が定数でなければならない．こうして，結局は前節で導いた式(738)へと到達する．今度は満足しただろうか？
——えっ?! 苦労したのに，得られた結果が当たり前すぎて面白くないって？じゃあ**球の上**で，最短距離について考えようぢゃないか!!

●例解演習

曲線の長さの式 $S = \int_a^b \sqrt{1+[f'(x)]^2}\,dx$ を少し変形した積分

$$S_H = \int_a^b \frac{\sqrt{1+[f'(x)]^2}}{f(x)} dx \qquad (744)$$

を考える．$f(x)$ は常に正であると仮定して，$f(a)$ と $f(b)$ が定められている場合について，S_H が最小になる条件を求めなさい．（なぜこんなものを考えるのか，それは解を見てのお楽しみに．）

例解

S_H を最小とする関数を $\bar{f}(x)$ と書いて，$f(x) = \bar{f}(x) + g(x)$ を積分に代入する．これを ε で偏微分するとゼロになるのが「最小となる」条件なので，偏微分を実行して $\varepsilon = 0$ と置いたものが 0 になるはずだ．式変形して行こう．

$$\frac{\partial}{\partial \varepsilon} \int_a^b \frac{\sqrt{1+[f'(x)+\varepsilon g'(x)]^2}}{f(x)+\varepsilon g(x)} dx = 0$$

$$-\int_a^b \frac{\sqrt{1+[f'+\varepsilon g']^2}}{(f+\varepsilon g)^2} g\, dx + \int_a^b \frac{[f'+\varepsilon g']g'}{(f+\varepsilon g)\sqrt{1+[f'+\varepsilon g']^2}} dx = 0$$

$$-\int_a^b \frac{\sqrt{1+f'^2}}{f^2} g\, dx + \int_a^b \frac{f'}{f\sqrt{1+f'^2}} g'\, dx = 0 \qquad (745)$$

ここで，$g'(x)$ を含む積分を部分積分する．出発点 $x=a$ と終点 $x=b$ では $g(a)=g(b)=0$ なので，次のように積分を「$g(x)$ との積」でまとめることができる．（面倒くさい微分は辛抱強く計算しよう．）

$$-\int_a^b \frac{\sqrt{1+f'^2}}{f^2} g\, dx$$

$$-\int_a^b \left[-\frac{f'^2}{f^2\sqrt{1+f'^2}} + \frac{f''}{f\sqrt{1+f'^2}} - \frac{f'^2 f''}{f[1+f'^2]^{\frac{3}{2}}} \right] g\, dx = 0 \tag{746}$$

二つの積分を合わせて通分すると，意外と短い関係式になる．

$$-\int_a^b \frac{1+f'^2+ff''}{f^2[1+f'^2]^{\frac{3}{2}}} g\, dx = 0 \tag{747}$$

これが，どんな $g(x)$ についても成立するには，被積分関数の「残りの部分」がゼロでなければならない．したがって，$f(x)$ が次の微分方程式を満たすことが，S_H を最小にする条件になる．

$$1+f'(x)^2+f(x)f''(x) = 0 \tag{748}$$

これを満たすのはどんな関数？ 実は，次のような関数だ．

$$f(x) = \sqrt{d^2-(x-c)^2} \tag{749}$$

ただし c と d は正の値の定数で，それぞれの値は $f(a)>0$ と $f(b)>0$ を与えると決定することができる．ともかく，この関数をグラフに描いてみる．あら，なんと円弧になった．これは何を意味するの？ と問われて，苦し紛れの答えとして良く知られているのが，

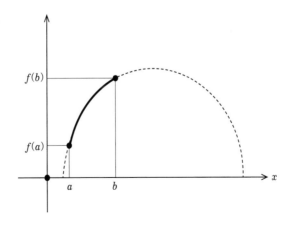

- 屈折率 n が $\dfrac{1}{y}$ で与えられる媒質中を，光が曲がって進む様子を示す

というものだ．この説明は物理的にもちょっと，いや，だいぶん苦しい．必要にかられて理工系で数学を習う人であっても「意外な所で円弧に巡り会えて楽しかったね！」と言えるくらいの，心の余裕を持っておくに越したことはない．役に立たないからこそ，数学という「学問」は楽しいのである．

4 球の表面を歩む

春休みを過ぎれば，次の休暇はゴールデンウィークだろうか．よし，思い立って南太平洋の島・タヒチへ飛んで行こう．東京を飛び立ったら[7]，後は一直線に海の上を飛ぶ——いや，地球は丸いから直線のはずがない．地球を，半径 R が約 6300 km の球として扱い，「まっすぐに進む」ことの意味を考察しよう．

半径 R の球の「表面上の点」は，二つの角度で指定できる．それは「経度」にあたる角度 ϕ と，北極から測った角度 θ だ[8]．ここで「ひと工夫」しよう．世界地図を描く**心射円筒図法**を使うのだ[9]．球に円筒をまきつけて，球の中心から光を照らすと，球上の点は円筒へと**投影**される．円筒を平面に切り開けば，平面上の座標

$$(x, y) = (R\phi, R\cot\theta) \tag{750}$$

を使って，対応する**球上の点**を表せる．

「投影」の過程で**引き伸ばし**が起きていることに注意しよう．伸びを確認するために，球上の点が少しだけ移動することを考える．角度 ϕ が $\phi \to \phi + \Delta\phi$ と微小変化する場合，球上では $(R\sin\theta)\Delta\phi$ だけ位置が変化する．一方で，円筒上に投影された点は $\Delta x = R\Delta\phi$ だけ位置が変化する．したがって

- **伸び率**が $\dfrac{1}{\sin\theta}$ で与えられる ϕ 方向の伸び

が，投影の過程で生じているのだ．同じように角度 θ の微小な変化 $\theta \to \theta + \Delta\theta$ を考えると，球上では $R\Delta\theta$ だけ位置が変化する．円筒上では y が

$$\Delta y = R\left(\frac{d}{d\theta}\cot\theta\right)\Delta\theta = -\frac{R}{\sin^2\theta}\Delta\theta \tag{751}$$

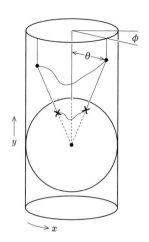

だけ変化するので，

- θ 方向についての**伸び率**は $\dfrac{1}{\sin^2\theta}$

で与えられる．関係式 $y = R\cot\theta$ を使うと

$$\frac{R^2+y^2}{R^2} = 1 + \frac{y^2}{R^2} = 1 + \cot^2\theta = \frac{1}{\sin^2\theta} \tag{752}$$

という関係が得られ，伸び率を y の関数として表すこともできる．これらの伸び率は**計量**[10] と呼ばれる係数にまとめておくと便利だ．

---

7) 成田国際空港（旧・新東京国際空港）の航空写真を見たことがあるだろうか？ 空港のド真ん中に農園があって，有機野菜が青々と育っているのだ．
8) 北極が $\theta=0$ で南極が $\theta=\pi$ なので，角度 ϕ は**緯度**とは異なることに注意しよう．
9) 心射円筒図法をメルカトル図法と混同しないように．メルカトル図法では，式 (750) が $y = -R\log\left(\cot\dfrac{\theta}{2}\right)$ となる．心射円筒図法は欠点が多くて，実はあまり使われない．
10) 各家庭の台所には，**計量カップ**が置いてあるだろう．家庭科の授業で，教育実習のお姉さん先生に「先生，何カップですか？」と質問したら，なぜか白い目でニラまれた．

計量：

円筒へ投影された点 (x,y) と，そこから少しだけ離れた点 $(x+\Delta x, y+\Delta y)$ を考える．この2点に対応する**球上の2点間**の距離 ΔS は「伸び率」を勘定に入れると，おおよそ

$$\Delta S = \sqrt{(\sin\theta\,\Delta x)^2 + (\sin^2\theta\,\Delta y)^2}$$
$$= \sqrt{\frac{R^2}{R^2+y^2}(\Delta x)^2 + \frac{R^4}{(R^2+y^2)^2}(\Delta y)^2} \tag{753}$$

と表せる．平方根の中の，$(\Delta x)^2$ や $(\Delta y)^2$ の係数は「長さの換算」を行うもので，**計量**と呼ばれる．

さて，球と円筒の「投影関係」通じて球上に描いた曲線の長さを考えよう．円筒上で位置 $(x,y) = (a,c)$ にある点 A を出発して，位置 $(x,y) = (b,d)$ の点 B に至るまでの「円筒上の曲線」を関数 $y = f(x)$ で表すことにする．x の微小な変化 Δx に対して，関数は

$$f(x+\Delta x) \sim f(x) + f'(x)\Delta x \tag{754}$$

と変化するので，**円筒上の曲線に沿った** y の微小な変化は $\Delta y = f'(x)\Delta x$ で与えられる．（← 復習!!）

次に，円筒上で近接した二つの点，$(x, f(x))$ と $(x+\Delta x, f(x+\Delta x))$ に対応する**球上の2点**を考え，その間の距離を求めよう．$\Delta y = f'(x)\Delta x$ を式(753)に代入するだけだ．

$$\Delta S = \sqrt{\frac{R^2}{R^2+f(x)^2} + \frac{R^4}{(R^2+f(x)^2)^2}[f'(x)]^2}\,\Delta x \tag{755}$$

この**微小な長さ**を区間 $a \leq x \leq b$ で集めた積分

$$S = \int_a^b \sqrt{\frac{R^2}{R^2+f^2} + \frac{R^4}{(R^2+f^2)^2}[f']^2}\,dx \tag{756}$$

が「球面上での曲線の長さ」になる．

S を最小にする $f(x)$ は，どんな関数だろうか？ 例によって，S を関数 $f(x)$ の**汎関数** $S[f]$ と考えておく．そして，式(739)と同様に関数 $f(x)$ を $\bar{f}(x) + \varepsilon g(x)$ と分けて表し，S を表す式(756)に代入しよう．さらに，式(740)を真似て $S[\bar{f}+\varepsilon g]$ を ε で偏微分する．

● 宿題 1

$\dfrac{\partial}{\partial \varepsilon} S[\bar{f}+\varepsilon g]$ を求め，$\varepsilon = 0$ を代入しなさい．

この計算は，淡々と行うだけで，あまり「見せる価値」がない．もう皆さん，微分はマスターしたことだろう，この宿題は自力で解いてみよう．A4 の白紙 1 枚くらいで完了できるはずだ．答えは次の積分で与えられる．

$$\int_a^b \dfrac{1}{2}\left[\dfrac{R^2}{R^2+\bar{f}^2}+\dfrac{R^4[\bar{f}']^2}{(R^2+\bar{f}^2)^2}\right]^{-\frac{1}{2}}$$
$$\times \left[-\dfrac{2R^2\bar{f}g}{(R^2+\bar{f}^2)^2}-\dfrac{4R^4\bar{f}[\bar{f}']^2 g}{(R^2+\bar{f}^2)^3}+\dfrac{2R^4\bar{f}'g'}{(R^2+\bar{f}^2)^2}\right]dx \qquad (757)$$

$S[\bar{f}]$ が $S[f]$ の最小値であるためには，上の計算結果はゼロでなければならない．何だか長ったらしい積分だけど，ここは我慢して計算を進めよう[11]．ここから $\bar{f}(x)$ に対する条件を引き出したいのだけれども，$g'(x)$ が式の中に現れて邪魔になる．そこで，式(742)のように工夫する．

● 宿題 2

$g'(x)$ を含む項を部分積分しなさい．

$g(a) = g(b) = 0$ が満たされるように $g(x)$ を選ぶ必要があることを考慮しつつ，少しだけガリガリと計算すれば，次の結果へと到達する．

$$0 = \int_a^b \dfrac{1}{2}\left[\dfrac{R^2}{R^2+\bar{f}^2}+\dfrac{R^4[\bar{f}']^2}{(R^2+\bar{f}^2)^2}\right]^{-\frac{3}{2}}\dfrac{-2R^4\bar{f}-2R^6\bar{f}''}{(R^2+\bar{f}^2)^3}g(x)dx \qquad (758)$$

こんな関係式がいつも成立するのだから，被積分関数から $g(x)$ を除いた部分は常にゼロでなければならない．どこが**ゼロになり得る**か？ というと，分数の分子 $-2R^4\bar{f}-2R^6\bar{f}'' = 0$ しかない．そして，微分方程式が一つコロリと得られる．

---

11) こんなに長い式が出てきた原因は，著者の「センスのなさ」によるものだ．たぶん，うまく置き換えたら，もっとスッキリと短い式で表すことができるだろう．

$$\frac{d^2}{dx^2}\bar{f}(x) = -\frac{1}{R^2}\bar{f}(x) \tag{759}$$

● 宿題 3

次の関数が式(757)の解であることを示しなさい．

$$\bar{f}(x) = W\sin\left(\frac{x}{R}+\delta\right) \tag{760}$$

ただし，W は**振幅**を，δ は**位相**を表す任意の実数である．

与えられた式が，微分方程式(759)を満たしていることは，簡単に確認できるから省略しよう．この解の意味は，投影図を描いてみるとよくわかる．式(760)の**正弦関数**は，竹を斜めにスパッと切るように，

- 「球の中心を通る，傾いた平面」と「球に接した円筒」が交わる部分

を表しているのだ．そして，この平面と球が**交わる曲線**こそ，求め続けていた「球上の最短コース」になっている．この「まっすぐな曲線(?!)」を角度で表すならば，ϕ と θ は次の関係を満たす．

$$\phi = \frac{x}{R}, \qquad R\cot\theta = W\sin(\phi+\delta) \tag{761}$$

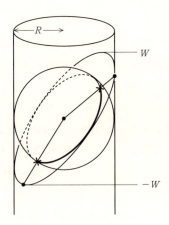

> **大円：**
> まとめよう．球上の点 A′ を出発して，点 B′ まで到達する最短コースを表す曲線は
>
> - 点 A′，点 B′，そして球の中心 O の 3 点を通る平面と，球面の交わる半径 R の**円弧**
>
> で与えられる．この円弧は**大円**と呼ばれる．

耕作地を「あぜ道」で区切るときに「まっすぐに引く」線が実は**大円**で，これは**測地線**とも呼ばれる[12]．冒頭に出てきた「春分の日の太陽の運動」は，**天空儀**に描いてみると，ちゃんと大円になっている．

⑤ 宇宙の彼方へ

微分・積分から習い始めて，アッという間に球面という**曲面**の上での「最短距離問題」までやって来た．微分・積分の入門全 16 章は，これにて大団円(おしまい)[13]．今回のように曲面を数学として取り扱うことは，**リーマン幾何学**あたりから始まる**微分幾何学**への入口にもなっている[14]．また，宇宙空間が**曲がっている**と考える**一般相対性理論**への道でもある．微分幾何学を学ぶと，必ず「**リー群とリー環**」に行き当たり，（線形）代数にもドップリ浸かることになる．微分・積分に入門すると，いろいろと「数学の森」へ足を踏み入れる道が見えてきて退屈しない．**いずれかの道へ進むか，それとも微分・積分を何かの目的に使い倒すかは，読者の自由だ．**

---

[12] 昔は，国土地理院の地形図を「すべてはり合わせる」と，平面になるかならないか？ というクイズが学生たちの興味を引いたものだ．今はみんな，ネットで地図を見るからネ…．
[13] 著者も**論理**と**倫理**のキワドイ遊びを充分に楽しんだ．たった「ごんべん」と「にんべん」だけの違いで，論理と倫理はエラく意味が違うものだ．
[14] 微分幾何学には，テレビゲームでお馴染みのコンピューター・グラフィックスや，女性の体を（実物よりも？!）美しくサポートする下着の設計など，さまざまな応用がある．

あとがき

　微分や積分について，理工系の学習と研究で「使えそうな道具」を眺めつつ，散歩を楽しんでみた．まだまだ先へと道が続いているので，気の赴くままに**数学というガラクタの山**を登って行くと，思わぬ発見に次々と遭遇することだろう．他方，「人類の未来のために」と看板を掲げて，微分積分を問題解決に使ってみるのも楽しいものだ．（当然，自分も「人類」に含まれている．）　運が良ければ，**微分積分のマイスター（親分）**に，なれるかもしれない．

　微分積分の使い道は，人によってそれぞれだろう．エンジンや電気回路を設計するなど，工学的な利用は最も典型的なものだ．もっとノンビリと構えて，素粒子から宇宙まで，世の中の不思議を解明しようとする理学的な研究にも，微分積分が大活躍する…はずだ．そして真理は経験の中にこそ潜んでいるものだ．このような応用の現場から，**新しい微分積分の進展**が生まれることも稀ではないのだ．余談ながら，微分も積分もまったく知らない，知る気もない，あるいは**知っていても使わない**というのも，実に良い判断である．「微分積分にソッポを向けてくれる人々」が世の中の多数派であるからこそ，「**微分積分を身につけた者の存在価値**」が，ソコソコ高いわけだ．

　微分や積分は宴会芸のようなもので，いつ学習を始めても良い．五十の手習いでも充分に間に合うし，随分と若い頃から微分積分にハマる人も，ポツポツと居る．ちょっと背伸びをして，高校生の兄や姉が使っている本棚の，上の方に積んである本を引っ張り出してみる，そんな心境だろうか．ただし，**本棚の上や奥に隠してあるもの**は，大抵はロクでもないモノばかりである．著者の思い出を一つ紹介しよう．

　——昔々のこと，田んぼに囲まれた田舎の中学校に入学して，さあ伸び伸び遊ぼうと思っていた頃のこと．知り合ったばかりの同級生が，座右の書と称して「**青い表紙のぶ厚い本**」を教室に持ち込んだ．とても頻繁に眺めるので，のぞき込んでみると，まったく知らない数学記号だらけだ．「コイツは，オレの知らない世界を垣間見ている！」という，**青い衝撃**が走ったものだ．ただ，ひょっとすると，自分も読めば理解できるんじゃないだろうか？　と，何となく思えたこ

とも確かだ.それは,たぶん,幸運なことだったのだろう——

…いま読者の目の前にある,この「**赤い表紙の薄い本**」が,同じように人々の目に触れることを祈りつつ,本書の結びとする.目にした人に**赤い衝撃**(←検索してみよ!)が走るかもしれない.

2016 年 8 月　西野友年

索引

●記号・アルファベット

$\cos\theta$……026
Δ……003
　——f……004
　——x……003, 004
div……210
grad……205
lim……005
rot……226
Rotation……226
$\sin\theta$……026
$\tan\theta$……003, 028

●あ行

位相……284
位置……014
　——ベクトル……037, 154, 227
因数分解……148, 193, 235, 236
運動量……136, 258
エネルギー……257, 265
　運動——……257
　ポテンシャル——……257
　——保存法則……259
エルミート多項式……043
円……006, 101, 280
　大——……285
　——運動……222
　——弧……280
　——の面積……064, 078, 092, 097
エントロピー……039
オイラー
　——の公式……029, 057, 242
折れ線……273

●か行

階乗……010, 186
外積……226
解析力学……135, 257
回転……220
　——軸……222

ガウス
　——関数……039, 116, 173, 182, 266
　——積分……119, 173, 184, 188
可換
　非——……012
拡散……176
　——方程式……182, 196, 213
拡散係数……182, 186, 196
　——D……186, 212
角振動数……215, 256
角速度……220, 224
　——ベクトル……228
確率……185
　——密度……265
下限……067
重ね合わせ……161, 188
傾き……003, 016
渦度……226
下半平面……241
加法定理……027
関数……002, 022, 137
　解析——……244
　奇——……043, 161, 164
　ガンマ——……095
　基底——……160, 171
　逆——……022, 035, 089, 094
　偶——……043, 161, 164
　原始——……078, 081, 084, 094, 247
　恒等——……035, 044
　試行——……277
　ステップ——……086
　正弦——……170
　正則——……244
　双曲線——……030
　定数——……083
　デルタ——……087, 168, 174, 189
　汎——……274, 282
　分布——……178
　——方程式……139
球……103
　——殻……103, 107

──の体積……111, 112, 113
──の体積公式……105
──の表面積……107
級数……240
　等比──……048, 068
　無限──……021
境界条件……142
共役……235, 256
　──な複素数……235
行列……011, 146
行列式……131
極……249
極限……005, 017
　──記号……005, 017
極座標……097, 103, 118, 124, 127, 133
極小……014
曲線の長さ……274
極大……014
虚軸……241, 248
虚数……029, 234
　純──……235
虚部……235, 236
近似
　1次の──……141
区間……067
　微小──……245
　──の幅……067
グラフ……065
　──の下の体積……118
　──の下の面積……068, 069, 087, 117
計量……281
経路……245
　──積分……267
結合定数……011, 126, 193
合成関数……032, 125, 128
　──の微分……091, 125, 276
　──の微分公式……034
　──の偏微分……125, 128
恒等式……138
勾配……003, 204
　濃度──……212, 204

──ベクトル……204, 231
公比……048
コーシー
　──の積分定理……247
　──-リーマンの関係式……237, 244
古典力学……260
固有関数……268
固有値……268

●さ行

差分……143
　──方程式……143
三角関数……015, 025, 157, 167
　──の微分……025, 043
三角波……162, 166
3次元空間……194
軸対称……117
時刻……014
指数……015
指数関数……015, 051, 141, 167, 240
　──の微分……020
　──の定積分……075
　──のテイラー展開……056
自然対数……022
実軸……241, 248
実数解……149
実部……235, 236
自明な解……138, 188
周期……157, 257
　──関数……157, 159
　──性……156
重積分……100
　2重積分……100
　3重積分……105, 111
収束……048
　──半径……048, 051
シュレーディンガー……268
　──の猫……270
　──方程式……261
上限……067
上半平面……241

初期位相……256
初期条件……142, 146, 155, 190
振幅……257, 284
スカラー……196, 231
　── ポテンシャル……232
スターリングの公式……186
正規直交関係……160
正規分布……116
ゼータ関数……096, 170
積分
　Integral……085
　経路 ──……248
　広義 ──……078
　置換 ──……078, 090
　定 ──……068, 070, 085
　不定 ──……078, 082, 085
　被 ── 関数……070, 080, 082
　部分 ──……084, 086, 279
　── 記号……070
　── 区間……070, 080
　── 経路……248
　── 公式……083
　── 定数……082
　── 方程式……153
積分変数……070, 130
　── の変換……130
積和の公式……160
接線……004
絶対値……241
接ベクトル……126
線形……267
　── 結合……010, 161
　── 性……010, 188
　── 代数……011
　── 微分方程式……148
　── 偏微分方程式……267
全微分……134
総和記号……072
測地線……285
速度……014, 037, 257
　角 ── ……036

加 ── ……014, 037, 255

●た行

対数……015
対数関数……023, 038, 058, 242
　── の微分……023
　── のテイラー展開……058
　── の不定積分……083
対数微分……039
体積
　微少 ── ……195
　── 要素……133
楕円積分……096
ダランベール
　── の解……193
　ダランベルシアン……215
単位ベクトル……154, 204
単調減少……065, 088
単調増加……065
断面積……103
直交関係……171, 270
直交座標……109
定常流……218
定数解……182
定数変化法……150
テイラー級数……049, 056, 170
テイラー展開……049, 056, 068, 124, 140, 149, 181
　正弦・余弦関数の ── ……057
展開係数……049
導関数……007, 031, 054
等差数列……045
　── の和……072
等時性……257
等比数列……045
特異点……249
　真性 ── ……252
独立な解……148
凸……002
　上に ── ……116
　下に ── ……002, 116

●な行

内積……011, 160
　　── A・B……226
長さ……273
流れ……207, 217, 260
　　── の場……208
ナブラ……205, 217
　　── 記号……226
2階微分……010, 147
　　── 方程式……147
二項係数……008, 020, 050
二項展開……020, 050, 238
二項分布……184
　　── 係数……184
2進数……015
ニュートン
　　── の運動方程式……255
　　── の記号……007
　　── 方程式……014, 154, 258, 259
任意定数……142
　　積分定数……142
猫状態……267
濃度……177, 195
　　── 変化……198

●は行

場……196
媒質……280
ハイゼンベルクの運動方程式……261
波数……172, 186
　　── ベクトル……215
発散……048, 210, 211, 218, 231
　　── 定理……214
波動
　　── 関数……262
　　── 方程式……192, 215
バネ
　　── 定数……255
　　── 振り子……254
ハミルトニアン……136, 259

ハミルトンの運動方程式……259
半角公式……159
判別式……234
微係数……007
微小体積……104
　　── 要素……104
微小な変化……004
微小面積……098
　　── 要素……098
微分……007, 031
　　n 階 ──……054
　　可 ──……008
　　高階 ──……010
　　線形 ── 方程式……187
　　対数 ──……060
　　── 演算子……007, 011, 059, 268
　　── 可能……008
　　── 記号……007, 070
　　── 係数……007
　　── 作用……011
　　── 作用素……007
　　── 方程式……140, 254, 279
標準偏差……116
表面積……107
フーリエ
　　── 逆変換……173
　　── 級数……161, 163
　　── 級数展開……163
　　── 係数……163
　　── 多項式……161
　　── 変換……171, 173
不確定性関係……012
復元力……255
複素
　　── 解……149
　　── 関数……171, 173, 236, 242
　　── 共役……167
　　── 数……148, 235
　　── 平面……241, 252
フックの法則……255
プランク定数……261

分岐……252
分散……116
　──関係……215
平均……116
平面波……215
べき乗……015
ベクトル……230
　──解析……197, 205
　──場……204, 210, 225
　──ポテンシャル……230
変曲点……117
変数分離……106, 117, 143, 145
偏導関数……121, 181
偏微分……120, 236
　──の記号∂……121
　──方程式……182, 261
変分……277
ポテンシャル流……231

●ま行

マクスウェル方程式……216, 232
マクローリン展開……056, 059
無限乗積……158, 170
面積……065
　断──……112
　──要素……128

●や行

ヤコビアン……129, 132, 133

ヤコビの行列式……128

●ら行

ライプニッツ
　──則……042
　──の公式……166
ラグランジュ
　ラグランジアン……257, 267
　──方程式……257
ラプラシアン……196, 213
リーマン
　コーシー-──の関係式……237, 244
　──積分……074
　──面……252
留数定理……250
流速……222
流体……216
量子力学……012, 261
ルジャンドル変換……135
零点……250
連鎖率(ChainRule)……035
連続の方程式……209, 218
ローラン級数……060
ローレンツ関数……038

●わ行

和算……093

西野友年
にしの・ともとし

神戸大学理学部准教授.
専門は「統計物理学と計算物理学の周辺」.
美しいものを眺めると無邪気に喜ぶ.

おもな著書に
『今度こそわかる量子コンピュータ』
『今度こそわかる場の理論』
『ゼロから学ぶベクトル解析』
『ゼロから学ぶ電磁気学』
『ゼロから学ぶエントロピー』
『ゼロから学ぶ解析力学』
(いずれも講談社サイエンティフィク)

本書は『数学セミナー』2010年4月号〜2011年3月号連載「基礎講座・微分積分」に加筆修正をしたものです.

"お理工さん"の微分積分

2016年9月25日　第1版第1刷発行

著者────西野友年
発行者───串崎　浩
発行所───株式会社　日本評論社
　　　　　〒170-8474　東京都豊島区南大塚3-12-4
　　　　　電話 03-3987-8621(販売)
　　　　　　　 03-3987-8599(編集)
印刷所───株式会社　精興社
製本所───株式会社　難波製本
装丁────STUDIO POT (山田信也)

© Tomotoshi NISHINO
2016 Printed in Japan
ISBN 978-4-535-78681-3

JCOPY 〈(社)出版者著作権管理機構　委託出版物〉

本書の無断複写は著作権法上での例外を除き禁じられています.複写される場合は、そのつど事前に、(社)出版者著作権管理機構(電話 03-3513-6969, FAX 03-3513-6979, e-mail: info@jcopy.or.jp)の許諾を得てください.また、本書を代行業者等の第三者に依頼してスキャニング等の行為によりデジタル化することは、個人の家庭内の利用であっても、一切認められておりません.

現象から微積分を学ぼう
垣田高夫・久保明達・田沼一実[著]

身の回りにあるさまざまな現象を例にあげ、そのモデルを解釈するための説明を通して、微積分を基本から学んでいく。　◆A5判　◆本体3,300円＋税

目次
第1章　極限・連続／第2章　微分法／第3章　積分法
第4章　偏微分法／第5章　重積分法

数学で物理を
武部尚志[著]

「運動」や「場」といった"物理学の素養"は数学科の学生にも必要な基礎知識。これに証明を織り込み、わかりやすく講義する。　◆A5判　◆本体2,400円＋税

目次
第1章　質点の運動／第2章　単振動／第3章　運動方程式を積分しよう
第4章　惑星の運動と静電気／第5章　静電場と静磁場／第6章　微分形式
第7章　時間変化する電磁場／第8章　波動方程式

楕円関数と仲良くなろう
微分方程式の解の全体像を求めて
四ツ谷晶二・村井 実[著]

数学のみならず物理や工学でも有用な楕円関数。その基礎から最新の研究成果までを、境界値問題や変分問題に絡めて紹介する。　◆A5判　◆本体2,600円＋税

目次
第1章　楕円積分について／第2章　算術幾何平均と完全楕円積分
第3章　完全楕円積分の近似式／第4章　超越方程式の実数解の個数
第5章　完全楕円関数を含む不等式／第6章　代数方程式のとりあつかい
第7章　スツルムの定理について／第8章　ヤコビの楕円関数について
第9章　非線形境界値問題について／第10章　解の表示式の導出と応用
第11章　平面弾性閉曲線の変分問題／第12章　解の表示式について
第13章　解の表示式と大域的構造解析／第14章　さまざまな微分方程式

日本評論社
https://www.nippyo.co.jp/